U0366609

编委会

顾　　问　袁汉民　王儒贵　马建民　李泽锋

　　　　　郑　震

主　　任　刘荣光　梁积裕　李锦平

副 主 任　徐建民　杨　杰　陈　军　刘　福

主　　编　李　爽　李丁仁　徐建民　喇宏敏

副 主 编　鲁长才

编写人员　李　爽　李丁仁　徐建民　鲁长才

　　　　　张　怡　巨建平　王桂荣

总　　纂　李　爽

无公害压砂瓜

栽培贮存保鲜技术

主编 李 爽 李丁仁 徐建民 喇宏敏

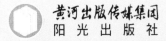
黄河出版传媒集团
阳光出版社

图书在版编目（CIP）数据

无公害压砂瓜栽培与贮存保鲜技术 / 李爽等主编.
— 银川:阳光出版社,2013.2

ISBN 978-7-5525-0706-5

Ⅰ.①无⋯　Ⅱ.①李⋯　Ⅲ.①西瓜 — 瓜果园艺 — 无
污染技术②西瓜 — 食品贮藏③西瓜 — 食品保鲜　Ⅳ.①
S651

中国版本图书馆 CIP数据核字（2013）第 033497 号

无公害压砂瓜
栽培与贮存保鲜技术　　　　李爽　李丁仁　徐建民　喇宏敏　主编

责任编辑　屠学农
封面设计　马小军
责任印制　郭迅生

黄河出版传媒集团
阳 光 出 版 社　出版发行

地　　　址　银川市北京东路 139 号出版大厦（750001）
网　　　址　http://www.yrpubm.com
网上书店　http://www.hh-book.com
电子信箱　yangguang@yrpubm.com
邮购电话　0951-5044614
经　　　销　全国新华书店
印刷装订　宁夏飞马彩色印务有限公司
印刷委托书号　（宁)0010564

开　　本　720mm×980mm　1/16
印　　张　19.5
字　　数　315 千
版　　次　2013 年 4 月第 1 版
印　　次　2013 年 4 月第 1 次印刷
书　　号　ISBN 978-7-5525-0706-5/S·77

定　　价　26.00 元

压砂瓜间种枣树生长情况

压砂瓜结瓜情况

压砂瓜间种枣树生长情况

压砂瓜瓜苗生长情况

本书作者观察压砂瓜生长情况

本书作者观察压砂瓜生长情况

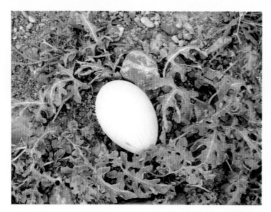

压砂地甜瓜生长情况

压砂地西瓜生长情况

压砂地地貌及条覆膜瓜苗生长情况

压砂西瓜结瓜情况

压砂西瓜条覆膜播种情况

压砂甜瓜结瓜情况

甜王七号

精品甜王七号

安生七号

甜王一号

安生甜太郎

安生甜太郎101

序

发展现代农业,繁荣农村经济,培育有文化、懂技术、会经营的新型农民,走中国特色农业现代化道路,是党的十七大提出的农业和农村工作的战略任务。宁夏回族自治区党委、政府立足党中央的要求和全区人民的期待,提出了实现宁夏经济社会跨越式发展的新目标。计划通过大力发展特色优势农业,实施100万亩设施农业、100万亩扬黄补灌高效农业、100万亩集雨补灌覆膜保墒农业"三个百万亩"工程,全面提升农业产业化水平,推进现代农业发展,促进农民持续增收,加快社会主义新农村建设。实现这一目标,完成上述任务,关键是要培养造就一代新型农民。可以说,没有农民科技文化素质的提高,没有一代新型农民,推进现代农业发展就是一句空话。

当前,宁夏农业和农村发展的任务很重。特别是农民增收缓慢且后劲不足,宁夏农民人均纯收入同全国的差距还较大,2007年相差近千元。这种差距尽管是多种因素造成的,但应当说农民科学文化素质上的差异是重要方面。因此,提高农民科学文化素质,大力推广先进实用技术至关重要。从2008年起,自治区下大力气实施"三个百万亩"工程,资金、科技、市场是三个最关键的环节,但最担心的,还是怕科技不到位,农民科学种养水平跟不上,辛辛苦苦一年没收成,见不到效益,会挫伤农民的积极性。解决这个问题最好的办法就是要下决心抓好农民培训。鉴于农民的文化程度普遍不高,接受能力有限,一方面要注重培训方式,就近、就地面对面地讲,手把手地教,方便农民学,另一方面要注重培训内容,特别是教的东西要讲究针对性,注重操作性,通俗易懂,简单易行,让农民一看就懂,一学就会,学了能用。看了银川市科学技术协会与宁夏农林科学院编辑的《建设社会主义新农村培训(教材)》系列丛书,感觉这是一套实用性较强的书,对提高农民掌握实用技术很有帮助。这件事情,银川市科协和自治区农科院做到了点子上,做得很好,相信在推进我区现代农业发展、提高农民科学文化素质上能发挥一定的作用。

解决农业科技问题,提高农民科学文化素质,需要靠多种途径。希望各地、各有关部门进一步加大对全区农民科普知识的普及力度,引导农民掌握新型实用技术。我们期待着,通过技术培训,通过小册子、"小方子",解决大问题,最终让农民的钱袋子鼓起来,让农村发展起来,使全面小康社会的目标早日实现。

宁夏回族自治区原副主席

2008 年 4 月 9 日

前言

砂田是我国甘肃省中部干旱、半干旱地区有独特传统的抗旱耕作形式，是当地农民群众长期与干旱作斗争的伟大创造和智慧结晶。据考证，甘肃砂田约在明代中叶形成，距今已有 400 年~500 年的历史。相传，宁夏砂田是在清光绪年间从毗邻的甘肃省靖远县、景泰县等地传入，距今有 100 多年的历史，主要分布在海原、中宁、中卫等地的干旱、半干旱地区。在 20 世纪 80 年代以前，主要种植粮食、籽瓜、西瓜、甜瓜等作物，利用面积不大，经济效益低下。2000 年以后，随着农业产业结构的调整，压砂瓜生产有了长足的发展，特别是 2004 年中卫市成立后，市委、市政府把压砂瓜产业作为中卫市干旱、半干旱地区农村经济发展的主导产业，按照"培植大产业，建设大基地，搞活大流通，拓宽大市场"的思路，采取政府推动，市场引导，科学支撑，企业运作等方式，积极推行区域化布局，规模化种植，标准化生产，集约化经营等多种措施，使砂田西(甜)瓜种植面积由 2003 年的 9.77 万亩发展到 2006 年的 73 万亩，2008 年的 102 万亩，占甘、宁、青、晋 4 省 2007 年砂田西(甜)瓜种植面积 181.5 万亩的 55.1%。其中，中卫市环香山地区西(甜)瓜种植面积为 30.37 万亩，种植带东西长 78km，南北宽 16.5km，总面积达 128.7km²，成为我国最大的砂田西(甜)瓜种植带。

中卫市砂田西(甜)瓜生产基地地处宁夏中部干旱带，气候条件恶劣，风多雨少，蒸发/降水比约为 10:6，年降雨量为 180~200mm，风蚀、风沙危害较严重，农业生产低而不稳，十年九旱，但日照和热量资源比较丰富，生长期较长，粮食亩产量平均在 25kg，而且旱年大幅减产，有的农田有种无收。在这样恶劣的自然气候条件下选择发展压砂瓜产业无疑是正确而科学的抉择。同时,当地政府又投资 5559.4 万元在砂田地区修建水利设施,将黄河水引至田头进行补水栽培,从而保证了压砂瓜的生产,改变了砂田靠天生产的局面。

中卫砂田地区独特的自然环境,气候特点,赋予了当地生产的压砂瓜优良的品质和独特的风味,使压砂西瓜受到国内外广大消费者的青睐,每年压砂西瓜多数销往区外各大中城市。宁夏香山硒砂瓜已成为我国知名品牌,2007 年当地农户压砂西瓜收入就达 1823 元,成为群众致富奔小康的支柱产业。

压砂瓜产业既是富民工程,又是造福子孙后代的产业,每亩砂田需用砂石 120~150m³(15 万 kg~20 万 kg),投资 700~800 元,利用时间 40~60 年。砂田铺设是一项系统工程,要考虑可持续发展原则,坚持资源开发与生态环境保护相结合,保护、治理与开发并重,统筹规划,分步实施,实现经济效益、社会效益、生态效益的同步提高。

砂田生产既是一项传统的古老农耕方式,又是一项新兴产业。有关这方面的学术专著或科普图书很少,目前已出版的有关砂田生产的书籍,主要以实用技术或知识问答为主,并无系统专著。本书在总结前人及当地生产经验的基础上,结合现代农业技术,从理论和实践两方面系统地讲述了宁夏砂田生产的历史,砂田分布区的自然概况,砂田的类型和主要特点,砂田的铺设和更新,砂田的性能,砂田的土壤耕作技术,砂田的轮作倒茬,土壤培肥与播种技术,并详细介绍了西瓜、无籽西瓜、籽瓜、甜瓜、南瓜等的露地和保护地栽培技术,采后处理及贮存保鲜技术。

本书既讲砂田生产的基础知识,又讲应用技术,结合讲述一些科学道理,力求深入浅出,通俗易懂,可为广大农户,农业技术人员,农业生产企业提供压砂瓜生产的系统知识,又可供研究单位,压砂瓜生产经销企业,农业院校师生参考。本书由宁夏农林科学院李爽研究员执笔编写,由于时间短,编者水平有限,遗漏和错误之处难免,敬请广大读者批评,不吝指正。

编 者
2009 年 1 月

目 录

第一章 概　述

第一节　砂田和硒砂瓜的概念

一、砂田

砂田是利用河流沉积或山体冲击作用产生的卵石、石砾、片石、粗砂和细砂的混合体或单体作为土壤表面的覆盖物，属于农田地面覆盖栽培方法之一，由于采用砂石作覆盖材料，故称"砂田"。根据自然环境和种植作物种类的不同，在农田地面铺设厚度为 15~20cm 的砂石，并采用一整套特殊的种植技术和耕作方法，种植粮食、瓜果、蔬菜，是一种抗旱栽培方式，在我国农业生产中作为土壤覆盖栽培的一种类型，具有独特的价值。

二、硒砂瓜

宁夏环香山地区砂田的土壤中含有人体需要的微量元素硒，因之，在当地种植的西瓜也含有硒元素，故称"硒砂瓜"。硒是人体必需的微量元素，是人体多种酶的活性中心，其在人体中起到抵御疾病，防止衰老，增强机体免疫功能，从而达到平衡机体的作用，因此，食用硒砂瓜能帮助机体补充硒元素，提高身体免疫力。

根据宁夏农林科学院资源与环境研究所戴治家等 1988 年~1992 年对宁夏土壤硒元素调查分析得知，中卫市城区香山山地，中宁县天景山、米钵山山地以及黄河两岸的高台地均属富硒地区（见图 1-1），土壤含硒量平均为 0.275mg/kg，含量范围在 0.181~0.802mg/kg。另据农业部乳品质量监督检验测试中心测定，中卫香山砂田西瓜硒含量为每千克 0.0056mg（见表 1-1）。

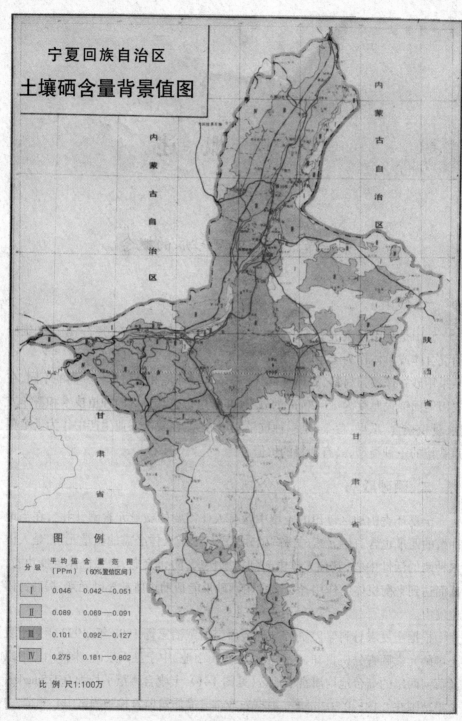

图 1-1　宁夏回族自治区土壤硒含量背景值图

表 1-1 农业部乳品质量监督检验测试中心中卫香山砂田西瓜检验结果

检验项目	单位	实测结果	检验项目	单位	实测结果
锌	mg/kg	0.368	胱氨酸	g/kg	0.08
铁	mg/kg	未检出($<1\times10^{-3}$)	蛋氨酸	g/kg	0.04
钙	mg/kg	56	亮氨酸	g/kg	0.39
还原糖(以葡萄糖汁)	%	6.290	赖氨酸	g/kg	0.14
蔗糖	%	4.09	精氨酸	g/kg	0.14
钾	mg/kg	1.09×10^6	色氨酸	g/kg	0.18
硒	mg/kg	0.0056	苏氨酸	g/kg	0.41
维生素 C	mg/kg	250	谷氨酸	g/kg	1.23
维生素 B$_1$	mg/kg	0.100	丙氨酸	g/kg	0.27
维生素 B$_2$	mg/kg	0.0538	缬氨酸	g/kg	0.24
烟酸	mg/kg	未检出($<1\times10^3$)	异亮氨酸	g/kg	0.47
总胡萝卜素	g/kg	1.72	苯丙氨酸	g/kg	0.73
天门冬氨酸	g/kg	3.14	组氨酸	g/kg	0.24
絲氨酸	g/kg	1.85	脯氨酸	g/kg	0.21
甘氨酸	g/kg	0.62	胳氨酸	g/kg	0.37

第二节 我国砂田的形成与发展概况

砂田起源于我国甘肃省的中部地区,主要集中在兰州市 6 区 3 县以及附近的景泰县、靖远县,占甘肃全省砂田面积的 90% 以上,面积最多的是兰州市永登县、皋兰县,其次是景泰县、靖远县。以皋兰县为例,1982 年全县有砂田 24.78 万亩,占全县总耕地面积的 43.5%,人均砂田 1.45 亩。正常年景全县粮食总产 3500 万 kg,除 2000 万 kg 粮食产自 13 万亩水浇地外,其余部分的 80% 产自砂田。

关于砂田的起源,甘肃民间有这样的传说,某年甘肃大旱,赤地千里,所有的山坡旱地粮食颗粒无收,有一位老农在山坡上发现一堆田鼠打洞时扒出来的砂石上面生长着几株穗粒壮实的小麦,老农惊异并仿效试验,几经改良,逐步推广并流传至今。

据原西北农学院农史研究室李凤歧先生考证,从甘肃农业发展实际看,甘肃中部历史上长期为少数民族经营的畜牧区,元朝灭亡之后,才逐渐发展为以汉族为主的农耕区,因此推断砂田起源于2000年前的说法不可靠。历史文献《洮河县志》中记载了一整套完备的砂田生产工具和耕作技术,包括作物布局,轮作休闲在内的耕作制度等。看来,在古代历史条件下,砂田的形成和生产上大面积地应用,绝非短期内能做到的,故初步认为,甘肃砂田应在明代中期形成,距今有四五百年的历史。

砂田起源于何地,也无历史资料可查,有人认为,甘肃永登县秦王川一带可能是砂田的起源地,因为这一带老砂田和砂田衰老以后再叠一层砂的砂田最多。根据地形、气候等特征,甘肃砂田划分为3个自然分布区。

1. 黄河沿岸地区

主要是兰州市景泰县、靖远县一带黄河两岸的铺砂区域,一般地形平坦,海拔1400~1500m,无霜期150~180天,降水量250~300mm,有黄河水灌溉,水源充足,土壤主要是灰钙土,因多年精耕细作,土壤熟化程度较高,肥力条件较好。砂田主要是水砂田,水砂田主要分布在甘肃、宁夏、青海等省(区)。没有水源的砂田,主要用于栽培经济作物,如蔬菜,瓜类等。

2. 干旱丘陵地区

是砂田主要分布区,海拔1500~2000m,年降水量200mm左右,无霜期140~150天,气候干燥,旱灾严重。主要土类是灰钙土,土质疏松,有机质含量很低,不超过1%,氮磷缺乏,土壤淋洗作用微弱。主要农作物有春小麦、糜子和谷子。

3. 二阴地区

主要分布在景泰县西南部的地区,海拔1800~2700m,气候阴凉,降水量250~350mm,无霜期120~140天。土壤主要是栗钙土,其肥力状况与灰钙土相似,但气候阴凉,有机质积累比灰钙土稍强。主要农作物为春小麦、马铃薯和扁豆、箭舌豌豆等。

我国砂田主要分布在甘肃、宁夏2省(区),青海省、山西省部分地区也有砂田分布。截至2007年初步统计,我国砂田西(甜)瓜种植面积约为181.5万亩,其中甘肃省砂田西(甜)瓜种植面积约为79.5万亩,占西北压砂瓜总面积的43.8%,宁夏砂田西(甜)瓜种植面积约为100万亩,占西北砂田西(甜)瓜总面积的55.09%,青海省、山西省砂田西(甜)瓜面积各有万亩左右。中卫市环香山地区砂田西(甜)瓜种植面积为30.37万亩,东西长78km,南北宽16.5km,面积达1287km²,是全国最大砂田西(甜)瓜种植地带。

第三节 宁夏砂田形成与发展概况

宁夏西瓜栽培历史,据明代嘉靖《宁夏新志》记载,当时就有种植,距今已有400多年。利用砂田种植西瓜的起始时间,无史书可考,但当地有很多民间传说,可供参考。

一、宁夏砂田形成的历史

据中宁县田芳、吴菊萍在当地民间调查搜集,砂田种植西瓜的历史有两种传说。一是相传300年前清康熙年间,康熙皇帝微服私访,骑着毛驴,顺着宁安堡南面的七星渠来到红柳沟边,上了渠坝一看发现了一件怪事,当时正值五月底(阴历),别处西瓜才拳头大小,可这里的西瓜已开了园,而且这里的西瓜秧是从鹅卵石中长出来的。康熙皇帝边吃西瓜边和卖瓜的老汉扯磨:"石头放在田里不是把瓜苗压坏了吗?"老汉说:"你是外地人,不知道我们当地人的习惯,我们这里的山地浇不上水,为了种瓜就到10里外的河边去拉鹅卵石铺地,这就叫压砂。压上砂的地能蓄水,秋天的雨水,冬天的雪水渗到地下,太阳不能照射到土上,这样水分蒸发就少,待开春在石缝里点上瓜子,因为瓜苗不受旱,又种得早,所以西瓜比别处的早上市20多天。这就是我们养马湾压砂西瓜远近闻名的原因。"康熙皇帝回到宫廷后,他又想起中宁从石头缝里长出的西瓜,总觉得太神奇了,便传口谕:地方要将这一种瓜方法流传下去,并将中宁养马湾的压砂瓜作为宫廷贡品。

二是相传清光绪二十四年(1898年),甘肃条城(今榆中县)的魏延孝、魏延梯兄弟和李绪言3人,路过中宁县鸣沙镇,看到养马湾是个好地方,这里依山傍水,光照充足,土层深厚,土壤肥沃,适宜发展农业,特别适宜种植压砂棉花和压砂西瓜,于是,他们在养马湾这个地方定居下来,开荒整地,筛选砂粒,搞压砂田,从此,他们将压砂种地的丰富经验传到了中宁这块土地上。随后又有几批甘肃人相继来到该地定居,使鸣沙、白马一带压砂西瓜逐渐发展,压砂瓜也因此有了"养马湾子的瓜,谁见谁人夸"的说法。从以上两则传说中可以看出,中宁白马、鸣沙一带种植压砂瓜的历史有100多年。据作者调查,除上述两个传说外,这一耕作技术大约在清光绪年间,压砂从与宁夏相毗邻的甘肃省靖远县、景泰县、庄浪县等地陆续传入海原的兴仁、关桥、西安等镇及同心县。主要种植粮食和西(甜)瓜。中卫市环香山地区的压砂地在 20 世纪 50~60 年代,在以粮为纲的计划经济时期,砂田种植主要以粮食为主,瓜类种植面积很小,后随着农村家庭联产承包责任制在我区农村的落实和市场经济的发展,山区农民开始在砂田种植以食用大板西瓜子为主的籽瓜生产,一度成为宁夏的籽瓜生产基地。但由于山区道路交通不便,以籽瓜为主的压砂西瓜种植,一直处于极其缓慢的发展过程之中,最多发展到 1.8 万亩,同时由于连年种植,种性严重退化,产量和品质降低,枯萎病发生严重,产量每亩在 15~30kg 徘徊,收益在 80~150 元。由于效益低下,当地从 1995 年开始,香山地区原三眼井红圈子村瓜农开始试种压砂西瓜,面积达到 3600 多亩,亩产达 1200kg,收入 360 多元,远远超过籽瓜生产。这一试种结果受到了原中卫县政府的重视,1996 年组织了由农业,农技,科技等部门参加的压砂西瓜攻关领导小组,确定了攻关课题,并在此基础上调整了压砂瓜的产业结构。1999 年香山地区压砂西瓜由 1998 年的 9332 亩发展到 20385 亩,籽瓜由过去的 1.8 万亩压缩到 4550 亩,2000 年种植甜瓜1800 亩,到 2003 年宁夏中部干旱带压砂瓜面积达到 9.7 万亩,其中中卫县种植压砂西(甜)瓜 51222 亩,中宁县种植压砂西瓜 13844 亩,海原县种植压砂西(甜)瓜 31934 亩。

2004 年,中卫市成立,新的市委、市政府班子十分关注中卫干旱带和山区经济的发展,看准压砂西(甜)瓜这个产业,在自治区党委和政府的重视和支持下,把宁夏中部干旱地带中卫市区域的压砂西(甜)瓜作为该区农业经济中的重中之重,狠抓不放松,制定多项优惠政策,鼓励群众、干部发展压砂瓜产业。2004年,压砂瓜面积增加到 31.2 万亩,是建市前的 9.3 倍。2008 年达 102 万亩,产压砂瓜共计 120 万 t,产值 8 亿元。

二、中卫市砂田在我国西北地区砂田中的地位

我国砂田西(甜)瓜种植主要分布在甘肃、宁夏 2 省(区),青海、山西 2 省也略有分布。据统计,2007 年四省区砂田种植西(甜)瓜面积约为 181.5 万亩,其中甘肃省为 79.5 万亩,占 43.8%,宁夏为 100 万亩(见表 1-2),占 55.09%,青海、山西 2 省各有万亩左右。中卫市环香山地区西(甜)瓜种植面积为 30.37 万亩,种植带东西长 78km,南北宽 16.5km,总面积达 128.7km²,成为西北地区最大的压砂西(甜)瓜种植带。

表 1-2　中卫市压砂西(甜)瓜分布面积表

(万亩)

县(乡镇)	2003 年累计	2004 年累计	2005 年累计	2006 年累计	2007 年累计
海原县	2.2	6.8	11.86	18.5	23
兴仁镇	1.36	5.03	7.25	9.42	11.92
高崖乡	0.11	0.24	1.75	2.6	
关桥乡	0.73	1.52	2.83	3.74	
蒿川乡				0.61	
西安乡				0.94	
曹洼乡				0.26	
兴隆镇				0.31	
徐套乡				0.62	
中宁县	1.53	7.1	17.10	24.1	33
鸣沙镇	1.25	4.45	7.15	8.23	
白马乡	0.28	1.41	3.28	4.59	
喊叫水乡		1.29	6.22	8.6	
舟塔乡				1.63	
恩和镇			0.50	1.05	
城　区	5.98	17.3	21.76	30.40	44
永康镇	0.06	0.25	0.75	2.82	6.9
常乐镇	0.69	2.65	5.11	7.8	9.5
香山乡	5.23	14.40	15.9	18.92	21
文昌镇				0.86	1.6
宣和镇					5.0
合　计	9.7	31.20	50.72	73	100

三、中卫市砂田西(甜)瓜种植面积在当地农作物生产中的地位

中卫市 2 县 1 区 10 个乡镇干旱带有耕地 161 万亩,2007 年农作物的种植面积为 130.05 万亩,其中砂田面积达 100 万亩,占农作物种植面积的 76.89%。其中中卫市城区香山乡、常乐镇、永康镇、文昌镇、宣和镇农作物播种面积为 46.47 万亩,砂田面积为 44 万亩,占农作物播种面积的 94.68%,香山乡砂田种

植面积占本乡农作物播种面积的 98.5%;中宁县鸣沙镇、白马乡、喊叫水乡、恩和镇、白塔乡,农作物播种面积为 55.17 万亩,砂田面积为 33 万亩,占农作物播种面积的 59.8%;海原县兴仁镇、关桥乡、高崖乡、西安乡、曹洼乡、徐套乡,农作物播种面积为 25.41 万亩, 砂田种植面积为 23 万亩, 占农作物播种面积的 97.5%。由此可见,砂田西(甜)瓜已成为中卫市和宁夏中部干旱带的主要产业,具有十分重要的意义。中卫市 100 万亩压砂西瓜分布地域如图 1-2 所示。

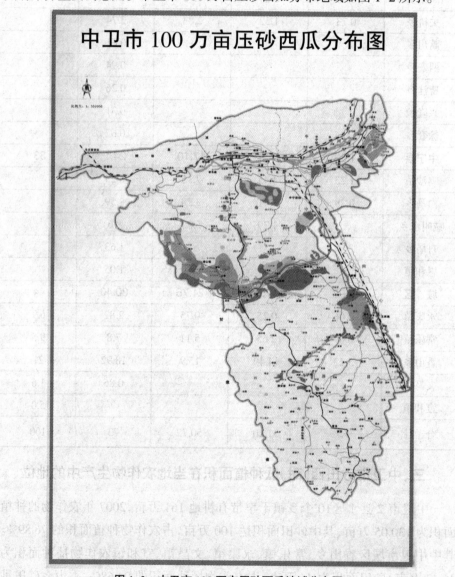

图 1-2　中卫市 100 万亩压砂西瓜地域分布图

表 1-3 中卫市 2007 年砂田播种面积占农作物总播种面积百分比

（万亩）

项　目	县（区）			合　计
	城　区	中宁县	海原县	
干旱带耕地面积	44.8	39.7	76.56	161.06
农作物播种面积	46.47	55.17	28.41	130.05
压砂地面积	44	33	23	100
压砂地占耕地%	98.2	83.1	30.0	平均70.4
压砂地播种占播种面积%	94.68	59.8	97.5	平均83.9

四、中卫市人均占有砂田西(甜)瓜的面积

中卫市城区、中宁县、海原县有 18 个乡(镇)地处宁夏中部干旱带,总人口 24 万人,截至2007 年,砂田累计面积达到 100 万亩,人均占有砂田 4.17 亩。其中,中卫市城区香山乡、常乐镇、永康镇、文昌镇、宣和镇砂田面积累计达到 44 万亩,总人口 6.64 万人,人均占有砂田 6.62 亩。其中香山乡砂田面积最大,累计达 21 万亩,总人口 1.05 万人,人均占有砂田 20.0 亩。中宁县鸣沙镇、白马乡、喊叫水乡、恩和镇、舟塔乡砂田面积累计达 33 万亩,总人口 9.03 万人,人均占有砂田 3.65 亩。海原县兴仁镇、关桥乡、高崖乡等 8 个乡(镇)砂田累计面积达 23 万亩,总人口 8.32 万人,人均占有砂田 2.76 亩。其中兴仁镇砂田面积最大,达 11.92 万亩,总人口 2.04 万人,人均占有砂田 5.84 亩(见表 1-4)。

表 1-4 中卫市 2007 年中部干旱带人均占有砂田面积表

项目	县（区）			合　计
	城　区	中宁县	海原县	
砂田面积(万亩)	44	33	23	100
总人口(万人)	6.64	9.03	8.32	24
人均占有砂田面积(亩)	6.62	3.65	2.76	13.03
劳动力(个)	3.12	5.91	3.21	12.24
每个劳动力承担砂田面积(亩)	14.5	5.58	7.16	27.24

五、砂田西(甜)瓜收入在中卫市农业生产中的地位

2007年,中卫市砂田面积达100万亩,总产值达64000万元,其中,中卫市城区砂田西(甜)瓜产值为27048万元,海原县砂田西(甜)瓜产值为15172万元,中宁县砂田西(甜)瓜产值为21780万元。以中卫香山干旱带人口计算,仅砂田西(甜)瓜人均收入达2750元。其中中卫市城区香山地区为4073元,中宁县香山地区为2411元,海原县砂田人均收入为1823元(见表1-5)。由此可见,在中卫市中部干旱带,气候、土壤等极其恶劣的条件下,砂田西(甜)瓜产业已成为当地人民拔穷根的造血工程,经济支撑点,在当地农业生产中占有极其重要的地位。

表1-5 2007年中卫市干旱带砂田人均收入表

项目	城区	中宁县	海原县	合计
砂田西(甜)瓜种植面积(万亩)	44	33	23	100
砂田西(甜)瓜(现价)总产值(万元)	27048	21780	15172	64000
中卫香山干旱带人口(万人)	6.64	9.03	8.32	23.99
人均收入(元)	4073	2411	1823	8307

六、中卫市砂田西瓜的绿色食品认证及商标注册

中卫市砂田西瓜生产基地位于海拔1500~2300m的环香山地区,生态环境良好,产地空气质量符合要求,土壤环境质量、灌溉水质量均符合GB/T18407、12001国家标准和NY5010-2002农业部标准,地区范围明确,集中连片,规模大,产品稳定,远离交通主要干道,生产基地区域内及上风向,灌溉水上游,没有对产地环境构成威胁的污染物,包括工业"三废"、农业废弃物、医疗污水及废弃物、城市垃圾和生活污水等污染源。生产基地具有可持续发展的能力。砂田西(甜)瓜生产主要施用腐熟的有机肥,不施化肥和有激素配方的叶面肥。同时,环香山地区土壤中含有硒元素,故经农业部质量监督检验测试中心检测砂田西瓜中含有微量元素硒。

2005年经国家绿色食品发展中心检测,产品质量符合绿色食品要求,被认证为"国家A级绿色食品",颁发了绿色食品证书,并注册了"宁夏·中卫香山硒砂瓜""香山绿豪""香岩宝"3个商标(见图1-3)。2007年取得了有机食品转换证书(见图1-4)。

图1-3　中卫市压砂西瓜注册商标图

图1-4　中卫市压砂西瓜绿色食品证书和有机转换产品认证证书图

七、中卫市砂田西瓜销售市场

中卫市砂田西瓜由于品质好,糖分含量高,味甜,质脆,又是"绿色有机食品",故深受全国各地销售者的喜爱,每年有95%以上的西瓜销往北京、石家庄、济南、郑州、上海、杭州、武汉、南昌、长沙、深圳、广州、贵阳、重庆、桂林、贵阳、重庆、成都、昆明、兰州、西宁、银川等全国33个大中城市。2008年又被指定为29届奥运会产品。目前,随着市场的开拓,砂田西瓜已走出国门,销往国外。见图1-5中卫市压砂西瓜销售地及交通示意图。

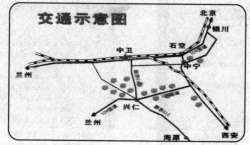

图1-5　中卫市压砂西瓜销售地及交通示意图

第二章　宁夏砂田分布区的自然概况

第一节　农业气候特征

宁夏砂田主要分布在中部干旱带,包括中卫的香山地区,中宁的丘陵山地和海原的北部地区的黄土丘陵及其中的河谷平原和部分山地。属于中部山地与山间平原区,本区深居内陆,属温带荒漠地区,大陆性气候十分典型。气候区划属宁南温暖风沙干旱区,≥10 ℃ 积温为 2600℃~3200℃,年降水量 220~300mm,年变率大,蒸发量大于降水量,干旱度 K=2.1~3.4,旱灾十分频繁,"三年两头旱,十年九不收",旱作农业极不稳定,农作物的产量高低,随降水量的多少而波动,生态环境十分脆弱。

本区大风和沙暴日多,风蚀和风沙危害严重,冬春为多风季节,平均风速为 3m/s,最大风速 24m/s。年大风日数为 24~44 天,年平均风暴数 12~34 天,风沙对农作物的危害严重。

本区冬季寒冷,夏季较热,昼夜温差大,平均日温差为 13℃~14℃,最冷日平均气温-8℃~-9℃,无霜期短,一般>0℃的天数为 170~180 天,冬季较长,冻土层为 100cm 左右, 日照充足, 全年日照长 2883~3019 小时, 夏季日照每天长 13~14 小时。

在上述气候条件下,当地植被为半荒漠、荒漠、草少林稀,植被率低,到处光山秃岭,水土流失严重。

第二节　地貌特征

宁夏砂田分布区的地貌特征大体分为以下几种类型。

一、冲积平原

黄河两岸冲积平原,海拔在 1200m 左右,地面坡降 1/1000~3/1000,主要由砂、砂砾石组成,一般厚 200m 左右,薄者仅数十米,透水性好,地下水埋深多在 2m 以下,一般盐碱危害不大,压砂田主要分布在砂石荒滩或台地、坡地上。

二、冲积洪积台地

台地位于黄河南岸,香山北麓,俗称"南山台子",由冲积洪积沙粒组成,上覆黄土和风沙,前缘台坎在永康-宣和-山河桥一线,高出黄河约 40m,清水河下游河段狭窄,切于台地之中。"南山台子"现为西台乡,是中卫市压砂瓜主产地之一。

三、香山山地

香山由古生代碎屑岩和少量碳酸盐岩构成,主峰香山寺海拔 2356m,左近山脊,直至麦堆山一带,海拔在 2100m 以上。香山寺北约 3 公里,有高约 300m,长约 30km 的断崖。断崖之北,山体海拔 1800~1900m,山脊平缓,形成两级明显阶梯。香山、烟筒山、罗山、青龙山等山地丘陵之间分别镶嵌着清水河下游河谷平原,苦水河河谷平原及罗山古洪积扇,红寺堡、韦州-下马关洪积冲积平原及兴仁堡、喊叫水盆地。其中香山缓坡山地、兴仁、喊叫水盆地是压砂瓜主产区。

四、山前洪积扇

天景山、米钵山、烟筒山等山前洪积扇,山前台地,清水河及其支流两侧坡地也是压砂瓜主要产地。

五、河谷两岸

清水河中游西侧,海原黄土丘陵盆塬河川区,包括砂田分布较多的关桥、西安等乡(镇)的川地以及蒿川、曹洼等的黄土丘陵区的河谷两岸的坡地。

六、清水河中、上游洪积、冲积平原区

该区由六盘山山前洪积扇、中河、苋麻河冲积、洪积三角洲,固原残存古洪积扇及河流阶地构成,分布于清水河两岸,土地平阔,土层深厚,压砂瓜主要分布在沿清水河两岸的高崖乡和兴隆乡。

第三节 土 壤

一、温带荒漠草原灰钙土区

压砂瓜主产区的香山、烟筒山、天景山、南山台子、卫宁北山、卫宁平原、兴仁、喊叫水盆地等均属温带荒漠草原灰钙土,主要分布于中部和北部的台地、洪积平原及河流高阶地洪积扇上,植被为荒漠草原。灰钙土的成土母质主要是洪积物,灰钙土剖面发育较完整,腐殖质层约 30cm,深棕色,心土层灰白色,有斑块状或成层状石灰淀积,石灰含量 10%~25%,最高达 30%以上,全剖面一般无易溶盐淀积。质地为沙壤,部分为轻壤。

土壤容重 1.3~1.8g/cm^3。自然含水量,表土小于 6%,1m 土体为 6%~10%。田间最大持水量,1m 土层平均为 15%~28%,pH 值 7.8~8.7 含盐量 0.03%~0.10%,表土层养分含量:有机质 0.7%~1.5%(荒地可达 2.5%),全氮 0.03%~0.10%,全磷 0.025%~0.08%,全钾 1.2%~1.6%,速效磷 4.0~15.0mg/kg,速效钾 80~170mg/kg,水解氮 40~100mg/kg。

灰钙土沙大,水稳性团聚体少,持水保肥性能差,宁夏灰钙土又可分为普通灰钙土、淡灰钙土、潮灰钙土和盐化灰钙土 4 个亚类。普通灰钙土分布于中部偏南,与黑垆土相接,有机质含量较高,钙积层部位较深。淡灰钙土分布于普通灰钙土之北。潮灰钙土(分布于地势较低处)及盐化灰钙土均不适宜种植压砂瓜。

二、黄土丘陵黄绵土区

主要分布在海原黄土丘陵河谷坡地、川地、台地等处,黄绵土剖面发育不明显,黄土母质出露。土层黄棕色,呈强石灰反映,但无明显钙积层,有的具少量石灰淀积物。表土养分含量:有机质 0.45%~1.7%,全氮 0.02%~0.07%,全磷 0.052%

~0.065%,全钾 1.5%~1.9%,水解氮 36~70mg/kg,速效磷 5.4~8.2mg/kg,速效钾 105~302mg/kg,阳离子交换量 4.8~10mg 当量/100g 土。

第四节　农业资源和农业生产特点

　　宁夏砂田主要分布区位于宁夏中部干旱地区,农业生产有利条件是地形复杂,形成了土地类型的多样性,土地资源丰富,荒山、荒坡、未开耕的台地、荒地面积大,可供压砂瓜生产发展,同时这些地区砂石资源丰富,可就地取材,为砂田铺设创造了有利条件。降低了成本。土壤为灰钙土,多为沙壤或轻沙壤,光照时间长,热量较多,日温差较大,适宜瓜类作物生长和养分积累,有利于品质提高。

　　压砂瓜的分布区在农业生产上也有许多不利因素。首先是年降水量少,年变率大,多雨年与少雨年的比值(变化商)为 2.03~6.1,年降水量 30%保证率为 221mm,40%保证率为 190mm,多为旱作区,收成好坏、产量高低受降水量的影响较大,干旱是压砂瓜生产的主要威胁,同时蒸发强烈,地下水埋藏较深,加上土壤渗水能力强,压砂瓜生产常遭旱灾,丰歉程度随年降水量的多寡以及时空分布不同而出现年际间与地域性的差异。

　　耕地以旱地为主,旱地占耕地的 87%,产量低而不稳,1985 年粮食平均亩产为 50~35kg,一般 10 年就有 7 年是旱年。

　　本区为旱作农业区,除少量水浇地外,大部分耕地靠天吃饭,由于降水少,耕作粗放,广种薄收,粮油产量水平低而不稳,粮食亩产多年平均在 25~30kg 以下,1985 年每亩 45kg,油料亩产只有 15~20kg,本区耕作制度为一年一熟或三年两熟的撂荒耕作制。小麦、糜谷、洋芋等为主要的粮食作物。秋粮多于夏粮,作物布局上粮食面积过大,经济作物和牧草面积较少,养地作物豆类和牧草比例过低,土地用养失调。

　　根据地形、气候等特征,宁夏砂田分布可划分为两个自然分布区。

一、黄河沿岸地区

　　主要在中卫的南山台子,以及沿岸川地的砂石荒滩台地上,一般地形平坦,海拔 1100~1200m,无霜期 150 天左右,最长无霜期 183 天,最短无霜期 116 天,该区热量资源较丰富,水资源少,以干旱多风为特征,降水量为 220~300mm,蒸发大于降水，干燥度为 2.1~3.4，≥10℃积温为 2600℃~3200℃，90%保证率在 2500℃~2900℃，土壤主要是灰钙土，压砂瓜生产区有补水设施，主要作物为小麦、马铃薯、糜谷等。

二、干旱丘陵地区

是宁夏压砂田主要分布区，可分为以下两个自然分布区。

（一）温带荒漠草原山地丘陵与山间盆地地区

主要集中在中卫市的环香山地区、兴仁堡、喊叫水盆地、中宁县的天景山山前冲积扇、鸣沙镇、白马乡的丘陵山地处。本地区山地丘陵间缓坡地，盆地交错分布，地形起伏较大，呈坡状起伏。年平均气温 7.5℃~8℃，≥10℃活动积温 3000℃左右。年日照时数 3000 小时上下，年太阳辐射 135~140kcal/cm²，年降水量300mm 左右，植被为荒漠草原，无霜期 130~160 天，水资源缺乏，干旱和风沙危害十分严重，部分盆垴地有扬黄补水灌溉设施，土壤为淡灰钙土或山地淡灰钙土。主要作物为麦、糜、谷等。

（二）黄土丘陵、盆垴、河川、洪积平原区

包括海原县的西安乡、关桥乡、蒿川乡、高崖乡、兴隆镇等，本地区地形有西安、关桥、蒿川等乡镇河川地、盆地、山前洪积扇、河流阶地；高崖乡、兴隆镇等川地、台地、山前洪积扇等。本区年均气温 6℃~7℃，≥10℃的积温 2000℃~2600℃，年均无霜期 130~150 天，日照时数 2200~2700 小时，年降水量 350~500mm，但季节分布不均，62%~69%集中在 7、8、9 三个月，多大雨或暴雨，造成严重水土流失，又因年降水量变率大，往往发生旱灾。年蒸发量 1600~2300mm，年蒸发/降水比为 4:7，干燥度在 1.1~2.0 之间，本区灾害性天气主要为干旱及冰雹。据历史记载，公元前 104 年~1949 年共 2053 年中就有大小旱灾 250 次，平均每 8 年一次，三年一小旱，五年一大旱，对发展压砂瓜生产威胁极大。冰雹较多，年平均降雹日数 1~3 天，年最多降雹日数 3~7 天，在清水河河谷川地及海原盆地大风及沙暴日数多，也对压砂瓜生产产生不利影响，土壤多为黄绵土，压砂瓜生产区无补水灌溉设施。主要作物为小麦、马铃薯、豆类、糜谷等。

第三章 砂田的类型和主要特点

砂田是劳动人民在长期生产实践中,克服不利自然条件而创造的一种特殊的作物栽培方式,各地根据当地砂石资源条件,因地制宜,因陋就简,形成了不同类型的砂田,宁夏砂田主要是旱砂田,没有水砂田。现分别介绍如下。

第一节   根据使用年限分类

一、新砂田

一般指旱砂田,自铺砂石后15~20年称旱砂田。水砂田(主要在甘肃省兰州市及靖远县、景泰县等地),自铺砂石后的头两年称为新砂田,由于新砂田中的砂砾含土较少,增温、保墒以及土壤肥力较高,所以多种植经济效益较高的西瓜、甜瓜等瓜类作物。

二、中砂田

旱砂田使用到15~20年,水砂田使用到第3年至第4年称为"中砂田"。中砂田中的砂层含土量较新砂田增多,砂田的保墒、增温等性能也有了下降,保护好的旱砂田也种植西瓜、甜瓜但产量不及新砂田。

三、老砂田

旱砂田利用到30~60年,水砂田利用到4~5年,一般称为"老砂田"。由于砂田长期耕作和风沙侵袭,砂层中土壤含量较大,砂田作用明显降低,但使用效率与土地相比,仍有一定的可利用价值。

第二节 根据砂田砂砾的组成形状不同分类

一、片石砂田

又称破石砂田,砂砾来源于砂石山体受洪水冲刷而形成的山水沟内或两侧山体或地面切削的断层,或田间就近开采的崖砂。砂砾由大小不等、形状不规则的片石、砂砾及占10%~15%的砂石土混合而成,砂田砂石带青色,或褐黄色。片石砂田主要分布在中卫的环香山地区,南山台子的台地,海原县的兴仁盆地,关桥、蒿川、高崖等乡(镇),以及中宁县的喊叫水盆地等,见图3-1。

图3-1 片石砂田示意图

二、卵石砂田

砂砾来源于冲积的河床卵石砾砂,或沉积的砾石层中的卵石块,从河床底下取砂的称为"河砂田",从山崖腰中或从山坡洪积扇中沉积的砾层中取砂的称为"崖砂田"。混合砂石,颜色青亮含土量少,结构疏松,是上等砂田,砾石的直径为0.5~10cm,卵石与粗砂的比例不等,约7:3或6:4,选用黄豆大小至枣大小的砾石铺设的砂田,其效果最好,称为"豆豆砂"。中宁县的鸣沙镇、白马乡多为卵石砂田。

第三节 根据有无灌溉条件分类

一、旱砂田

宁夏砂田主要是旱砂田。主要分布在无灌溉条件的台地、塬地、山坡地、盆塥地等处。旱砂田铺砂厚度一般在 15~20cm,使用寿命在 30~40 年,以种植经济效益较高的西瓜、甜瓜为主。甘肃省兰州市的旱砂田的头几年就用于种植经济效益高、品质好的白兰瓜。旱砂田生产的瓜品质优良,糖度较高,称为"旱砂瓜",颇受市场欢迎。旱砂田到了中后期,也可用于种植籽用西瓜或南瓜,产籽量或产瓜量比一般土地高。

二、补水砂田

香山的缓坡山地、山间盆地,海原县的兴仁盆地,中卫市城区西台乡南山台子,中宁县天景山的山前洪积扇台地等处的砂田,利用扬黄引水修建贮水池和田间补水管道,在西瓜、甜瓜播种、瓜秧生长、西瓜膨大等关键时期,于大旱之年进行补水栽培,可保证西瓜、甜瓜的产量和品质及瓜农的收益,铺砂厚度在 20cm 左右,使用年限在 30~40 年。

第四章 砂田的铺设和更新

第一节 砂田的铺设

一、砂田铺设的基本原则

铺设砂田是一项重要的农田基本建设,也是长远的系统工程。铺设 1 亩砂田要投资 500~700 元,亩用砂石 120~150m³(15 万 kg~20 万 kg),且劳动强度大,利用时间长达 50 年,因此,砂田铺设要从当前生产出发,又要考虑长远利益,在保证高标准、高质量的前提下,提高铺设速度。在砂田铺设时应遵循以下几个原则。

(一)可持续发展原则

坚持资源开发与生态环境保护有机结合,加快绿色生态农业建设,实现经济、社会、生态效益的同步提高。

(二)统筹规划,分步实施的原则

应将硒砂瓜产业纳入当地政府绿色农产品发展规划,并根据不同地区、不同条件,在调查研究的基础上,参照国内外有关经验,进行科学的统筹规划和合理布局,分阶段、有计划的实施,规划的重点应放在绿色农产品的基地环境保护与改善基础设施的建设、产品开发、市场的营销,突出规划的指导性、前瞻性、宏观性和可操作性。

(三)科技创新的原则

要充分体现农业信息,在传统砂田铺设经验的基础上,致力于砂田的科技进步和模式创新。

(四)保护、治理与开发并重的原则

制定砂田建设规划时要切实注意自然资源和生态环境的保护,不能以牺牲环境为代价,应提倡源头治理和产前、产中、产后治理。要反对先污染后治理的思想,对资源和生态环境的保护以及对污染的治理是为了更好地开发和发展,做到社会、经济效益与生态环境的统一。

（五）市场化运作,产业化经营的原则

在对国内外市场调研的基础上,按照市场经济规律和广大消费的需求、确立压砂瓜发展的重点,调整产品结构,以产业化经营为载体,充分调动社会各方面的力量,发挥农业和企业等社会各方面的积极性,争取多元化投入,发挥企业的主导作用,坚持政府引导,企业牵头,基地加农户发展的模式,增强压砂瓜的活力和凝聚力。

二、砂田的规划与实施

（一）砂田的规划

1. 土地规划

土地规划应根据砂石来源,土地条件,交通状况,市场条件,人力、物力条件,水源,资金等基本条件进行合理的规划,做到砂田连片集中,交通方便,便于田间管理和砂田铺设及耕作的机械化作业。同时也有利于挖修防洪渠道,少占地。

2. 水利规划

坡地、山坡地、山前洪积扇等易受洪水冲积的地区在修建砂田前,应首先进行防洪渠坝和排水系统的规划,防止洪水侵入砂田冲刷或淤漫砂田,混入泥土。为此,要建设巩固的防洪、排洪系统,同时,有补水条件的地区应考虑补水系统的规划和建设,如蓄水池、喷灌、滴灌系统和田间管道的建设等。

（二）砂田的铺设与实施

1. 选地

选好土地是砂田铺设的基础,是决定砂田寿命长短的重要条件,因此,要根据砂田铺设的基本原则,统筹规划,选好铺设砂田的土地。砂田地区可供压砂的土地大体可分为以下几种类型。

（1）荒滩台地

如中卫市的南山台子及冲积平原的高台地,中宁县天景山山前洪积扇台地等,荒滩地比较平整,多为灰钙土,土壤为沙壤土或壤土,底土为黄土。土壤表层有机质比较丰富,长有蒿属植物,为上等荒地,适宜大面积发展砂田生产。

(2)山间盆地

如海原县的兴仁堡盆地、中宁县喊叫水盆地等,盆地土地平整,多为灰钙土,土壤为沙壤土。土层深厚,适宜大面积发展砂田生产。

(3)坡度小于15°的坡地、山坡地

如香山地区的坡地、山间坡地。山间坡地属山地灰钙土,土壤表层有机质较多,坡地坡度不宜过大,坡地坡度大,砂砾易向下滑落,厚度不匀,薄处保墒效果差,耕作时容易造成砂土混合,降低砂田寿命,厚处常影响出苗,产量降低。据甘肃省砂田研究组调查,水平旱砂田一般寿命比坡地旱砂田长 20~30 年,水平新旱砂田比 15°的坡地新旱砂田增产16%左右,水平中旱砂田比 20°坡地中旱砂田增产 22.3%,水平老旱砂田比 20°的坡地老旱砂田增产 65%左右。

(4)河滩地、河流阶地

多在季节性河流两岸,海原县分布较多,土质较薄,地块零星分布,不适宜大面积发展砂田生产。

2. 土地准备

(1)整地施肥

砂田寿命长,延续时间久,因此,土地选好后在铺砂前应进行细致的整地、犁地、耙糖、镇压,捡净草根,保持耕层土壤表实下虚的结构。伏天耕翻暴晒,熟化土壤,秋天雨后耙糖收墒保墒,达到地绵墒饱无杂草。铺砂石前要做到三犁三耙,及施肥前两犁两耙,结合施肥再犁 1 次,然后镇压墩实,待封冻后再铺砂。

砂田的寿命长 30~40 年,因此,土地在铺砂前施足基肥是砂田稳产和延长寿命的关键。宁夏砂田在压砂石前多不施肥而直接进行种植,这种掠夺式的栽培不利于砂田寿命的延长、产品品质的改善和产量的提高,而铺砂石后再大量施肥,既费时又费工,对土壤耕层不利。据甘肃省砂田研究组资料,景泰县有一块砂田压砂前施肥灰粪 1.5 万 kg,亩产粮食 150kg,维持了二三十年。肥料的种类和施肥数量,各地因肥源不同而有差异,一般有羊粪、厩肥、鸡粪、牛粪、油饼等,每亩施 3000~4000kg,施肥方法有以下几种。

①肥料多,分两次施,先在土壤犁地前施基肥,施肥后犁地,使肥料与土壤充分混合,再于铺砂前撒施压实随即铺砂。

②在后一次犁地时施 1 次肥,使表土与肥料混合。

③犁地时不施肥而在犁地耙耱平整后于土表撒 1 层肥，并加以耙耱，使表土与肥料混合。

（2）挖排洪沟

整地的同时，结合修好排洪沟渠，保护砂田免遭洪水淹没而毁坏。根据田块走向以及历年洪水走向、流量大小等确定沟渠深浅、宽窄。一般山大沟深或在沟口处，排洪沟宜宽宜深，山小或丘陵缓坡地带，排洪沟可窄些。排洪沟要坚固畅通，如与道路结合使用，可修宽些，平缓些。排洪沟修好后要经常注意清淤、加固、整修、填塞鼠洞等工作。

3. 选砂取砂

采砂是最繁重的劳动，既要考虑采运方便，又要讲究砂质好坏。砂质好坏的标志是含土量少，松散色泽清亮，石砾表面棱角小而圆滑扁平。砂与砾石的比例适中，大石头多了，影响耕作，绵砂多了，砂田通气不好，寿命也短，由卵石到较小的碎石和粗砂的比例要适当。一般砂石与粗砂的比例为 6:4 或 5:5，砾石大小要适中，一般直径在 8cm 以下，旱砂田每亩需砂砾 70m³ 左右。采砂时，应先清除砂层上部或混杂的泥土，并注意避免泥土落入砂砾中。采取砂砾的方法是先用挖掘机挖掘砂砾层，使砂砾疏松脱离原处，再铲出堆放，剔除砂砾中过大的卵石，保留 10cm 以下的砂砾。采砂时注意安全，防止上部落陷。

4. 铺砂

（1）铺砂的时间

铺砂时间以冬季土壤冻实之后至早春化冻之前最好。在 1 天内，以清晨土壤表面未消冻之前为宜。这是为了避免铺砂时车辆碾压和出入田间而破坏土壤结构和平整了的土壤表面，防止砂土混合。同时在冬季农闲季节，有较多的劳力可充分的利用。切忌雨雪天气进行铺砂。

（2）铺砂的方法

先将砂砾按照预定距离堆放在准备好的土地上，再耙开摊平。畦埂上同样用砂砾覆盖，以防埂土落入田中。砂田铺设的厚度一般为 10~20cm。砂田铺设应注意的事项：第一，砂砾厚薄要一致，卵石、砂砾与粗砂要混合均匀；第二，地块四周留出约 1m 的空地以防杂草蔓延侵入砂地，为防止砂砾混入周围土中，砂田的四周用较大的石块排列在砂层的边缘。铺上砂砾后最好用齿耙耙一次，其作用是把大石砾耙到砂表，过大的石头拣出不能挡耧。

第二节　砂田的更新

一、砂田的寿命与老化

砂田寿命是指铺砂以后,砂田能维持种植的年限。砂田经过十几年或几十年耕种以后,由于耕作带来的砂土混合,再加上长期不施肥或少施肥,减弱了砂田的保水效应,土壤肥力衰退,使压砂瓜产量下降,这就是砂田老化、衰老的象征,必须进行砂田的更新。其中主要因素是砂田肥力下降,只要土壤养分得到合理的补充,新、中、老砂田瓜类产量都可提高。影响砂田寿命的具体原因主要有以下几方面。

（一）土壤肥力状况

土壤肥力好的,砂田寿命也长,土壤肥力差的,砂田寿命也短。据调查两者相差 10~30 年。

（二）砂砾质量

砂砾中含土量多则寿命短,含土量少则寿命长。

（三）耕作管理技术

如果耕作技术不当,使砂土混合而使砂田衰老。有经验的农民在砂田耕作时不使耕耧或耕作机械接触土块,防止砂土混合,可使新砂田保持 30 年之久。而不注意耕作的农户,在几年内就使砂土混合而使砂田老化。俗话说:"会务砂,三年老砂变新砂。"

（四）施肥

施肥不当也使砂土混合而使砂田老化,缩短寿命。

除上述因素外,砂田自然老化也是重要原因。由于土壤在砂砾覆盖下,处在阴凉紧实的状态下,土壤理化性状、微生物活动和水肥气热协调不好,土壤养分失去平衡也是砂田老化的重要原因。

二、砂田的更新

砂田更新方法主要是起老砂,铺新砂。即将砂土混合层起掉,然后让土壤休闲恢复地力或在土地上种 1~2 年耐瘠作物后,再重新整地铺设新砂。

第五章　砂田的性能

砂田是干旱地区广大劳动人民在气候干旱、土壤水分不足而利用砂砾覆盖土壤以达到抗旱保收的土壤覆盖栽培方法，它的作用和主要性能可以概括为：提高地温、蓄水保墒、提高水分利用率，防止盐碱，减少地表径流，保持水土和土壤肥力。

第一节　砂田提高土壤温度

改善土壤热状况，是砂田西（甜）瓜早熟丰产的重要因素。据甘肃省砂田研究组 1965 年 3 月 11 日至 4 月 16 日在皋兰县观察，不同砂龄的旱砂田与土田地表温度比较，平均温度值新砂田为 9.1℃，中砂田为 8.5℃，老砂田为 8.6℃，土田为 6.1℃，增温值 2.4℃~3℃；据青海省农林科学院熊培桂等在海拔 2400m 的西宁地区观察，地表平均温度，砂田与土田比较，6 月份高 2.05℃，7 月高 5.1℃，8 月高 4.9℃，9 月高 1.2℃，由于地温的提高，为作物根系生长创造了一个良好的环境条件，使当地用土田栽培西瓜和甜瓜不能成熟的矛盾获得解决，西瓜成熟率 95% 以上，亩产高达 6250kg，甜瓜成熟率 80% 以上，产量达 1876kg，两种瓜的品质均极佳。

据前人研究砂田与土田的结果认为：砂田土温能够提高的主要原因是砂田的热容量比较小，白天当砂砾表面受热以后，温度升高比土田快，将所获得的热量一部分反射回空气层中，另一部分传递给土壤，又由于砂砾具有不良导体的特点，在夜间土壤温度受砂砾的覆盖保护，向外放射的过程比较缓慢，久而久之，土壤热量相对大于土田。其次，水分蒸发过程一般每蒸发 1ml 水分，需耗

39cal 热能,砂田土壤由于有砂层保护,土壤因蒸发而失去的水分比土田相对减少,因而温度相对得到提高。同时土壤所含水分比土田高,热容量也比较大。

　　除了砂田的土温比土田高外,砂田土温的昼夜变化幅度也小于土田。这是由于砂砾覆盖,夜间土壤热不断转化为另一种波长的辐射波再辐射时受到砂层阻碍,延缓了温度急剧降低的程度。在高寒地带,早春日温差大,土温低,对瓜类根系生长是一种不利因素,而砂田的土壤温度变化幅度小,有利于瓜类根系的生长。

　　据兰州市农科所对兰州市郊砂田的调查研究表明,砂田覆盖的砂砾比热小,吸热快,能将白天吸收的日光辐射热能,通过导热较好的潮湿土壤,把热传于土中,增高地温,到晚间又因砂砾覆盖,土壤散热较小,因之缩小了过大的日较差,有利于作物生长。一般铺砂地比土地温度提高 2℃~3℃。在上述地表温度为 45℃的情况下,测定砂面以下 5cm 土温为 41.8℃,10cm 为 39℃,15cm 为 31℃。这样的温度对根群生长和生理活动有利。

表 5-1　砂田、旱田、水浇地不同类型土地地温的比较

10cm 地温℃　　　月、日、时　　气温℃ 田地种类	5 月 10 日 14 时~16 时	8 月 6 日 14 时~16 时	11 月 7 日 14 时~16 时
	17	33.1	16.4
砂田(7cm细砂)	17.5	32.2	18.03
砂田(15cm砂石混合)	14.8	29.9	15.3
砂田(20cm砂石混合)	14.7	27.9	15.4
旱地	14.9	29.6	15.2
水浇地	13.8	27.5	14.6

第二节　砂田抑制蒸发,提高土壤水分利用率

　　一般认为在没有灌溉的条件下,年降水量小于 300mm 的地区,农业生产是很难保证的, 宁夏压砂瓜生产地区多处于中部干旱带,年降水量在 200mm 左右,土壤水分不足是农业生产的主要限制因素,蓄水保墒也就成为当地耕作制度的中心环节。土壤水分蒸发量为降水量的 10~12 倍,降水量不但少,而且年变

异率大,季节分配又极不均衡,主要集中在7、8、9三个月。秋季多暴雨,雨水不易下渗,多呈地表径流而损失,在这样的生态环境条件下只有砂田才能保证西瓜、甜瓜生长发育所需要的水分。砂田具有较强的保墒保水功能的原因是:土壤表面覆盖一层砂砾,由于砂砾的覆盖保护,疏松的砂层切断了毛管作用,土壤汽化水分向外逸散就受到压制,因此,有效地降低了土壤水分的损失,提高了水分的利用率。旱砂田的保水功能见表5-2。砂田随着使用年限增长,保水性能逐渐下降,如3月测定:土田0~30cm水分为5.9%;新砂田为14.8%,增加8.9%;中砂田为13.0%,增加7.1%;老砂田为10.6%,增加4.7%。新砂田分别比中砂田增加1.8%,比老砂田增加4.2%。

表5-2 砂田与土田水分比较 (0~30cm、%)

月份 \ 砂田种类	土田水分	新砂田		中砂田		老砂田	
		水分	增值	水分	增值	水分	增值
三	5.9	14.8	8.9	13.0	7.1	10.6	4.7
四	5.3	15.0	9.7	11.4	6.1	9.4	4.1
五	5.5	9.3	3.8	8.1	2.6	8.0	2.5
六	5.0	6.1	1.1	5.3	0.3	6.4	1.4
七	6.2	8.2	2.0	7.2	1.0	6.0	−0.2
八	10.5	13.1	2.6	13.1	2.6	9.2	−1.3
九	12.2	16.1	3.9	16.6	4.4	14.2	2.0
十	11.7	16.6	4.9	17.7	6.0	14.9	3.2

注:甘肃省砂田研究组1966年测定。

砂田的保水功能,据青海省农林科学院熊培桂等在西宁市郊压砂西瓜田测定的结果,砂田土壤含水量平均0~5cm比土田高3.11%,10~15cm高0.58%。上层含水量高于下层,而土田则相反。砂田土壤水分的状况,有利于作物根系的生长发育。

砂田增加土壤的渗水力,由于土壤表面覆盖1层疏松的砂砾层,渗水能力强,速度快,全年降水量除暴雨外,一般降水都能被砂层接纳,并渗入砂田中,避免了地表径流的形成。据试验证明,与土田相比,铺砂砾田水分渗透率增加9倍。在降雨小的地方,铺砂的独特效应更为重要,大部分雨水贮存在砂砾石之下,而未铺砂的土壤1天之内就有2.5~5mm水分被蒸发掉。同时砂砾本身重量大,既可保护耕层沃土不被雨水冲刷,又可制止土壤颗粒被大风卷扬造成的风蚀,同时雨水不直接滴打地面,土壤不易板结,可以保持表层土壤结构。

砂田除具有良好的保水效应外,还具有良好的稳定供水特性。作物在生长过程中,降雨是间歇性的,而作物对水分的要求则是连续性的,所以土壤水分条件的好坏起决定性作用的是土壤的稳水性,而砂田土壤可以稳定地满足作物生理需水的要求且能均匀地供应水分。砂田由于保水能力强,把夏秋降水量尽量保蓄起来,对春播保苗有重要意义。

据甘肃省砂田研究组 1964 年调查,3 月上旬 0~20cm 土层中,旱砂田土壤含水量,新砂田、中砂田和老砂田 3 种砂田平均值分别为 12.1%、16.3%、14.2%,而土田仅为 6.6%、9.9%、5.6%。

第三节 砂田防止干旱地区土壤盐渍化

砂田主要分布在我区中部干旱带干旱、半干旱地区,因气候、土壤性质等原因,容易造成有害盐分积累,造成土壤盐渍化。内因是土壤母质含盐量高,土壤溶液多呈碱化,外因是地处干旱、半干旱地区,蒸发量大于降水量 7~16 倍,土壤淋溶作用微弱,脱盐过程不明显。因此盐分随毛细管水的上升而在上层土壤和底土中积累造成土壤盐渍化。而砂田能大量吸收降雨,土壤中蓄水靠动力下渗,水动力下渗作用大于毛细管水上升作用使耕层中盐分溶解,渗入地下,降低了土壤溶液中盐分浓度,起到了改良盐碱土的作用。另一方面,砂砾层有切断毛细管、减少水分蒸发的功效,有效地控制了土壤下层可溶性盐类随水分蒸发而上升和在地表积聚。据兰州大学吕忠恕、陈邦瑜两先生在兰州测定,由于这两方面"压碱"作用,可使土地上 10cm 处含盐量降低 0.015%~0.193%。另据甘肃省砂田研究组试验测定,铺砂后土壤含盐量逐年降低(见表 5-3)。

表 5-3 砂田、土田耕层土壤不同深度含盐量的比较 （%）

深度(cm)	土田	新砂田	中砂田	老砂田
0~10	0.245	0.223	0.193	0.135
10~20	0.454	0.233	0.279	0.209
20~30	0.445	0.371	0.241	0.319

但当砂砾层中含土量增高到失去截断毛细管作用能力时,盐分又可能随水分蒸发而逐渐上移。但砂田的耕层土地含盐量还是低于土田,由于砂田有良好的压碱作用,所以干旱地区碱滩地铺砂,增产作用十分显著。

第四节　砂田保持水土减少地表径流

我区砂田主要分布在黄土丘陵干旱、半干旱地区,土质疏松,又多为坡地,水土流失严重,其造成流失的主要原因:一是暴雨形成的地表径流的冲刷,二是大风的侵蚀。7、8、9三个月多暴雨、大雨,松散的土质易被冲蚀。在较大雨滴降落时,土壤的渗透速度小于降雨速度,冲刷表层肥土,使耕层变薄,肥力降低,久而久之形成深沟巨壑,水土严重流失,春季多大风天气,土壤表层沃土又易受侵蚀而流失。

砂田由于有砂砾覆盖,一般降水都能被砂层接纳并渗入土中,避免了地表径流的形成,又因砂砾本身重量大,既可保护耕层活土不被雨水冲刷,又可制止土壤颗粒受大风卷扬造成的风蚀,此外,由于雨水不直接滴打地面,土壤不易板结,可以保持表层土壤结构。

第五节　砂田有利于保持地力

耕层土壤是在自然环境与人为因素的影响下形成的。但在不同的耕作制度与经营方式的影响下土壤肥力具有各自形成的规律与特征。砂田土壤与一般耕作土壤不同,处于砂砾以下至到砂田老化,旱砂田要经过 30~50 年,土壤长期处在砂砾层的覆盖下,基本上不进行土壤耕作和施肥,或施肥次数很少,土壤的结构长期处在比较稳定的紧实状态下,土壤容量增加。

砂田的土壤肥力与一般的土田相比较,它的特点是土壤潜在养分分解速度远较一般土田为慢,同时土壤养分的无效损失比一般土壤显著减少。据英国洛桑试验站研究,在一块土地上连续种植大麦,从不施肥,连续种了 70 年后,大麦产量只及施肥处理的平均产量的 15%~20%。然而以多年连作春小麦的旱砂田一般寿命 60 年,收获时将地上与地下部分拔走的情况下一般新砂田常年亩产80~85kg。

表 5-4　1852 年~1920 年大麦连作平均产量

（kg/亩）

处　理	1852~1859	1860~1857	1868~1875	1876~1883	1884~1891	1910~1920
从不施肥	185	137	111	114	90	67
厩肥 11.65 kg/亩	338	400	378	399	341	360

注:英国洛桑试验站。

为什么在同样不施肥的情况下,砂田土壤肥力下降缓慢呢? 大家知道,土壤在形成过程中,积累了一定数量的有机物质、矿物质和氮素,传统农业耕作方法,特别是旱地农业,主要靠耕、翻、耙耱耕作措施来扩大矿质土粒与大气接触面,以风吹、日晒、干湿、冰融交替等物理和机械方法来促进保持在土粒中的矿物养分风化释放出来,耕作措施解放了地力,同时也创造了疏松绵软的土壤状态,从而改善了土壤水、热、气和微生物活动等条件,又促进了土壤中有机物的分解。但耕作只能转化肥力,不能创造肥力,长期不补充养分不能保持养分平衡,所以时间一长,土壤中剩下的养分越来越固定,风化分解过程的进行越来越慢,越来越少,土壤肥力衰退,常被迫撂荒休闲,尤其在中部干旱带,为了接纳雨水和保墒,常常增加耕作次数,过度的耕作造成许多被释放的营养又随水分毛细管运动积累在土壤表层,而养分又随水分和风蚀而丢失。同时耕作也不可避免使一部分有团粒结构,特别是原来就很少的水稳性团粒结构的土粒被粉碎破坏,随之而来的腐殖质被分解,土壤调节水、气能力恶化,这就是造成土壤肥力和物理性能下降的重要原因。

砂田土壤长期在砂砾层的保护下,土壤水热状况较好而且稳定,土壤容量较大,砂田与土田比较,砂田水、气、热条件较好,促进了微生物的生长繁殖,分解和转化土壤有机物质和残留在土壤中的根系的能力较强。这还可以从它的生物化学强度较高这一点得以证实(见表 5-5、表 5-6)。

砂田具有最经济利用土壤水分、养分的能力。这是因为一方面砂田避免了因多耕多耙而带来的土壤母质潜在的养分过分消耗,另一方面,砂田的保水保土功能阻止了因风蚀、水蚀、大气蒸发造成肥沃表土被风蚀和冲刷,同时也减少了土壤的速效养分特别是易挥发的氨态氮的损失。

砂田的免耕作用保持了土壤层次和结构,这样就有利于土壤有机质的积累和水稳性团粒结构的形成,若能注意用地养地结合,使有机质的形成大于分解,积累大于消耗,就能使土壤肥力和土壤物理性状越来越好。

表 5-5　旱砂田与土田微生物总数、主要生理细菌和产量的关系

（万/g）

试验处理	好气性细菌	放线菌	硝化细菌	真菌	固氮菌	氨化细菌	分解纤维菌	分解磷细菌	微生物总数	春小麦产量(kg/亩)	备注
土田	2.5832	1.9652	1.0784	1.2401	0	1.8157	1.2091	1.2091	2.8206	因旱无收	1.表内数为对数
新砂田	3.2726	2.2392	1.4634	1.2500	0	1.6442	1.2403	1.2403	3.6443	65.1	
中砂田	3.0973	2.3569	1.4913	1.1000	0	1.3861	0.1636	0.1636	3.2363	64.7	
老砂田	2.4213	2.3498	0.8430	1.0460	0	1.6282	0.9174	0.9174	2.9747	25.95	2.前三种菌为主要生理菌
砂田+农肥 2500kg/亩	3.6311	2.0853	1.1150	1.0532	0	1.1674	1.1428	1.1428	3.6534	182	

注:甘肃省砂田研究组。兰州,1964 年。

表 5-6　旱砂田与土田不同处理的生物化学强度

处理	呼吸强度(mg/t/g)			氧化强度(mg/100g)		
	6 月 25 日	7 月 21 日	平均	7 月 21 日	9 月 22 日	平均
土田	0.011	0.004	0.0075	15.432	2.033	3.732
新砂田	0.009	0.008	0.0085	17.796	5.541	11.668
中砂田	0.010	0.002	0.0060	12.969	5.044	11.977
老砂田	0.003	0.010	0.0065	8.324	2.031	5.177
砂田+灰粪 2500kg/亩	0.091	0.008	0.0495	12.239	17.71	9.999

第六节　砂田的其他效应

一、抑制杂草滋长

旱砂田中一般杂草很少,新砂田尤为明显,这是由于铺砂前要把压砂地杂草除净、拾净,同时土壤上覆盖砂砾以后,自由传播来的杂草种子不能接触土壤,不易发芽,幼根只能依附于砂砾上,常因烈日照射砂砾而变干,杂草被烙死。原来土壤中

存在的杂草种子发了芽,也往往由于发芽后不易顶出砂砾层而死亡。砂田全面整地(耕砂)都在秋末和初春。秋末整地后由于土壤水分充足温度较高,一年生杂草可以发芽,但等它长出后,季节渐入严冬,即被冻死,在初春整地后,砂田土壤湿度较高,杂草即使提前发芽,但在播种秒砂时可同时被灭除。

砂砾疏松,砂田杂草也都容易去除,一般一发现即可连根拔掉,因此砂田起了显著的抑制杂草的作用。据调查,砂田杂草一般较土田减少 70%~80%,每人每天可以除草 2~3 亩。

二、减轻作物病害

土壤铺砂之后,作物病害显著减轻,砂田减轻病害的作用主要表现在以下几方面。

(一)砂田给作物生长发育创造了较为良好的条件,使作物生长健壮,发育正常,抗病能力大增。

(二)砂砾白天温度很高,水分缺乏,落在砂面上的病菌不易发芽。

(三)土壤中的病菌在温湿度适合的条件下容易萌芽,但它的萌发时间不一定与作物的栽培生长期一致。如萌发后的病菌不能很快侵入寄主,即会死亡。

(四)铺砂后田间杂草被抑制,病害失去了中间寄主。

三、砂田田间管理简单省工

砂田建设虽然艰苦而费工,但铺成之后,则有免耕之利,管理远比灌溉地简单。

四、降低播种量,节省种子,保苗率高

砂田由于改善了土壤水分和温度条件,播种以后,发芽快且保苗率高。因此砂田播种量只及土田的 30%~50%。

第七节　砂田具有促进作物发育和蔬菜早熟丰产及增进品质的作用

砂田在一定程度上改善和协调了土壤物理化学性质和微生物活动环境,为作物生长发育创造了良好的土壤环境。首先使砂田上栽培的作物产生较大的根

系,而且根系主要集中在砂层下表层土壤,具有较大的叶面积。据兰州大学吕忠恕、陈邦瑜先生测定,砂田小麦每亩面积比土田增大 21%~200%,光合作用强度也比土田高,尤其是下午比较明显,如砂田棉花的光合作用在下午降低31.27%,而土田则将低了 49.7%,土田植物光合作用在下午降低主要由于土壤水分供给不足的原因。

同时砂田克服了不利的自然条件,其效果主要是能够促进瓜菜作物的早熟丰产和增进品质等作用。

实践证明:砂田比土田一般能提高产量40%以上,提早收获 10~20 天,对产品的品质和产品的商品性都有所提高。在一些高寒地区不能种植果菜类的地方,能使果实达到成熟。例如:甘肃省酒泉市用土地栽培甜椒、红果率很少,采用砂田栽培红果率可达 42%。青海省西宁市郊区的砂田西瓜和甜瓜不但能充分成熟,而且糖分高、品质极佳。现将原甘肃省园艺试验总场 1956 年进行的砂田与土田产量和收获期比较结果列表于表 5-7,供参考。

表 5-7 几种蔬菜在砂田与土田栽培中的产量和收获期比较

蔬菜种类	品种	田别	播种期	定植期	产量		收获时间	砂田提早天数
					kg/亩	增产(%)		
花椰菜	大春叶	砂田	27/2	3/5	502.75	13.1	30/6	9
		土田	27/2	4/5	444.5		9/7	
春甘蓝	兰州甘蓝	砂田	27/2	20/4	1575	48.7	16/7	47
		土田	27/2	20/4	1060.8		31/8	
番茄	兰州大红	砂田	6/5	直播	1729.25	421.8	17/8	17
		土田	7/5	直播	662.8		3/9	
夏甘蓝	二转子	砂田	1/6	15/7	1173.05	19.3	16/10	4
		土田	1/6	19/7	985.45		20/10	
秋白菜	大青口	砂田	4/8	直播	1295.45	3.6	24/10	14
		土田	30/7	直播	1250.0		7/11	

第六章 砂田土壤耕作

第一节 砂田土壤耕作的概念与任务

一、砂田土壤耕作的概念

砂田土壤耕作是指运用农机具作用于砂砾覆盖下的土壤以调节土壤肥力条件与肥力因素存在状况的过程与方法。而具体实施耕作过程和方法的则是土壤耕作措施和土壤耕作法。

土壤耕作措施是指以相应的农机具对砂砾覆盖下的土壤起特定作用的单项耕作作业。如甘肃省兰州市砂田地区的秒耧、铲耧,宁夏中卫市农机管理局研制成功的 2FX-1.4 型秒砂施肥机等作用于覆盖的砂砾,使砂砾疏松,清除杂草,则称为"秒砂"。而压砂前的土地以犁作用于被覆盖的土壤,使土壤松碎和翻转,则称为犁地或翻耕,然后用耙松碎表土,称耙地。耙地后用镇压器压实土层称镇压等。土壤耕作措施是土壤耕作的体现和直接的手段。只以一项土壤耕作措施,往往很难为压砂作物创造良好的出苗、生长发育所需的土壤条件。因此,必须有科学根据地将几种土壤耕作措施,相互配合,有序地作用于土壤,为压砂种植作物创造幼苗生育所适宜的土壤条件,这一配套的砂田土壤耕作措施称为砂田土壤耕作法。

二、砂田耕作的任务

(一)为压砂种植作物创造一个深度和三相(土壤疏松度、透水、通气性)比例适宜的耕层构造,即为压砂种植作物创造一个良好的种床层和根际层。

(二)防除、抑制杂草和病虫害。

(三)压砂前平整地面,防止土壤侵蚀,保蓄土壤水分或排除土壤积水。

(四)有利于土壤熟化和土壤有机质积累。

(五)有助于防止返盐返碱。

(六)有助于砂砾覆盖下土壤施肥、播种。

总的要求是为压砂种植作物的播种、出苗、根系发育、生长创造一个松、净、暖、肥的土壤环境,至于运用哪些耕作措施和耕作法来完成上述各项任务,就要根据作物、土壤、气候条件等来确定。

第二节 砂田土壤耕作的技术要求

压砂作物收获后,由于人、畜、机具进入砂田作业或因降雨的压力以及砂砾的重力作用,每当作物收获后,砂砾及砂砾覆盖下的土壤出现板结,通气性变差,即三相比例失调。因此,必须通过耕作措施来改变土壤的结构、通气性,提高肥力水平。具体应用时要考虑以下几方面:

一、根据压砂作物对土壤条件的要求

作物对土壤的要求,实际指的是作物根系对土壤物理条件的要求。压砂作物生长的好坏,很大程度上取决于根系发育的好或差。而根系发育好或差又取决于土壤物理性质的优劣。这一点已经得到大家的认可。

(一)土壤孔隙与根系生长

土壤孔隙是根系伸展的空间,也是水分和空气的贮存场所。因此,孔隙的多少和大小及其稳定程度对根系发育有着极其密切的关系。通常土壤耕层构造中总孔隙的比例以 50% 较为适宜。研究证明,大多数作物根系适宜的容重在 1.2~1.5g/cm³ 之间。对砂质土壤来说可以略高,而黏质土壤则要略小。

土壤中孔隙和裂隙的直径可分成若干等级。>0.3cm 的孔径是水分能从中自由移动的孔隙,是许多作物幼根可以顺利通过的孔隙。>0.03~0.06cm 的孔径是根毛能深入和土壤中原生动物、粗真菌菌丝、较大型的微生物活动的场所;>0.001cm 的孔隙有较高的毛细管传导度,根系较容易地从中吸取水分。因此,可以把孔隙粗略分为粗孔隙>0.2cm,中孔隙 0.2~0.02cm,细孔隙 0.02~0.002cm 和<0.002cm 的极细孔隙。<0.002cm 的孔隙不仅植物根系不易伸入,而且对土壤耕

作也极为不利。但很疏松的土壤对压砂作物生长并不有利，它会加速干旱、高温、多风地区的水分蒸发，根系不易附着土粒而吸水困难及漏水漏肥。孔隙的农业意义在于其稳定性，它取决于砂田土壤结构的稳定程度。增加土壤有机质能从根本上提高土壤结构的稳定性。因此，压砂地增施有机肥对改善土壤结构具有重要的意义。

（二）土壤湿度、土壤通气与土壤强度对根系生长的影响

土壤湿度对压砂作物根系的生长有直接和间接的影响，直接影响是作物的生理需水，而间接影响则是土壤组成和土壤强度。土壤中水的增减，首先反映在对养料的利用上。干旱情况下，增加土壤水分不仅能保证压砂作物需水，而且能增加对磷肥的吸收。土壤水分有利于养料扩散，促进根系吸收，对压砂地提高水的生产效率极为重要。

土壤强度是土壤对植物根系穿透的阻力。压砂作物根系在土层内伸展取决于细胞内膨胀压克服细胞壁和土壤阻力的结果。因此，无论黏质土或砂质土，当阻力很大时，根系向前很难伸展，并需消耗很大能量，导致地上部分产量的下降。土壤孔隙少、孔径小是土壤阻力增大的基本原因。在富有孔隙的土壤上，如含水量不足，土壤强度也会明显增大。反之，如含水量充足，土壤孔隙虽小，其强度就能相对减弱。可见，在一定孔隙度范围内，土壤强度能受含水量的调节。

（三）土壤热条件

土壤的温度受制于土壤孔隙与含水量。但主要还是随季节变化而变化。各种压砂种植作物对土壤温度要求各不相同。小麦为 20℃，大麦为 18℃，西瓜为 25℃~30℃，甜瓜为 25℃~30℃，南瓜为 28℃~30℃。在适宜温度范围内，根系吸收养料增加，过高土温会明显降低作物体内的养料浓度。植物生长的适宜土温受水分和营养供应的影响，因为水分的热容量能调节土温、水肥，将直接促使根系的生长。

（四）耕层厚度与扎根

压砂作物根系要求砂砾覆盖下的土壤有一个适当深度的"活"土层。"活"是指土层内水、肥、气、热等肥力因素协调活化，土壤理化、生物性质都能配合作物生命活力，满足作物生长的需要。

有研究证明，砂砾覆盖下的土壤耕层厚度影响水分和养料的积蓄，因而它与压砂作物产量成正比。尤其是在宁夏中部干旱带地区，深厚耕层有利于保蓄水分，能保证压砂作物需水临界期的水分供应。在耕层深厚，孔隙适宜，排水良

好的条件下,压砂作物扎根深度取决于土壤水分分布状况,一般来说,作物所需养分集中于表土,是根系集中的区域,只有当表土水分不足,根系才会向耕层深处发展,以寻求生长所需的水分。

二、根据土壤特性

各类农业土壤,它们都有自己的理、化、生物特性和剖面构造。土壤耕作措施必须根据这些特点正确应用,才能创造出适于压砂作物生长的土壤环境。宁夏压砂田主要分布在灰钙土地带,少量分布在黄绵土地区。现将其土壤特性分别介绍如下。

(一)灰钙土

灰钙土分布广阔,面积占宁夏面积的 25.4%,主要分布于丘陵、低山、山前洪积扇及黄河平原的高阶地,这些地区排水条件良好,地下水位很深,埋藏深度大于 10m,靠近黄河引黄灌区,受灌溉影响较大,地下水位上升,埋深仅 2~3m。

灰钙土受荒漠草原生物气候的影响,有一定的腐殖质积累和较弱的淋溶作用,剖面自上而下可分为有机质层、钙积层和母质层 3 个发生层段。

有机质层厚 20~30cm,呈棕或淡灰棕色,有机质平均含量为 0.78%,最人为3.06%。碳酸钙平均含量为 9.37%,全盐含量较低,平均为 0.04%。

钙积层厚度一般为 30~50cm,在剖面中的出现部位因土壤侵蚀情况而异,浅者不足 20cm,深者 80cm。钙积层颜色比有机质层浅,可见浅灰白色石灰斑块,紧实少孔,此层有机质含量为 0.59%,碳酸钙平均含量为 20.53%。钙积层碳酸钙含量与有机质层碳酸钙含量的比值为 1.2~3.0。与母质层碳酸钙含量的比值为 1.2~2.3。因底盐灰钙土盐分含量高,最高达 2.48%,故可溶性盐平均含量达0.19%。

母质层有机质平均含量仅 0.34%,基本上没有生物积累,碳酸钙平均含量为 14.03%,低于钙积层而略高于有机质层,因底盐灰钙土盐分含量较高,最高可达 1.59%,故全盐量达 0.17%。

灰钙土土壤硅铁铝率为 8 左右,黏粒硅铁铝率为 3 左右,剖面上下比较一致,无明显变异。黏土矿物的 X 射线衍射测定表明,以水云母占优势,其次有高岭岩、绿泥石、极少量石英,剖面上下无明显变化,这些说明灰钙土的化学风化甚弱。

灰钙土肥力低,平均全氮量仅 0.05%,速效磷 5.5mg/kg。阳离子交换量7.6mg

当量/100g 土。

(二)黄绵土(缃黄土)

黄绵土曾称缃黄土,分布在宁夏境内的黄土高原。压砂瓜生产地区主要在海原县的高崖乡、徐套乡、城关镇的武塬、西安堡等地区。黄绵土成土母质属于第四纪风积黄土,川地、涧地为次生黄土。黄绵土色泽很浅,一般为浅棕色,土体松软深厚。有的有不明显的有机质层,其厚度小于 30cm,土壤有机质积量很低,草地表层只有 1%左右,耕地表土层只有 0.7%~0.8%。当地干旱少雨,植被稀疏,覆盖度只有 30%~50%。

黄绵土主要质地为轻壤土或中壤土,土壤含盐量低于 0.1%,碳酸钙含量较高为 10%~18%,剖面上下含量均匀,土壤的硅铁铝率为 7~8,剖面上下无明显变化,黏土矿物以水云母为主,其次有绿泥石、高岭石及少量石英。

灰钙土和黄绵土都是处于干旱气候带的旱地土壤,土质松散,易受水、风侵蚀,土质瘠薄,有机质含量低,土层浅,所以,砂田耕作在压砂前应注意深耕、蓄水,多施有机肥,压砂后宜注意蓄水保水,增施有机肥,防止风蚀和水蚀。

(三)砂田耕层土壤特点

砂田土壤在砂砾覆盖后,土壤剖面一般可分为 4 层,每层的物理、化学和生物性质以及调节土壤肥力因素的作用也不同,现分述如下。

1. 表土层

在砂砾覆盖下的表土层厚 0~10cm,这一层土壤经常受气候和耕作栽培措施的影响,变化较大,它的松紧度和对压砂作物的影响又可分为两层。

(1)覆盖层(0~3cm)

该层受砂砾及气候条件影响较大,其结构状况直接影响雨后渗入土壤水分总量,水分蒸发,土壤气体交换和作物出苗等,覆盖层应保持土壤疏松,并具有一定粗糙度以促进气体交换,防止蒸发,又要防止土粒过细形成土表板结。

(2)种床层(3~10cm)

是播种时放置种子的层次。应适当紧实,毛细管孔隙发达,使水分沿毛细管移动至该层,保证种子吸水发芽。砂砾覆盖下的表土层,水、气、热因素相对较稳定,覆盖的砂砾要保持疏松、洁净,促进通气透水,保证种子发芽和幼苗生长。

2. 稳定层(10~30cm)

也称根际层,为根系活动层次,依耕层深度而变化。如翻耕 0~20cm,根系活动就主要在 20cm 之内,如为 0~30cm,则根系可集中在 30cm 深度。该层受机具、人及气温影响较小,土壤容重也较表土层小,其理化、生物性状都比较稳定,是根系集中的地区,对压砂作物生育有决定作用。处理好这层土壤的保水保肥性能,对压砂作物抗旱,提高水的生产效率极为有利,尤其在干旱地区更为突出。

3. 犁底层

在耕层和心土层之间会出现容重较大、透性不良的犁底层。这是由农具摩擦和黏粒沉积的结果。犁底层间隔了耕层与心土层之间的水、肥流通。对于薄土层,砂砾底易漏水漏肥土壤来说,犁底层有保水、保肥、减少渗漏的作用。但对土层深厚的农田,则不利于将水分深贮在心土。因此,砂砾覆盖浅的土壤耕作要重视防止犁底层的形成。

4. 心土层

犁底层以下的土壤一般称为心土层。该层土壤结构紧密,毛细管孔隙占绝对优势,是保水蓄水重要层次。深层贮水对砂田土壤具有重要的意义。

三、与气候条件相适应

(一)降水与蒸发

压砂作物各生育期或全生育期需从土壤中吸取定量的水分,也就是要求土壤水分保持动态平衡。这一平衡是由水分的积蓄和水分的消耗两方面决定的。土壤水分平衡的一般公式如下:

$$P+I+R_1+C=E+T+R_2+S+P_w$$

式中:

P ——降水量;

I ——砂田补水量;

R_1 ——雨后从外地流入砂田的外水量;

C ——毛细管水上升量;

E ——土壤表面的蒸发;

T ——砂田作物蒸腾水量;

R_2 ——雨后砂田地面水流量和排水量;

S ——深土层贮水量;

P_w ——砂田作物体含水量。

等号左端是土壤水分的收入,等号右端是水分的消耗。一般情况下,砂田水分收支总量是平衡的,如干旱年份土壤水分收入较少,而支出中非生产消耗又不能相应降低时,压砂作物因可吸收水分减少而减产。这就是在较低产量情况下的水分平衡。但是,如果要丰产,并持续高产,则需创造丰产水平的水分平衡,那就要考虑如何增加各项水分的收入和降低各项水分非生产性消耗。宁夏中部干旱带砂田地区,雨季多在夏、秋季节,早春少雨干旱。故在雨季到来之前或在雨前耖砂,以增强砂田耕层蓄水保水能力。

蒸发是土壤水分损失的重要渠道,蒸发所损失的水分,在砂田生产中土壤虽有砂砾覆盖,但仍占有相当大的比重。砂田土壤水分蒸发的数量和速度,决定于三个条件。一是有不断的热能补给来满足汽化热的要求;二是近地面层大气水汽压低于砂田表面水汽压,即存在水汽压梯度。这两个条件即为气温、风速、空气湿度、太阳辐射等是砂田土壤水分蒸发的外力;三是砂田土壤内在条件即土壤的含水量和土壤的导水能力。

(二)干湿交替和冻融交替

干湿交替是根据土壤胶体遇湿膨胀,干燥收缩的特性。在砂田地区,水热因素的季节性变化,引起土壤水分的变化而导致土壤变得松碎,而促进团聚体的作用,由于砂砾的覆盖而比较小;冰融作用是利用冬季低温,当土壤具有相当充分的水分因结冰而体积膨胀,对整个土体以崩解这一不可逆转的作用。当土壤冰融时有助于团粒的形成和土壤松碎。干湿交替和冰融交替,对提高砂田土壤团粒结构和土壤质量能起到辅助作用。

(三)水蚀和风蚀

在砂田地带,夏秋季节,由于降水次数和降水量过大的影响,如果砂田,特别是坡地砂田,排水系统不完善,常常引起对砂田表层砂砾和土壤的冲刷,随着径流携带肥沃表土,使地表遭受侵蚀。造成水蚀的原因,除一次降水速率超过土壤渗透速率而又无有效的排水系统,另一原因是多次降水过程中砂田土壤因渗透速度小于降水速度而导致水土流失。

宁夏砂田地区春季多风,特别是多沙尘天气,风蚀严重,但砂田有砂砾覆盖,不致受害。

第三节 砂田耕作措施及质量要求

各项土壤耕作都由相应的农具来完成。由于它们对土壤影响的深度和强度各有特点,所以通常把它们划分为基本耕作措施和表土耕作措施(辅助耕作)两类。前者又叫初级耕作措施,后者又叫次级耕作措施。

一、压砂前的土壤基本耕作

砂田一般压砂前都是荒地,耕层较浅,且杂草多,土质硬,因此必须进行土壤耕作。

(一)基本耕作

基本耕作措施是从较深的部位和较强的作用影响土壤,它们能显著地变动耕层物理性状,而且其后效长。根据现有农具的性能、犁耕、深松耕和旋耕应列为土壤的基本耕作。

1. 犁耕

用犁铧将土层抬起,通过犁壁,将土垡扭曲并上下翻转。所以犁耕也叫翻耕,它对压砂前的土壤具有三方面的作用,即翻土、松土和碎土。首先是将土壤上下层换位,在土层换位的同时,将施用的肥料、杂草、草籽、病虫等一并翻埋至土壤底层并清洁地面。其次是通过抬起和翻转土层,使耕层土壤散碎、疏松,改善土壤通气、透水性能,熟化土壤和强化土壤微生物活动。

要将土层上下翻转,必须应用有壁犁,而犁壁的形状对翻转效果起决定作用。由于采用的犁的结构和犁壁的形式不同,垡片的翻转有半翻垡、全翻垡和分层翻垡三种方法。

(1)半翻垡

系用熟地型犁壁的犁将垡片翻转135°,翻后垡片彼此相连,犹如瓦覆、垡片和地面呈45°。这种方法牵引阻力小兼有较好的翻土和碎土作用,适用于一般熟地。但垡片覆盖不严,灭草性能不如全翻垡。目前我国机耕多用此法。

(2)全翻垡

系用螺旋形犁壁将垡片翻转180°。这种方法翻土完全,覆土严密,消灭杂草和野生植物作用强。故特别适用于砂田压砂前荒地的翻转。缺点是消耗动力大,碎土作用小,不适于一般熟地应用。

(3)分层翻垡

采用带有小前犁的复式犁,将耕层的上下层分层翻转。复式犁的主犁铧前的小犁铧,其耕深约为主犁的一半,耕幅约为主铧的2/3。作业时,前面的小铧先把上层有残茬和比较板结的厚约10cm的1层土壤先翻入犁沟,再由主犁把原土层 10~20cm 的下层土壤连同剩余的上层土壤翻到上面。这样的分层翻耕,覆盖比较严密,能保证良好的翻地质量。但运用复式犁翻耕,技术要求较高,耕翻黏重土壤耗费动力大,且易堵塞。

2. 深松耕

用无壁犁、凿形犁、深松铲对耕地进行全面或局部的深位松土,但不翻转土层。因为其松土深度 30~50cm,对土壤影响较大,且松土效果维持亦久,所以是土壤的基本耕作措施。

与犁耕相比,深松耕的特点是上下土层不乱,松土层深厚,能打破犁底层和不透水黏质层,对接纳雨水,防止水土流失,提高土壤透水性及改良盐碱土有良好作用。深松耕后能留茬保护地面,防止风蚀。因此,压砂后出苗齐,抗旱力强。

3. 旋耕

旋耕兼有基本耕作和表土耕作的双重功能,既可用来进行基本耕作,又可用来进行表土耕作。旋耕机犁刀在旋转过程中,将土壤切碎、掺合并向后抛掷,作用是松土、碎土,可相当于将犁、耙、平 3 次作业 1 次完成。

(二)表土耕作措施

犁耕或深松耕后的土壤,耕层松散,孔隙度过大,甚至有大量土块。因此必须进行表土耕作以破碎土块,压缩过多孔隙,平整地面。消灭杂草,创造土层适于压砂后的土壤播种或作物生长。所以也称表土耕作为辅助耕作。表土耕作的深度一般不超过 10cm。

1. 耙地

是犁耕后普遍的耕作措施。耙地工具主要是钉齿耙和圆盘耙。钉齿耙工作深度 3~5cm, 主要用于犁耕后破碎表土, 以利播种, 圆盘耙耙地入土深度 8~10cm,主要用于犁耕后破碎坚硬的大土块。

2. 耱地

耱地作业一般用耱子进行,其构造十分简单,有用整块木板或用树枝编织,也有用钢筋焊制。耱地作业常与耙地作业联合进行,耱子联结在耙后起碎土,平土和轻度镇压土壤的作用。以达到保墒的目的。

3. 平地

地面平整对水分进入土层时的重新分配有极重要的作用。当地面存在凹凸不平,那么会导致土壤中水分分布不匀,影响作物生长和出苗及苗期生长。因此,平田是压砂前基本建设必不可少的作业。一般可用平地机械完成。

(三)土壤耕作质量及检查

播前土壤是否达到压砂作物出苗和生育所需的最佳状态,是耕作质量检查的主要内容。通过检查,保证达到各项耕作的质量要求。

1. 耕深及有无重耕或漏耕

所有耕作措施都应有对土壤作用深度的指标。如翻耕深度、耙地深度等。这一指标与作物出苗,根系发育等有密切关系。所以是耕作质量的重要指标。检查深度可在作业进行过程中进行,也可以在作业完成后,沿农田对角线逐点检查,由作业和工作幅宽与实际作业幅宽可以求得有无重耕和漏耕。如犁地重耕会造成地面不平,且降低工效,增加能耗;漏耕则会使压砂作物生长不匀以及引起田间管理的各种障碍。其他作业的重耕、漏耕其后果有相似之处。生产中如果出现大面积耕作深度不够和漏耕,则需返工。

2. 地面平整度

每一块压砂地四周的高差求平是土地规划和压砂田基本建设的任务,要求的土地平整度是指地块内不能有高、洼坑、脊沟存在,否则会引起压砂田内水分再分配而导致一块田地上土壤肥力和作物生长的显著差异。因此,压砂田平整度是重要的质量指标。

土地平整度检查,必须从犁地作业开始把关,如正确开犁,耕深一致,没有重耕和漏耕等。辅助作业如耙地等,平地效果只有在基本作业基础上才能更好地见效。

3. 碎土程度

压砂地要求土壤碎散到一定程度,即绵而不细,其土壤团块的大小应该是没有比 0.5~1.0mm 小得多的土块,也没有比 5~6mm 大得多的土块。因为,微细的土粒将堵塞孔隙,而大土块会影响种子与土粒紧密接触取得水分和阻碍幼苗出土。

4. 疏松度

过于紧实的土层对作物生长不利,过于疏松的土地对作物生长同样不利。检查疏松度一要抓住耕层有无中层板结,二要注意压砂前耕层是否过于松软。

由于土壤过湿或多次作业,耕层中容易形成中层板结,而地表观察不易发现。所以疏松度的检查不能仅观察土表状态,而要用土壤坚实度测定仪,检查全耕层中有无板结层的存在。

5. 地头地边的耕作情况

机械化作业,地头田边常因农具起落、机车打弯,这部分土地的耕作质量常被忽视,所以作物生长较差,因此作业时应予注意。

6. 作业期限

每项作业应按预定时间完成。因为作业期限是根据土壤墒情,熟化要求,季节运转和天气变化等作为根据而提出来的。如不按期完成,就会给生产带来损失。

(四)提高耕作质量的有关问题

1. 制定耕作质量检查指标,提高耕作质量。

2. 拖拉机手和农具手的技术、理论培训及职业道德教育对提高耕作质量起决定性作用。

3. 作业最适时间和农具的选用。为在适耕期内高质量完成全部土地的耕作,就必须选用高工效的农具给予配合。

4. 农具配套和正确安装、适用,及时保养维修,应由机务人员把关,农业技术员的监督是提高耕作质量不可忽视的方面。

5. 联合作业已成为提高耕作质量和工效的有效手段。如犁、耙、耱 3 种作业 1 次完成,都是提高耕作质量的好经验。

二、压砂后的土壤基本耕作

砂田是一种典型的覆盖免耕方式,由于砂砾层的特殊结构,所以砂田具有与一般农田不同的耕作方式和耕作机具。在秒砂、除草、播种、收获等各个环节都要坚持精耕细作,严格保持砂土两清,否则砂土混合后,砂田的作用很快就会丧失,因此,群众说"吃砂要养砂,务砂如绣花",可见砂田耕作是一项技术性很强的农活。

(一)旱砂田的耕作工具

1. 耧

在 20 世纪 80 年代以前包括甘肃省在内的砂田地区砂层耕作主要用耧进行,根据用途不同分为秒耧,铲耧,齿耧 3 种,主要用于秒砂保墒和清除杂草。现分别介绍如下:

(1)秒耧

一般都是双脚耧,耧脚之间宽约 26cm,也有用三脚耧的,耧脚之间相距 13cm。秒耧的耧脚装有小铧,秒耧的耧铧尖耕作时,须注意不能接触土壤。秒耧对清除杂草有较好的效果,但不及铲耧。

(2)铲耧

铲耧的形式与秒耧相似,只在秒耧的耧脚后带上雁脖子形的铁棒,接镶一个长约43cm的刀片,或带1个鸭嘴杆形的刀片。使用时耧脚前的小铧仅起控制刀片深浅,刀片仅在砂层中活动。铲耧的作用是前耖后铲,对于清除杂草的功效显著,耕作深度可以调节,但使用时阻力较耖耧大。

（3）齿耧

齿耧的上部分与耖耧相似,只是下部用数个齿条代替小铧,齿耧对疏松砂层和清除杂草的效果,皆不如铲耧和耖耧。

2. 耖砂农机具

2006年中卫市农机管理局研制成功2FX-1.4型耖砂施肥机,耖砂和施肥1次完成。还专门研制成功耖砂机由农用车或拖拉机牵引完成作业。

中宁县鸣沙镇农户还研制成功用手扶或四轮拖拉机带动的耖砂机（见图6-1、图6-2）。

图6-1　农户研制的耖砂机　　　图6-2　2FX-1.4型耖砂施肥机

（二）砂田的耕作技术

砂田耕作主要是耖砂、刮砂。耖砂目的是疏松砂层、破除板结,以使接纳雨水,减少蒸发和清除杂草。一般在夏、秋季的雨后进行,雨后及时耖砂,0~30cm土壤平均含水量为13.3%比雨前耖砂的10.47%提高2.66%。

耖砂的次数和使用的工具,因砂田年限和砂土混合程度的差异而不同。新砂田如果杂草少,砂层不板结,可以耖1~2遍或不耖,只用手铲拔草,尽量减少砂土混合的机会。中、老砂田因含土量较多,雨后容易板结,可视板结程度,1年内耖3~5次。休闲的砂田耖5~7次,老农经验认为作物收获后及时耖砂是最关键的1次耖砂,因地面失去覆盖作物,又正值天气干热,蒸发强烈,砂田失水严重以后很难弥补,应及时耖砂。据试验测定,收获后及时耖砂0~30cm土壤平均含水量为13.67%,比收获后半月耖砂的13.37%提高0.3%。

　　用耧耖砂,一般新砂田阻力较小,使用铲耧或结合使用耖耧,中砂田一般使用耖耧,老砂田常因砂层板结,使用耖耧时阻力大,在不能使用耖耧时,可使用齿耧耖砂。机具耖砂使用的工具一般用手扶四轮拖拉机带动多功能耖砂机进行,耖砂铲可以调节高低、宽窄。耖砂要保证质量,只能疏松砂层,不能搅动土壤,做到砂层松散软和,地平不起砂、无杂草。每次耖砂要按不同方向纵横交叉进行,地边地角都要耖到。坡砂田耖砂要沿等高线往返进行,防止砂砾滑落到坡下,每年在最后1次耖砂结束后,需要用耙耙平收墒。老砂田还可用石磙子压1遍。刮砂主要在播种前或收获后用刮砂机将砂层刮平、刮匀。

第七章 砂田的轮作倒茬与间作

第一节 砂田轮作的意义

一、砂田轮作的概念

在一定年限内,同一块砂田按预定顺序轮换种植不同作物的种植制度叫轮作。中卫市的压砂瓜生产均为一年一熟,采用定区轮作,即各轮作区按预定的作物轮换顺序逐年轮换,种植一种作物,轮作区数与轮作年数相等。

砂田轮作的类型按作物组成分为瓜豆轮作、瓜油轮作、瓜粮轮作、瓜瓜轮作等。砂田轮作的年限主要依据各类压砂瓜主要土传病害在栽培环境中存活年限和侵染的不同情况而定,需间隔 2~3 年的有南瓜、辣椒等;需间隔 3~4 年的有豌豆、黄豆、甜瓜等;需间隔 5 年以上的有西瓜、籽瓜等。确定砂田轮作的顺序,应考虑到压砂瓜的生物学特性、需肥特点、土壤理化性状、茬口的合理安排,生产与市场的需要等因素。为保证一种压砂瓜每年有较稳定的种植面积,要求同一轮作体系的每一轮作区的面积相近。为便于管理和机械化作业,还要求轮作区尽可能连片。在轮作区中可将相同的压砂瓜品种作一个轮作区,与其他压砂瓜品种分年进行轮换种植。

二、轮作在砂田生产中的作用和地位

轮作在砂田生产中占有重要地位,我国历代农民在长期的生产实践中总结出丰富的经验,"倒茬如上粪","要想庄稼好,三年两头倒"就是生动的描述。北魏(公元 6 世纪)贾思勰著的《齐民要术》中已明确指出了轮作的必要性,如"谷田必须岁易","稻无所缘唯岁易为良","麻欲得良田,不用故墟上","凡谷、绿

豆、小豆底为上,麻、黍、胡麻次之,芜菁、大豆为下"等。

　　砂田一般可连续生产 50~60 年,因此只有正确地安排好轮作,才能保证砂田种植区的可持续发展。首先,如果一种压砂瓜在同一块砂田上连续种植,对于其所需养分,年年不断吸收,土壤营养元素必然缺乏,而对于其他不需要吸收的营养元素必然过剩,地力得不到充分利用。其次,各种压砂瓜地下部分的根系吸收范围只固定在一定范围内,同样造成营养缺乏。再次,是各种压砂瓜的病虫害,其病原常潜伏于土壤,如西瓜的枯萎病,其病菌孢子常在土壤中越冬,次年继续危害,年年连作,无疑是为病菌培养寄主。压砂瓜的害虫常常在杂草、残株、土壤中越冬,如瓜蚜、红蜘蛛等多是本科寄主的害虫。年年连作,就等于为害虫滋生繁殖提供了寄主植物。此外,连作之后,其根系也会大量分泌出对自身有害或有毒物质,这对于有益微生物也会起抑制作用。当分泌于土壤的有害物质得不到分解时,自然会影响该压砂瓜的生长发育。

三、砂田轮作的效益

　　轮作的效益的实质是通过压砂瓜自身以及种植压砂瓜相伴随的土壤耕作,施肥等各种农业技术措施的作用,是各种土壤因素、生物因素和有关社会经济因素在轮作过程中维持或提高的动态平衡。因此必须用整体的观点、综合的观点、经济有效的观点,从有益于培肥地力,有益于防除病虫草害,有益于农业经济管理等方面综合考虑轮作的效益。

　　(一)砂田轮作的技术效益

　　1. 均衡地利用土壤养分和水分提高生产效益

　　由于各种压砂瓜的生物学特性不同,它们自土壤中吸收养分的种类,数量和吸收利用率不一。豆类吸收大量的氮、磷、钾和钙,但在吸收的氮素中,大部分可借助于根瘤菌的作用固定空气中的氮,所以土壤中氮的实际消耗量不大,而磷的消耗量却较大,因此充分合理地利用生物固氮保持一定比例的豆类在压砂瓜轮作中的比例是非常重要的。所以连续种植对土壤养分要求倾向相同的压砂瓜,必将造成某种养分被消耗的多,使某种元素不足而导致减产,这也是某些压砂瓜产地长期连作受害的一个重要原因;反之,合理的压砂瓜轮作可均衡利用土壤养分,提高压砂地的生产效益和肥料利用率。

　　各种压砂瓜根系深度和发育程度不同,利用土壤不同层次的水分和养分也有差异。例如甜瓜吸收根都在土壤表层分布,主要吸收表层土壤的养分和水分;

而南瓜、西瓜,其根系分布广,纵深可达 1m 以上,主根深可利用下层土壤中的养分和水分,属吸收水分,消耗水分较经济的压砂瓜。因此不同根系特性的作物轮作,则能全面利用土壤各层的养分和水分,提高压砂地的生产效益。

2. 改善土壤理化性状,调节土壤肥力

合理轮作可以改善土壤肥力,主要是通过轮作调节土壤有机质,作物根茬对土壤理化性状的直接作用,以及于轮作相应的其他有关农业技术措施对土壤理化性状的作用来实现的。

各种农作物不仅农产品,副产品(如秸秆)的性质和数量不同。而且作为补充土壤有机质重要来源的残茬和根系等(统称自然归还残留物)的性质和数量也有很大差异。如小麦等禾本科作物残留物量所占的比例较小,但有机碳含量多;而豆类等作物由于落叶量大等原因,残留物量相对比较高,氮、磷养分也比较丰富,并能增加土壤氮素。

作物生长对土壤理化性状也有很大影响。不同作物覆盖度不同,根系发育特点不同,因而对土壤结构和耕层构造的影响不同。一般认为:豆科作物比禾本科作物改善土壤结构的能力强,但禾本科作物中,麦类作物根细密,有利耕层土壤的疏松,而油葵、玉米根系粗硬,对土壤团粒结构有破坏作用。不同作物对土壤理化性状的影响,不仅要注意它们对耕层的作用,而且还要注意许多深根性的作物对土壤下层的生物松土作用。如南瓜、西瓜等作物,它们依靠其纵深穿土能力强的根系,可以有效地疏松下层土壤,增加下层土壤的大孔隙,起到压砂地机械所不能起到的作用。

3. 避免土壤中有毒有害物质的危害

生产效益高的砂田,不仅要具备良好的土壤水分和养分状况,还必须不含由于某些作物生长而带来的有毒有害物质,妨碍另外一些作物或自身的正常生长。由作物带来的有毒有害的物质,主要是某些作物本身根系的分泌物。据研究,小麦、苜蓿等的根系分泌物,能刺激好气性共生固氮菌的发育,有利于土壤中氮素养分的增加,但胡麻等根系的分泌物,则能抑制固氮菌的作用,加剧土壤缺氮,荞麦和向日葵根系分泌物对春小麦和胡麻起抑制,阻碍生育的作用。所以实行合理轮作,可以利用作物间有益的影响,避开有毒有害因素的不利影响,提高砂田作物产量,取得好的效益。

(二)砂田轮作的生态效益

每种农作物自身不同的生态习性,以及人们采用的相应种植措施,将构成每种农作物自己特有的生态环境。那些危害农作物的许多病、虫、草害，往往都与这些特有的生态环境联系着，成为该砂田生态系统的组分之一，尤其是许多通过土壤而传播的病、虫、草害更为明显。所以轮作对于某些病、虫、草害的防除，主要是由于作物轮换造成了不同的生态环境，改变了病虫的食物链组成，不利于某些病虫以及杂草的正常生长、繁衍，从而达到防除危害的目的。

通过土壤侵染的许多作物病害，如瓜类枯萎病，小麦全蚀病等，这些病原菌在土壤中有一定的生活年限，因此将感病作物与抗病作物或非寄主作物实行轮作，经过一定年限，便可以减少或消除病菌，再种同种作物才不致受害。

采用轮作防除某些特有的病虫害时，除需要研究组成作物种类及轮换次序外，还必须根据病虫害在土壤中的存活时间，确定轮作年限。如为了防除西瓜枯萎病，需间隔 4 年以上方能再种西瓜。

在现代农业中，虽然农药、除草剂工业有了很大发展，取得很好成绩，但它们不能取代或削弱以轮作为主体的病虫草害的农业防除工作。恰恰相反，它必须以合理轮作为农业防除的基础，组成病、虫、草害的综合防除体系，才能更好地解决问题，才能取得较佳的经济效益，减少农药、除草剂对生态环境的污染危害。

四、砂田轮作的经济效益

砂田轮作主要从以下两方面表现出它的经济效益。第一，合理轮作改善了砂田作物与土壤环境的关系，能够提高作物产量，降低生产成本，表现出良好的经济效益。第二，合理轮作是一项经济有效的管理措施。首先实行合理的轮作可以使作物布局相对稳定，落实到田块，因而有利于进行计划管理，合理使用机具、灌溉水、肥料和农药等社会资源，也有利于合理利用土地、光、热等自然资源，取得较佳的经济效益。其次，实行合理轮作有利于按计划进行砂田管理、土壤耕作、施肥、病虫防除等农业技术措施，并且把它们组成一个合理的技术体系，使各项技术措施因为得到合理的配合，不仅各项技术措施能发挥其最好的技术效益，而且还能产生技术措施的配合效益(联应作用)，这比只着眼于单项技术措施的单独选用，所得到的各种效益都好。这种现象已为各地在砂田轮作所取得的优异效果所证实。

砂田轮作的作用不能只看前后作之间的关系，还必须分析以后几年的作用，整个轮作周期的作用，对于砂田来说，主要有两方面作用：一是防止土传病害，如西瓜枯萎病，在病害危害区主要是为了防病。二是在生产水平较低，肥料投入较少地区，轮作的重点往往是为了培养地力，有利于后作的生产。

第二节　砂田连作及连作的应用

一、砂田连作的利弊

合理轮作可以增产,不适当的连作则引起减产,这是普遍的规律。连作减产的原因,主要有以下几方面:

(一)连作导致某些土壤感染的病虫害严重危害,即使多施农药,施好农药也不能解决减产和品质下降问题。

(二)连作将会使土壤理化性质恶化,片面消耗土壤中的某些易缺养分,使水、肥效果下降,产量下降,效益减少。

(三)连作常常使土壤积累某些有毒有害物质,妨碍作物自己或其他作物生长。

一般来说,在砂田生产水平不高的地区,连作弊端往往突出,应尽量避免,在此条件下以实行轮作较为有利,反之,在砂田生产水平较高,土壤肥沃,肥料充足,植保意识较强的情况下,某些压砂瓜可以适当连作或"错位种植",往往会有较好的经济效益,所以轮作计划中可以适当运用连作。总之,连作是普遍的,连作是有条件的,条件主要是选用适合于连作的压砂瓜种类和品质,正确确定轮作计划中某些压砂瓜合理的连作年限,以及为减缓连作弊端而采用的某些农业技术措施。

二、砂田不同压砂作物对连作的反应

实践证明,不同作物或不同压砂瓜连作致害的原因和程度有异,同一种作物不同品种对连作的忍耐力也有差别,这样就为选择不同的作物和品种合理连作提供了可能。

按照作物和压砂瓜对连作的反应,大致可分如下三类:

(一)忌连作的作物

葫芦科的西瓜、甜瓜、籽瓜,豆科中的豌豆、大豆、蚕豆,茄科中的辣椒,它们在连作时生长受阻,植株矮小,发育不正常,反应十分敏感。特别是很容易蔓延某些专有的毁灭性的病虫害,严重导致减产,降低品质。这些作物不仅要忌连作,还需忌同科作物连作或进行轮种。

(二)耐短期连作的作物

南瓜、甘蓝等连作 1~2 年受害较轻。

（三）较耐连作的作物

麦类、向日葵这些作物在采取适当的农业技术措施后比较耐连作。

三、砂田连作的应用

连作是相对的,有条件的,运用得当可以获得较好的经济效益,否则受危害。

（一）根据压砂瓜对连作的反应,决定能否连作。首先,一个农户在制定轮作计划中的压砂瓜组成时,必须根据有关作物对连作的反映而确定是否连作和连作时间的长短,对于较耐连作,又能获得连作好处的作物应该适当连作,在轮作计划中可占较大比重。反之,忌连作的作物不宜连作;其次,在一个轮作计划内,还需要根据作物对轮作的反映以及压砂瓜布局及相互利害关系确定轮换顺序,把轮作与连作合理地运用起来,可以连作的则连作,忌连作的必须调开到不致受害的位置。

（二）充分应用现代生产技术,减缓连作弊端,使区域化,专业化生产正常进行。一些因病虫害而带来的连作弊端,在经济有效的前提下可以用现代植保技术予以缓解,如采用抗重茬剂处理土壤可以缓解连作的危害。这些生产技术措施只能在一定程度上保证连作的进行,但并不能使连作连续进行。

（三）应该有计划地运用某些措施保证市场需求量的压砂瓜的生产,如压砂西瓜的"错位连作"就是一个很好连作措施。但连作几年以后仍需进行轮作。

第三节　砂田轮作成分及其轮作中的地位

轮作成分是指参加轮作的各种作物及休闲。其中各种作物是研究的主要对象。

合理轮作不仅要具备合理的作物组成（轮作成分）,而且还要根据各种作物在轮作中的地位安排好轮作顺序,才能保证持续稳定增产。

确定作物在轮作中的地位,主要是根据种植作物对后作或较长年限的影响,以及该作物对前作的要求。具体表现在以下几个方面。

1. 土壤养分、水分、有机质及其他理化性状,是否有利于后作的生长、发育,是否有利于提高后作的产品质量及品质。

2. 土壤卫生状况良好,不含或少含有对后作生长、发育不利的病、虫、草害,不遗留有毒、有害物质。

3. 有些作物对前作也有一定要求,这也是确定作物在轮作中地位的条件之一。上述作物前后茬相互衔接和相互影响的关系,农民群众常用"茬口"这个概念进行评价在生产实践中有一定应用价值。如压砂地种植豆科作物后,茬地的有效肥力较高,后作在施肥较少的情况下,也能有较好收成,群众称油茬(肥茬)。反之,种植荞麦、高粱等作物,土壤肥力低,后作必须施肥才能生长良好,群众称"白茬",不是好茬口,而麦类、玉米等消耗养分不太多的作物称为"平茬"。

从作物生理生态特点,作物对土壤养分和理化性状的影响,以及生产中存在的问题出发,可以归纳为养地作物、用地作物和兼养作物三大类,并且可以较好地确定三类作物在轮作中的地位。

一、砂田养地作物

砂田养地作物主要是豆类作物,包括豌豆、绿豆、扁豆等。

豆类作物可以借助共生的根瘤菌固定空气中的氮素,直接消耗土壤中的氮素养分较少,对砂田生态系统的氮素平衡有一定作用。豆类作物植株中的氮素,约有 2/3 来自空气,1/3 来自土壤(当然,土壤中的可溶性氮素过多,将减少来自空气中的固氮量)。来自空气中的固氮量,基本上相对于全部收获作物带走的氮素含量。因此,在创造有利于共生固氮的条件下,轮作中有计划的安排豆类作物,并尽可能通过各种途径将带走的氮素归还给土壤较之单一的禾谷类作物更有利于保持和提高土壤肥力。豆类作物的根系都比较发达,吸收能力强,可以吸收土壤深层养分和钙、磷等难溶性养分,根茬等残留物归还给土壤也较多,所以豆类作物是砂田较好的养地作物,是砂田轮作中的重要组成部分。

二、砂田用地作物(耗地作物)

砂田轮作采用的耗地作物主要是禾谷类作物,如麦类作物等。

禾谷类作物需从土壤中吸收大量的氮、磷等多种营养元素(荞麦吸收钾较多)。籽实及茎秆多数被收获离开砂田,残留物较少。所以土壤中的氮、磷等养分及有机质的收支为负值,需要补充。所以种植禾谷类作物与相同条件下豆类作物及其他许多作物相比,生物产量大,有机碳含量高,是土壤有机质(有机碳)的主要补充来源。

三、砂田兼养作物(准养地作物)

包括砂田种植的油葵、芝麻、胡麻等经济作物,这些作物施肥较多,地内杂草少,根茬等残留物还田,病虫害少,在一定程度上可以提高或维持原有地力,后茬适宜种各种压砂瓜。

四、休闲在砂田轮作中的地位

休闲是指砂田作物在可以生长的季节里,田间不种植作物,是砂田轮作中的一种特殊类型的茬口。

在甘肃、宁夏等地的砂田常常有计划的实行砂田全年休闲。休闲期限为1年或2年,休闲可以提高土壤养分,恢复和改善土壤结构,消除杂草,提高土壤肥力。

第四节 甘肃、宁夏地区砂田的轮作类型及轮作模式

一、甘肃砂田的轮作类型及模式

(一)兰州地区旱砂田瓜类轮作类型及模式

1. 新铺砂田

第1年(白兰瓜)→第2年(甜瓜)→第3年(西瓜)→第4~5年(白兰瓜)→第6年(甜瓜)→第7~11年(白兰瓜)→第12~13年(小麦)→第14~16年(白兰瓜)→第17~18年(小麦)→第19~20年(白兰瓜)→第21~23年(小麦)→第24年(白兰瓜)→第25~38年(小麦)→更新砂田。

2. 10年前为瓜倒瓜(即白兰瓜与西瓜或各种甜瓜轮作)

10~15年间白兰瓜与矮生豇豆轮作,15年后不种白兰瓜而轮作脆瓜类甜瓜,或豇豆、麦、糜子等作物,30年后起砂更新。

(二)以种粮为主的旱砂田轮作类型及模式

种粮为主的旱砂田地区轮作倒茬比较简单,没有固定的年限与周期。原则是根据地力和降水情况灵活安排作物,轮换种植与休闲。如先一年秋雨春墒好,多种春小麦、豌豆;秋雨少,春墒差,则多种糜谷。一般不复种,特殊年分遇夏田遭灾(旱灾、冰雹等)减产情况下,如墒情较好,则可抢种一茬糜子,以秋补夏。夏田作物中春小麦占70%~90%,在轮作中占主要地位,春小麦长期连作是普遍现象。轮作倒茬除受土壤墒情影响外,在不同自然条件分布区略有差别。

1. 干旱丘陵地区压砂田当年热砂种糜子,新、中砂田大都是小麦长期连作,老砂田由于土壤肥力渐低,一般是休闲,春小麦与糜谷倒茬。

2. 二阴地区因适宜夏熟豆科作物种植,在轮作中常以豌豆、扁豆与谷类作物轮作,借豆类作物的固氮作用来恢复地力。其形式是,新砂田开始4~6年连种春小麦,以后根据土壤肥力情况轮种豌豆、扁豆1年,以后再种2年春小麦,轮作1年豌豆、扁豆。

3. 城郊和交通方便的地方,新、中砂田多插入瓜类作物(西瓜、籽瓜和白兰瓜)轮作,利用瓜田施肥和收后休闲来恢复地方。方式是:瓜→春小麦(1~2年)→瓜→春小麦(1~2年)。中、老砂田多数种1~2年春小麦与糜谷轮作。

4. 棉区的旱砂田一般是新砂田种植棉花2~3年,接种瓜1~2年,以后种瓜若干年,再以后种春小麦、糜子与休闲茬。

二、宁夏砂田的轮作类型及模式

(一)错位倒茬

在中卫市沙坡头区香山地区,压砂地倒茬,采取的是"错位倒茬"。方法是,在第1年种过瓜的地方,做上标记,第2年错开穴位进行倒茬。"错位倒茬"一般只能种5年就必须轮作倒茬。据在中卫市沙坡头区香山乡红圈子村三合自然村调查,1~5年的压砂地,种植金城5号西瓜,生长正常,未发现枯萎病,2~3年压砂地表现最好,第5年零星发现,第6年发病率为0.2%,第8年为13.7%,第9年为18%。

(二)轮作倒茬

新砂田第1~3年(西瓜)→第4年(甜瓜)→第5年(休闲或种豌豆、油葵、芝麻、绿豆或辣椒)→第6~8年(西瓜)

第五节 砂田枣树、压砂瓜立体间作

一、品种选择

中宁县圆枣、同心县圆枣:为当地的乡土品种,具有抗旱、抗寒、耐瘠薄、耐盐碱等优点。枣头和2~3年枝具有良好的结果能力,形成全树产量的85%以上,树势和发枝力较强,结果枝多,坐果力高而稳定,结果枝坐果在5个以上,单果重15~18kg,5~7年进入盛果期,单株产量7~15kg。

制干品种,外形整齐美观,有光泽,果皮韧性强,抗雨裂,肉质致密,制干率在45%以上,枣果清甜,无苦、辣、酸等杂味,干枣含糖量50%以上,抗挤压、耐贮运。

鲜食品种果皮薄,肉质脆嫩多汁,甜度适口,糖分积累早,最佳食用期长,鲜枣耐贮性好。

二、间作方法

(一)园地选择

应选择卵石砂田或片石砂田的旱砂地。要求土层厚 50cm 以上,地势开阔,光照良好,向阳的缓坡地带,坡度不超过 15°。

(二)苗木选择

1. 苗木规格

选用品种纯正、茎秆挺直、根系发达、侧须根多、芽眼饱满,无介壳虫等病虫害的一二级苗。

表 7-1　枣树苗木分级规格

项 目		规格等级	
		一级	二级
根	侧根数	6 条以上	6 条以上
	侧根长	长 20cm 以上	长 15cm 以上
	侧根直径	直径 2cm 以上	直径 2cm 以上
茎	主干高	1.0~1.5m	80~100cm
	根部直径	1cm 以上	0.8~1cm

2. 苗木起运

(1)起苗

起苗前 5~7 天对苗圃地浇透水,起苗时挖出的苗木及时分级,剔除断头少根等严重受损的苗木以及病虫苗木、砧木苗。将合格苗打成 18 株 1 捆,做到随分级,随假植。

(2)运输

苗木随起、随出、随假植,于当天下午根系沾泥浆,用塑料布运裹,苗木装车后用蓬布遮盖,运到卸苗点,立即投放在水池中浸泡,第二天栽植,根系在水中浸泡 12 小时,最多不超过 24 小时,使根系吸足水分后栽植,未达到浸泡时间的不能定植。

(三)定植

1. 定植密度及行向

一般采用南北向行向,行株距为 6m×6m,亩用苗量 20 株。

2. 定植时间

4 月 20 日开始至 5 月 5 日前结束。

3. 定植方法

在一片田块中定植时应统一拉线,挖穴和栽植,达到横看成行,竖看成排的效果。定植时先将铺压的砂石层扒出 80cm×80cm 的见方,将砂石堆在一旁,用扫帚扫净地面,挖 60cm×60cm×60cm 的定植穴,挖出的土放在另一侧的编织袋上,以免土砂混合。栽植时,1 人持苗,1 人填土(先填表土,后填新土),采用"三埋二踩一提苗"方法,使根系舒展并与土壤紧密接触。在第 2 次填土后浇入 10~15kg 定植水再第 3 次填土,栽植深度以齐苗木原土印为宜,最后整平树盘,覆好砂石,对嫁接苗要深栽、浅埋、覆砂后呈漏斗形。

3. 定植后管理

(1)定干

一级苗 70cm,二级苗 60cm 高度进行定干,二次枝留 1~2cm 保护桩,定干后及时用漆封口。

(2)补水

在 6~7 月份应进行 1~2 次补水,以补充土壤水分,每株 10~15kg。

(3)病虫害防治

枣瘿蚊于新叶微卷时喷 20%大功臣或 25%辛硫磷 1000 液防治,大陆浮尘子用 50%辛硫磷或 25%杀虫星 1000 倍液于 9 月上旬防治。

(4)鼠、兔害及冻害防治

秋季放鼠药,在树上挂各色塑料袋防治鼠、兔为害,在入冬前,根颈用土或砂石壅堆,树干涂白提高枣苗越冬能力。

第六节 砂田轮作制的建立

一、砂田建立轮作制的意义

砂田的生产应用年限一般在 40~60 年。因此,制定合理而又长远的轮作计划,对于砂田的可持续发展具有重要的意义,轮作制是一个生产单位(农户)能够体现落实总的作物布局要求的轮作方案的组合,一般包括一到几种压砂瓜轮作。

以压砂瓜轮作来说,由于每个农户所种植的作物(压砂瓜)种类不是单一的,面积也不相同,加上压砂地的地势、地形、土质、肥力、田块大小、交通、补水条件等的差异,因而生产中不可能把需要种植的全部压砂瓜(作物)都安排在一个轮作计划中,而要按具体情况把土地划分成几个相对独立的轮作区,每个轮作区实施一种轮作,每一种压砂瓜(作物)在不同的轮作方案中可占不同比重。因为轮作制是几个适应该农户自然、社会及市场条件的轮作区组成。所以合理的轮作制可以协调压砂瓜(作物)生产中存在的各种关系。如压砂瓜与豆类作物结合,用地与养地结合,当年生产与持续生产结合,充分利用自然资源与建立持久的压砂瓜(作物)生产系统等,体现一个农户合理的压砂瓜生产发展规划。

建立压砂瓜(作物)轮作制需要做好两方面的工作,一是制定出效益良好的轮作计划,二是划分好轮作区、落实轮作计划方案。

二、制定砂田轮作计划的程序和方法

制定轮作计划不仅是一项技术工作,而且是一项经济工作和群众工作,必须从实际出发,才能搞好。一般制定砂田轮作计划的程序和主要内容为:

(一)深入调查研究,认真总结当地及同类地区的轮作经验

1. 调查了解当地自然气候条件,社会条件,生产水平,经济水平,市场前景等方面的资料。

2. 收集当地压砂瓜(作物)布局,品种,轮作年限等资料,为确定轮作方案及压砂瓜(作物)组成提供依据。

3. 收集当地的农业技术资料。

包括当地的压砂瓜(作物)品种、土壤耕作、施肥、病虫防治等技术资料;熟悉当地的压砂瓜(作物)轮作经验,尤其是那些适应当地自然、经济条件、市场需要的具有规律性的经验,为做好轮作计划方案的设计提供依据。

(二)制定压砂瓜(作物)布局方案

一个压砂瓜种植大户在制定合理的轮作计划之前,需要具体地落实所种植压砂瓜(作物)的种类,种植面积,每种压砂瓜(作物)的分布等。

(三)制定砂田合理的轮作计划方案

一个合理的轮作计划方案,应该是压砂瓜(作物)组成,压砂瓜(作物)轮作顺序及轮作年限都比较合理。

1. 确定压砂瓜(作物)轮作的依据

宁夏压砂瓜生产都处在中部干旱带,土壤均为灰钙土,少部为黄绵土,这些

土壤均为碱性,缺氮和磷,缺有机质,同时土质疏松,保水保肥性差,因此轮作方案中应安排豆科作物和禾本科作物以增加土壤中氮素含量和有机质含量,以提高土壤团粒结构和凝聚性。

2. 确定砂田轮作计划方案中的作物组成

一般说每个计划方案中的作物种类以主作压砂瓜为主,配以3~5种作物,如豌豆、矮生豇豆、油葵、芝麻、绿豆、小麦为辅。在一个计划方案中,需要有计划地安排一定数量的养地作物如豌豆、绿豆等,以利用生物养地的效益;同时,根据作物之间的异质效应,应尽量将不同品种的作物组合在一起,充分利用它们之间的轮作效果;应尽量避免将互相感染病、虫、草害,或彼此间有严重的不适应的作物组合在一起。

3. 确定砂田轮作计划方案中的作物轮换顺序

轮换顺序的原则是,养地作物在前,用地作物在后。如在豆类等作物之后,需要紧接着种植吸肥多而经济价值高的压砂瓜,或在压砂瓜后随即安排豆类等养地作物,意即把压砂瓜安排在轮作中的最好位置,取得较好的经济效益和社会效益。

4. 确定砂田轮作计划方案的年限(轮作周期)

压砂瓜轮作的年限应考虑其"错位种植"的年限,从调查情况来看,一般以3~4年为宜,如果年限过长,易使土壤中土传病害,如瓜类枯萎病,或其他土传病害的病菌积累过多而蔓延导致全田压砂瓜受害无法控制。下面建议几种轮作模式和轮作年限供参考。

(1)压砂西瓜(第1年~第4年)→压砂豌豆(第5年~第6年)→压砂西瓜(第7年~第10年)→压砂绿豆(第11年~第12年)→压砂西瓜(第13年~第16年)→压砂小麦(第17年~第18年)→压砂甜瓜(第19年~第21年);

(2)压砂西瓜(第1年~第3年)→压砂矮生豇豆(第4年)→压砂甜瓜(第5年~第6年)→压砂扁豆(第7年)→压砂西瓜(第8年~第10年)→压砂芝麻(第11年)→压砂南瓜(第12年~第13年)→压砂绿豆(第14年)→压砂甜瓜(第15年~第16年)→压砂豌豆(第17年)→压砂西瓜(第18年~第20年);

(3)压砂甜瓜(第1年~第2年)→压砂油葵(第3年)→压砂豌豆(第4年)→压砂甜瓜(第5年~第6年)→压砂扁豆(第7年)→压砂西瓜(第8年~第10年)→压砂小麦(第11年)→压砂绿豆(第12年)→压砂甜瓜(第13年~第14年)→压砂芝麻(第15年)→压砂南瓜(第16年)→压砂矮生菜豆(第17年)→压砂西瓜(第18年~第20年);

（4）压砂籽瓜（第 1 年~第 2 年）→压砂豌豆（第 3 年）→压砂南瓜（第 4 年~第 5 年）→压砂扁豆（第 6 年）→压砂籽瓜（第 7 年~第 8 年）→压砂绿豆（第 9 年）→压砂甜瓜（第 10 年~第 11 年）→压砂小麦（第 12 年）→压砂南瓜（第 13 年）→压砂矮生菜豆（第 14 年）→压砂甜瓜（第 15 年~第 16 年）→压砂芝麻（第 17 年）→压砂南瓜（第 18 年~第 19 年）→压砂豌豆（第 20 年）；

（5）压砂南瓜（第 1 年~第 2 年）→压砂豌豆（第 3 年）→压砂甜瓜（第 4 年~第 5 年）→压砂小麦（第 6 年）→压砂西瓜（第 7 年~第 8 年）→压砂绿豆（第 9 年）→压砂甜瓜（第 10 年~第 11 年）→压砂小麦（第 12 年）→压砂扁豆（第 13 年）→压砂西瓜（第 14 年~第 16 年）→压砂豌豆（第 17 年~第 18 年）→压砂西瓜（第 19 年~第 20 年）。

（四）编写砂田轮作计划说明书

一个农民大户（单位）完整的轮作计划，还应在已订出轮作计划方案的基础上，再绘制轮作计划方案分布图及编写计划说明书，内容一般包括：第一，说明制定该方案的理由及预期效果；第二，该方案的优缺点及注意事项；第三，该方案的实施步骤等。

一个合理的轮作计划不仅在制定时需要认真进行，反复修改，具有较好的合理性，可行性和预见性；在实施过程中，也还要根据变化了的实际情况，再进行必要的调整，修改，逐步完善。计划一经初步完善，就需要相对稳定地贯彻执行。

三、砂田轮作计划方案的评定

轮作计划方案有可能直接来源于生产实践，也有可能从实践中来，经过理论上的加工，需要再回到生产实践中去验证。不管是那一种，如果在生产实践中，采用一种可比较的评定方法，经过比较、筛选、从中选出最优或较优的实施方案来，就会进一步提高计划方案的实用价值，增强它的可行性，并且实施起来更加稳妥可靠，有助于提高砂田轮作的农业效益和经济效益。

（一）砂田轮作效益的评价

评定砂田轮作效益或轮作方案自身的效能，可用相对产量 R 值的大小来衡量。R 值是指某农户或生产大户压砂瓜或轮种作物播种面积占轮种作物总面积百分比与压砂瓜总产量占轮种作物总产量的百分比的比值。

$$R=Y/A$$

式中：

Y——压砂瓜产量占轮种作物总产量的百分比；

A——压砂瓜面积占轮种作物面积的百分比。

设每种作物仅轮种1年，共选择10种作物，1年1熟，一种作物共4年，5种轮作方式，每一种轮作方式选用4种作物。设计10种作物的产量水平是：压砂西瓜亩产1500kg，压砂甜瓜亩产1000kg，压砂南瓜亩产1000kg，压砂籽瓜亩产瓜子100kg，压砂豌豆亩产100kg，压砂矮生豇豆亩产75kg，压砂绿豆亩产75kg，压砂扁豆亩产75kg，压砂小麦亩产150kg，压砂油葵亩产100kg。按以上轮作方案设计计算结果，R值=1或接近1时，说明压砂瓜面积和产量都比较稳定，具有稳产高产性能；如果R值>1，说明压砂瓜在当地条件下有较大的增产潜力，相反，R<1，说明该压砂瓜轮作方式产量相对较低。在一个轮作方案中，把各个作物的R值积加起来，同其他方案彼此间进行比较，R值较高的方案，就是产量较高，农业效益较优，可行性较佳的方案。这种较佳轮作方案的取得，是轮作理论设计与当地各种资源条件做到很好统一的结果。在此情况下，表明轮作方案中的作物选择、茬口调配、轮作顺序安排，均能适合当地自然条件和生产水平，从而获得了相对较高的产量。

按上述10种作物和产量水平设计5种轮作方式：

1. 西瓜→豌豆→西瓜→绿豆(四年四熟)

R=1.88 + 0.13 + 1.88 + 0.094 = 3.984

2. 西瓜→矮生豇豆→甜瓜→扁豆

R=2.26 + 0.094 + 1.50+ 0.094 = 3.948

3. 甜瓜→油葵→豌豆→甜瓜

R=2.26 + 0.094 + 1.50+ 0.094 = 3.948

4. 籽瓜→豌豆→南瓜→扁豆

R=0.31 + 0.31 + 3.13 + 0.23 = 3.98

5. 南瓜→豌豆→甜瓜→小麦

R=1.77 + 0.17 + 1.77+ 0.26 = 3.97

由以上计算结果看出5种轮作方案产量均相差不远。

当然，这仅仅是从轮作方案产量高低来衡量，也就是仅仅从农业效益大小来考虑，是不够全面的。它反映不出经济效益的大小。为了比较其相对的经济价值，可把各个作物的市场价格换算成相对价格，以相对价格乘以该作物的R值，

就得到该作物市场产值,用 E·R 代表

$$E·R=Y/A×M$$

式中:

Y/A——同上式;

M——为该作物的相对市价。

这一公式,可用于压砂瓜与其他作物的相互比较。各种作物的 E·R 的大小,可以反映其经济价值的高低。在一个轮作方案中,各种作物产品的相对市价产值(E·R)之和,可以反映该轮作方案经济效益的高低,并用来比较各个轮作方案的优劣。

例如,各种作物产品的相对市价格为,压砂西瓜为 1(每千克 0.8 元)其他作物价格为西瓜的倍数,甜瓜为 1.5,南瓜为 1,籽瓜子为 5,豌豆为 3,豇豆为 3,扁豆为 3,绿豆为 4,小麦为 2,油葵为 5,仍以上述 5 种轮作方案为例,则

1. 西瓜→豌豆→西瓜→绿豆

E·R=1.88×1+0.13×3+1.88×1+0.094×4=4.526

2. 西瓜→矮生豇豆→甜瓜→扁豆

E·R=2.26×1+0.094×3+1.5×1.5+0.094×3=5.074

3. 甜瓜→油葵→豌豆→甜瓜

E·R=1.81×1.5+0.18×5+0.18×3+1.81×1.5=7.46

4. 籽瓜→豌豆→南瓜→扁豆

E·R=0.31×5+0.31×3+3.13×1+0.23×3=6.3

5. 南瓜→豌豆→甜瓜→小麦

E·R=1.77×1+0.17×3+1.77×1.5+0.26×2=5.465

就 E·R 值来看,与 R 值有所不同,以第三种作物方案经济效益最高,第四种轮作方案次之,第一种轮作方案最低。

(二)砂田茬口效益的评定

茬口效益是指在特定的生产条件下,轮作方案中的作物成分相同,而仅仅是由于茬口安排得比较合理而收到的农业效益和经济效益。假设轮作中有 A、B、C、D4 种作物组成 4 年 1 个周期的轮作,由于 4 种作物的接茬关系不同,可以出现同类轮作的 3 种不同形式。如 A 为西瓜,B 为甜瓜,C 为矮生黑梅豆(菜豆),D 为小麦。则 3 种轮作形式为:

1. A.西瓜→B.矮生黑梅豆→C.甜瓜→D.小麦

2. A.西瓜→B.小麦→C.矮生黑梅豆→D.甜瓜

3. A.西瓜→B.小麦→C.甜瓜→D.矮生黑梅豆

在此情况下,可用茬口效益值 S 为指标来衡量三种轮作形式的农业效益和经济效益的大小。

A 作物的 $S=A_y/A_m$

式中:

A_y——A 作物某前茬的产量;

A_m——A 作物不同前茬的平均产量;

同理,B、C、D 的 S 值也可用同法求得。

以 $S=1$ 为标准,凡 $S=1$ 的,说明茬口安排较为合理,而 $S<1$。说明茬口安排欠妥,茬口效益为负值;在一种轮作形式中,S 值的积加值愈大,茬口效益愈高;反之,茬口效益愈低,从而,可以评选出茬口安排的最优方案和较优方案。

例如,某农户按上述轮作方案进行试验,试验得到的不同茬口的产量和利润结果如表 7-2 所列。

表 7-2　某农户压砂瓜作物不同前茬的产量利润

（kg/亩、元/亩）

西瓜			矮生黑梅豆			甜瓜			小麦		
前茬	产量	利润	前茬	产量	利润	前茬	产量	利润	前茬	产量	利润
小麦	1300	640	西瓜	100	400	矮生黑梅豆	1500	1400	甜瓜	150	220
矮生黑梅豆	1500	800	小麦	75	275	小麦	1000	800	西瓜	150	220
甜瓜	1400	720	甜瓜	100	400						
平均	1400	720		91.5	358.3		1250	1100		150	220

根据表7-2算得的西瓜、矮生黑梅豆、甜瓜、小麦 3 种不同茬口的产量平均值和它们各自在不同前茬中的产量,便可利用上列公式分别计算出 3 种轮作形式的 S 值(见表7-3)。

表7-3 某农户压砂作物三种轮作形式的S值

轮作形式 I	西瓜→矮生黑梅豆→甜瓜→小麦				ΣS
S值式 S值	$\dfrac{1300}{1400}$	$\dfrac{100}{91.5}$	$\dfrac{1500}{1250}$	$\dfrac{150}{150}$	4.22
	0.93	1.09	1.2	1	
轮作形式 II	西瓜→小麦→矮生黑梅豆→甜瓜				
S值式 S值	$\dfrac{1500}{1400}$	$\dfrac{150}{150}$	$\dfrac{75}{91.5}$	$\dfrac{1500}{1250}$	4.08
	1.07	1	0.81	1.2	
轮作形式 III	西瓜→小麦→甜瓜→矮生黑梅豆				
S值式 S值	$\dfrac{1500}{1400}$	$\dfrac{150}{150}$	$\dfrac{1000}{1250}$	$\dfrac{100}{91.5}$	3.96
	1.07	1	0.8	1.09	

由表7-3可知,轮作形式 I 的茬口排列最优,次为轮作形式 II,轮作形式 III 最差。

四、砂田轮作区的划分

在可能条件下,一个农户或一个生产大户要建立合理的轮作制度,除了制定好轮作计划外,还需要划分好轮作区,使二者紧密联系,互为前提就能更好地落实轮作计划,同时划分轮作区。

划分轮作区是在砂田已经进行合理的规划、建设的基础上,再将地势一致、地力差异不大、面积相近、补灌条件相同、比较连片的砂田,按照轮作计划的轮作周期年数,把几块砂田组成一个轮作区,并将每块砂田依次编号。

一般说,每个农户或生产大户以经营2~3个轮作区为宜,经营过多容易出现顾此失彼的现象。一个农户所经营的几个轮作区,轮作计划是可以相同的,也可是不同的;轮作区的规模可以一致,也可以不一致,视具体需要而定。

五、砂田轮作计划的实施

砂田轮作计划要求相对稳定的实施,但是在执行过程中,由于自然及社会条件的变化,或计划不周需要调整时,则按照实际情况采取一些灵活的措施进行调整,以保证计划能够相对稳定的实施。灵活措施是,在压砂作物组成需要变化时,在不违背换茬的原则下,同类作物可以实行对口调换。如豆科作物调换豆科作物、瓜类作物调换瓜类作物等。

第八章　砂田土壤培肥与播种

第一节　砂田土壤的地力

一、地力的概念

"地力"一词是我国农业生产中的一个重要词语,在我国古农书中早已提出。如西汉王充在《论衡·效力篇》中指出"地力盛者,草木畅茂,一亩之收,当中五亩之分",又说,"苗田人知,出谷多者地力盛"。几句话,即阐明了地力与产量的关系,也概括出人类的干预对地力的重要作用,南宋《陈敷农书》明确提出"土地常新论","或谓土敝则草水不长,气衰则生物之性不遂,凡田土种三五年,其力已乏斯语殆也然也,是未深思也。若能时加新沃之土壤,以粪治之,则益精熟肥粪,勘查常新壮矣,抑何衰之有",这里谈的"勘"即指地力。论述了以各种培肥措施,维持并增进地力使其长久不衰的"地力人助"之重要性。

日本学者大久保隆弘对地力概念下的定义是:"地力是与土壤的物理性、化学性、生物特性相适应,并与气象条件相互关联,从而为取得生产物质的目的而利用土壤提供的能力。"这里把土壤–气象–作物三者联系起来,评价地力,给出了地力的概念。

由此看来,所谓地力,是指砂田土壤在一定气象条件下给作物提供营养的能力或土地生产力,也就是说,肥力因素中的水、肥、气、热只有在一定的土壤条件,气象条件,作物条件下所表现出来的实际能力。地力不只是自然肥力,更重要的还是人为的肥力,自然肥力加人为肥力的有效化才能表现出具有实际意义的经济肥力。从这一概念出发,地力与土壤学中所讲的土壤肥力既有共同之处,也有不同之处,共同之处,在于两者均指土壤应具有能够生长植物的能力,不同之处在于,地力仅限于砂田的土壤中的自然肥力,非农田的土壤肥力除外,土壤肥力指在作物生产期间土壤能够不断地同时地供给作物的水分和养分的能力。

二、砂田地区土壤的自然地力

宁夏压砂瓜生产主要分在中卫市城区香山地区、海原县北部的黄土丘陵及其中的河谷平原和部分山地、中宁县的丘陵山地、黄河两岸的高阶地及洪积扇地区,土壤属灰钙土,年平均降水量为250~350mm。植被中针茅、隐子草、麦秧子及牛枝草等细草多于猫头刺等小、半灌木,总覆盖度为35%~45%。地形以缓坡丘陵为主,部分位处丘间平地或间山盆地地下水位很深。

灰钙土的自然肥力很低,有机质平均含量为0.60%~0.65%,氮含量为0.04%,磷含量为0.02%,速效碱解氮为27.6mg/kg,磷为3.0mg/kg,钾为135mg/kg,说明有机质含量不高,氮、磷养分含量很低;压砂瓜生产少部分布在海原县北部的黄绵土地带,当地干旱少雨,植被稀疏,覆盖度只有30%~50%,土壤有机质累积量很低,比较贫瘠,有机质含量为0.7%~0.8%,全量氮平均为0.05%,全量钾为1.72%,速效碱解氮为34mg/kg,磷为1.8mg/kg钾为180mg/kg。

就以上情况来看,压砂瓜生产地区土壤自然肥力很低,如果不注意培养地力,砂田可持续生产年限很短而且不可能生产出优质的压砂瓜来。

三、提高砂田地力的途径

由于地力是多因素综合作用的结果,因此,除了靠人工施肥增进地力外,农业生态系统的结构与机能,农业技术的综合应用都会影响地力的变化。从综合观点看,要全面建立有助于提高地力的砂田土壤培肥体系。

(一)生物途径

砂田土壤的培肥地力的生物途径范围较为广泛,包括种植豆科作物,实行合理轮作,施用有机肥、菌肥、砂田休闲、调整种植业结构,采用多种途径养地培肥砂田土壤地力。

(二)物理途径

砂田土壤通过物理途径调整改善地力条件,它是通过压砂前的土壤耕作,砂田工程措施来实现的,通过上述物理调整措施改善砂田土壤耕层结构,调整土壤中水分,空气和养分的矛盾,有助于减少水土流失、稳定土壤环境。

(三)化学途径

自 1840 年李比希提出化学肥料应用以来,强化了农田物质循环体系,促使农田生态系统能量物质的转化。据研究,1g 氮的合成耗能 25cal(卡),而投入 1g 氮至少可增产 24g 植物干物质, 平均贮能 4.2cal, 则共贮能100.8cal, 净增75.8cal,故增施化肥后,能量能大幅度增值,而不是亏损。因此,以少量化肥促进生产大量有机物质,以无机促有机也是增加农田养分,提高地力的有效途径。但其施肥量应服从施肥的经济原则。

(四)防护途径

建立砂田综合防护体系,减少水蚀、风蚀和砂田土壤养分消耗,是保持地力的控制途径。

第二节 建立砂田培肥制的基本原理

一、地力再生产原理

压砂作物生产是一种再生产, 伴随着作物生产的地力也是一种再生产,为了提高压砂作物的产量就要不断增强土地的生产力, 也就是不断提高地力水平,土壤不同于一般的生产手段,它与人的耕种与管理关系密切。耕种管理不好,越种越瘦,以致成"撂荒田",如果耕种管理合理,也可越种越肥。

从土壤形成的本质来看,自然土壤及其肥力的形成与发展是在以自然植被为主导的作用下进行的,植物靠自己的根系,将矿物质风化所形成的分散在母质中的营养元素吸收利用。建造自身的躯体,植物枯死后,有机质残体留在土壤中,经过微生物的分解又形成可溶态养料,再度为植物利用。植物的生长发育与死亡,有机质在土壤中不断合成与分解,扩大了物质循环和能量转化,使营养元素在土壤中不断积累,土壤腐殖质不断增加、改善土壤结构,从而肥力不断提高。这种生物小循环的过程,只要土壤上有植被存在,就可以永续进行,永续进行的结果其肥力就自然提高。但在中卫市砂田生产地区,土壤植被覆盖度只有30%~50%,覆盖度很低,土壤的自然肥力提高很慢,据估计,形成 1 寸厚肥沃的表土需要 300~400 年时间。

压砂地开垦种植后,把自然植被改为压砂种植作物后,情况就不同了,在再生产过程中,地力有可能上升,也有可能下降,关键取决于人为的影响。如果措施得当可以逐渐使瘦田变沃土,生土变熟土。因此,农业土壤与自然土壤的明显区别在于,砂田是劳动的产物,地力是作物和人工培养的结果。

二、砂田养分平衡

(一)砂田土壤有机质的生产、输出与残留量

砂田作物生产是对砂田土壤中有机质的生产与消耗的动态平衡。砂田土壤有机质状况在很大程度上取决于压砂作物对土壤有机质的消耗和压砂作物生产的有机质对土壤的补充过程。作物生产形成的有机质大部分随产品的收获而离开砂田,少部分以根茎落叶等形式归还给土壤,不同作物土壤有机质的归还率不同,因而对土壤有机质的消长有不同的影响。

表 8-1 豆科、禾本科作物收获期不同部位的干物质

$(kg/hm^2①)$

| 作物 | 器官吸收部分 | | | | | | 器官还原部分 | | | | | 全干物质 B | 还原率 A/B ×100 |
	茎叶	基叶	荚	包稃皮	籽实	合计	落叶	割茬	根茬	根	合计 A		
大豆	7.6		4.0		12.9	25.4	13.9			2.3	16.2	41.4	39.3
小麦		90.1		4.2	32.7	127.0		12.8	12.8	8	12.8	139.8	10.1

注:风干重。

从表 8-1 看出,从自然归还本身看,豆科作物对增加砂田土壤有机物的作用大于禾谷类作物。因此在砂田轮作制度中插入豆科作物,具有较好的养地作用。

(二)养分的自然输入与输出量

砂田土壤在自然因素作用下,存在着一定的养分输入和输出关系。以氮为例,可由降水、生物固氮,随着播种材料等多种途径进入土壤,但增加的数量是有限的,如菜豆每年每亩固氮量为 4.26kg。豌豆为 3.44kg,大豆为 7.62kg。但是豆科作物固定的氮素,其 70%~90% 随收获物移出田外,遗留砂田土壤的不超过 20%。总的来说,通过各种途径损失的氮素只占土壤氮素或所施肥料氮素的一小部分。而大部分被作物消耗掉。

---

①:$1hm^2 = 15$ 亩。

第三节 砂田培肥方案的制定

一、砂田培肥制的概念及任务

砂田培肥制指在特定种植制度条件下，维持和提高地力的一整套综合技术措施体系。制定合理的培肥制，便于统筹安排各项有助于恢复和提高砂田土壤地力的培肥措施，便于合理地施用分配的肥料，使有限肥料资源得以充分发挥，且根据培肥制要求，积极组织肥源与培肥措施、开辟培肥途径。同时，要根据作物的经济地位和产量水平，制定出轮作周期内每种作物的经济最佳施肥量、肥料种类、施肥时期和施肥方法，充分发挥肥料的增产作用，使有限的肥料获得最大的经济效益。

制定合理的培肥制是保护砂田地力经久不衰、持续增产的重要环节，是砂田生产永续生产的过程，也是地力不断再生产过程，使用地养地目标能够实现。

二、制定砂田培肥方案的原则

（一）抓住重点、兼顾一般

确保砂田种植作物中主要作物如砂田西瓜、甜瓜等的需肥要求，对轮作中的豆类作物、禾谷类作物要适当兼顾，因地制宜地实施培肥措施以维持和提高地力。

（二）依据作物需求和茬口特点

在整个轮作周期中，把当季增产和季季增产，当年增产与年年增产结合起来，保证地力不断提高。不同作物对养分要求不同，对西瓜、甜瓜、南瓜等瓜类作物要注意氮、磷、钾的配合使用，对豆类作物要注意增施磷钾肥，对小麦等禾本科作物要注意满足其对氮、磷的需要，即使同一作物不同品种需肥量大小也不一致。因此，还需根据作物品种特性来施肥。

不同前茬作物对地力影响不同，豆类等肥茬可减少用肥，禾本科等瘦茬可多用肥。豆科作物增施磷肥可以起到"以磷增氮，以氮增产"的效果。

（三）协调生物养地与人工施肥养地的关系

生物养地是指在整个砂田轮作中，安排种植豆科作物如豌豆、大豆、绿豆等。利用它们的植物体来增加土壤中有机物和固定空气中氮素的作用，增加含氮量，达到生物养地目的。

　　在压砂地开垦初期,由于农户开垦压砂地种植面积大,肥料不足,施肥面积受到限制,因而生物养地在轮作中仍占重要地位。豆类作物的固氮作用,不仅在肥源不足的条件下,就是在有机肥供应充足的条件下仍是提高地力的重要途径。因此,在制定砂田培肥制时要根据肥源情况来调整作物布局。肥源不足时应加强生物养地,扩大豆科作物种植面积,肥源充足时,则应加强人工施肥,缩小生物养地面积。

　　(四)协调肥料种类及其配合关系

　　砂田种植西瓜、甜瓜、南瓜、籽瓜等瓜类作物时应以增施有机肥为主,并考虑施用菌肥或有机无机混合颗粒肥料,并增施氮肥和磷、钾肥料,喷施叶面肥。种植豆科作物时可少施氮肥,多施磷、钾肥;种植禾本科作物应考虑氮、磷、钾肥料配比,在砂田土壤瘠薄的条件下,增施氮肥的增产效果显著,无机氮与有机氮比例大致为 1:0.6~0.23。每生产 50kg 粮食则需 N 素 1.61~2.66kg。

　　(五)协调与其他农业技术措施的关系

　　砂田培肥制在砂田耕作制中不是孤立进行的一项农业技术体系,而必须与砂田作物种植制度,砂田土壤耕作制度,防护制度等相配合。种植制度是砂田培肥制度的服务对象,一定要满足种植制度中各种作物的要求,以提高和维持砂田生产力,只抓单项施肥措施是不行的。

第四节　砂田制定培肥方案的步骤和方法

一、砂田制定培肥方案的程序

　　(一)制定一个砂田种植大户的砂田培肥方案,应该从仔细研究该农户所实行的种植制度入手,了解其砂田作物布局,轮作作物种类,并计算统计所有培肥途径的养分(肥料)来源及数量状况。

　　(二)在制定培肥方案之前应编制砂田地块分布图,标出所有轮作地段分布状况,并调查各田块的地力特点,如土壤质地,耕层厚度、有机质、N、P、K 等养分含量,盐基代换量、土壤碳氮比,pH 值,地下水位高低等。

　　(三)根据肥料资源及轮作作物的需肥特点,轮作田块的土壤特性以及砂田作物的产量指标,决定砂田作物的总施肥量,有机肥或无机肥搭配的数量,施用时间和方法,编制肥料分配与施肥初步方案,并加以适当调整、订出实施方案。

（四）培肥方案执行过程中要建立田间档案、详细地按照轮作田区逐区记载作物种类，种植和培肥情况，并检查土壤肥力变化和生产量变化情况，以便总结经验，逐步修改和完善砂田培肥方案。

（五）在编制砂田培肥方案和肥料分配年度计划时，必须同时研究和考虑肥料的经营管理措施、器械、运输工具和运输路线合理化等。

二、砂田培肥方案中确定施肥量的常用方法

（一）平衡法

过去常用的方法是平衡法，它是根据砂田作物需肥量与土壤供肥量的之差确定施肥量。其计算公式如下：

$$施肥量(kg/亩) = \frac{计划产量所需养分量(kg/亩) - 土壤供肥量(kg/亩)}{肥料的养分含量(\%) \times 肥料的利用率(\%)}$$

由于土壤供肥量和肥料利用率以及形成一定经济产量所需的养分数量随生产条件而发生变化，因此，用平衡法计算施肥量只是一个粗略的估算，在多数地区，可供参考。

（二）目标产量法

目标产量法是目前国内外确定施肥量最常用的方法。

1. 基本原理

该法是以实现作物目标产量所需养分量与土壤供应养分量的差额作为确定施肥量依据，以达到养分收支平衡。因此，目标产量法又称养分平衡法。其计算公式如下：

$$F = \frac{(Y \times C) - S}{N \times S}$$

F——施肥量(kg/hm^2)；

Y——目标产量(kg/hm^2)；

C——单位产量的养分吸收量；

S——土壤供应养分量(kg/hm^2)〔等于土壤养分测定值×2.25（换算系数）×土壤养分利用系数〕；

N——所施肥料中的养分含量（%）；

E——肥料当季利用率（%）。

2. 参数的确定

实践证明,参数确定得是否合理是该法应用成败的关键。

(1)目标产量

以当地砂田作物(西瓜、甜瓜、南瓜、籽瓜、豆类作物等)前3年平均产量为基础,再加10%~15%的增产量为砂田作物的目标产量。

(2)单位产量养分吸收量

它是指砂田作物形成每一单位(如每1000 kg)经济产量从土壤中吸收的养分量(见表8-2)。

(3)土壤养分测定值

有关砂田土壤有效养分的测定方法及其丰缺状况的一般性参考指标见表8-3。

(4)2.25换算系数

是将土壤养分测定单位mg/kg换算成kg/hm²的换算系数。因为每公顷0~20cm的耕层土壤重量约为225万kg,将土壤养分测定值(mg/kg)换算成kg/hm²计算出来的系数。

表8-2 不同作物形成1000kg经济产量所需养分数量 (kg)

作物种类	氮(N)	五氧化二磷(P₂O₅)	氧化钾(K₂O)
大豆	7.20	1.80	4.00
豌豆	3.09	0.86	2.86
谷子	2.50	1.25	1.75
荞麦	3.30	1.6	4.3
西瓜	1.9	0.92	10.3
甜瓜	3.5	1.72	6.88
南瓜	3.92	2.13	7.29
大麦	2.70	0.90	2.20
小麦	3.0	1.26	2.50
豇豆	4.1~5.0	2.5~2.7	3.8~6.9

表8-3 砂田土壤有效养分丰缺状况的分级指标(参考)

水解氮(N)		有效磷(P)		速效钾(K)	
mg/kg	丰缺状况	mg/kg	丰缺状况	mg/kg	丰缺状况
<100	严重缺乏	<30	严重缺乏	<80	严重缺乏
100~200	缺乏	30~66	缺乏	80~16	缺乏
200~300	适宜	60~90	适宜	160~240	适宜
>300	偏高	>90	偏高	>240	偏高

(5)土壤养分利用系数

为了使土壤测定值(相对量)更具有实用价值(kg/hm²),应乘以土壤养分利用系数进行调整(见表8-4)。一般土壤肥力水平较低的田块,土壤养分测定值很低,土壤养分利用系数应取>1的数值,否则计算的施肥量过大,脱离实际;反之,肥沃土壤的养分测定值很高,土壤养分利用系数应取<1的数值,否则计算出的施肥量为负值、难以应用。

表8-4　不同肥力砂地的土壤养分利用系数

土壤养分	不同肥力土壤的养分利用系数		
	低肥力	中肥力	高肥力
碱解氮	0.44	0.35	0.3
速效磷	0.68	0.23	0.18
速效钾	0.41	0.32	0.14

(6)肥料中的养分含量

一般化学氮、磷、钾肥料成分稳定,不必另行测定,而有机肥成分含量由于肥料种类不同,含量不一,必须进行测定,以免计算出的肥料用量不准确。

(7)肥料当季利用率

肥料利用率一般变幅较大,主要受砂田作物种类,土壤肥力水平,施肥量,养分配比,气候条件以及栽培管理水平影响。目前化学肥料的平均利用率,氮按30%计算,磷按10%~25%计算,钾肥按40%~50%计算。

另据报道,有机肥当季利用率,厩肥为17%~20%,堆肥为6.3%~10%,油饼为21%,人粪尿为60%。

3. 方法评价

该方法的优点是概念清楚,计算方便,便于推广。但是应该指出,问题的关键是要结合砂田作物生产特点,砂田土壤肥力特征,作物需肥规律以及砂田作物商品价格特点,确定必要的系数和土壤养分利用系数,才能获得满意效果。

三、培肥方案中肥料用量的估算

(一)根据砂田作物种植种类与计划产量水平估算所需养分的数量

设某块砂田为中等肥力土壤,早春测得土壤养分含量为碱解氮75mg/kg,速效磷(P)35mg/kg,速效钾(K)100mg/kg,计划种植砂田甜瓜,计划目标产量为30000kg/hm²。现按下列步骤计算施肥量:

1. 计算 1hm² 砂田产 30000kg 甜瓜需要的养分量

经查有关资料(见表 8-2),每形成 1000 kg 甜瓜商品的养分吸收量为需氮(N)3.5kg。磷(P_2O_5)1.72 kg、钾(K_2O)6.88kg。因此,1hm² 产 30000 kg 甜瓜。

需氮(N)量:3.5×30=105 kg/hm²

需磷(P_2O_5)量:1.72×30=51.6 kg/hm²

需钾(K_2O)量:6.88×30=206.4 kg/hm²

2. 计算土壤供应养分量

为了便于计算施肥量,应先将土壤养分测定值乘一换算系数使磷(P)转换为 P_2O_5,钾(K)转换为 K_2O。

土壤碱解氮(N)数值不变;

土壤速效磷(P)35×2.29=80mg/kg(P_2O_5);

土壤速效钾(K)100×1.2=120mg/kg(K_2O)。

根据土壤养分测定值判定土壤的丰缺状况(见表 8-3),选择相应的土壤养分利用系数(表 8-4)计算土壤供应养分量:

土壤供氮(N)量:土壤碱解氮 75mg/kg×2.25×0.35=59.1kg/hm²

土壤供磷(P_2O_5)量:土壤速效磷 80mg/kg×2.25×0.23=41.4kg/hm²

土壤供钾(K_2O)量:土壤速效钾 120mg/kg×2.25×0.32=86.4kg/hm²

3. 计算应施养分量

以需要养分量减去土壤养分供应量即得应施养分量:

应施氮(N)量:105-59.1=45.9kg/hm²

应施磷(P_2O_5)量:51.6-41.4=10.2kg/hm²

应施钾(K_2O)量:206.5-86.4=120kg/hm²

4. 按砂田施用化肥或有机肥计算需肥量

(1)假如砂田施用化肥其需用化肥量

按尿素含氮(N)46%,当季利用率为 35% 计算,则:

$$应施尿素量 = \frac{45.9}{0.46 \times 0.35} = 285.69 kg/hm^2$$

按普通过磷酸钙含五氧化二磷(P_2O_5)14%,利用率为 20%计算,则:

$$应施过磷酸钙量 = \frac{10.2}{0.14 \times 0.2} = 364.28 kg/hm^2$$

按硫酸钾含氧化钾(K_2O)50%,当季利用率为 45%计算,则:

$$应施硫酸钾 = \frac{120}{0.5 \times 0.45} = 533.3 kg/hm^2$$

（2）假如砂田施用有机肥其需用量

按猪厩肥含氮（N）0.45%，

含磷（P_2O_5）0.21%，含钾（K_2O）0.52%计算，则：

按需氮（N）量计算为 $= \dfrac{45.9}{0.045 \times 0.18} = 56666 \text{kg/hm}^2$

其中：含磷为 56666×0.0021=118.9kg

含钾量为 56666×0.0052=294.61kg

从以上猪厩肥计算结果来看，每亩施用 3777kg 猪厩肥，其中氮（N）磷（P_2O_5）钾（K_2O）三要素含量均可满足甜瓜对三要素的要求。

表 8-5　各种肥料三要素含量　　　　（%）

种类	氮（N）	磷（P_2O_5）	钾（K_2O）	种类	氮（N）	磷（P_2O_5）	钾（K_2O）
人粪尿	0.65	0.3	0.25	羊粪尿	0.8	0.05	0.45
菜籽饼	4.98	2.65	0.97	玉米秸堆肥	1.72	1.1	1.16
黄豆饼	6.3	0.92	0.12	麦秸堆肥	0.88	0.72	1.32
猪粪尿	0.48	0.27	0.43	鸡　粪	1.63	1.54	0.85
猪　粪	0.6	0.27	0.14	鸭　肥	1	1.4	0.6
猪厩肥	0.45	0.2	0.52	尿　素	46	0	0
牛粪尿	0.29	0.17	0.1	过磷酸钙	0	12~18	0
牛　粪	0.32	0.21	0.16	磷酸一铵	9~1	50	0
羊　粪	0.65	0.47	0.23	磷酸二铵	14	40	0
牛厩肥	0.38	0.18	0.45	硫酸钾	0	0	45~50

四、砂田轮作施肥方案的编制示例

（一）深入调查研究，搜集各种资料

1. 当地砂田的各种轮作方式，通过调查和分析比较，最后确定适合当地条件，切实可行的作物轮作方式。

2. 针对当地砂田栽培的几种主要作物，总结其丰产栽培经验和存在的问题，尤其是要掌握主要作物对肥料的要求和对地力的反应。

3. 了解当地的土壤类型，肥力水平和地力产量以及所占面积比例。不同地块的地力水平和施用肥料的效应，适宜种植的作物种类和品种等。

4. 当地农家肥的种类、数量、积制方法，肥料质量，历年施肥水平。

5. 当地砂田作物的施肥经验,肥料结构和存在问题。

6. 当地气候特点、灌溉条件、农机具条件,劳畜力情况等。

(二)统计砂田轮作周期中作物对养分的需要量

计算砂田轮作周期各种作物的养分需要量,应先确定各种作物的经济最佳施肥量。可根据当地历年作物产量水平订出切合实际的计划产量指标,估算轮作周期内各种作物实现计划产量所需的养分总量,并计算不同农田的地力产量(即无肥处理的产量)所提供的养分量,两者差额就是需要通过施肥来补充的养分量。

(三)砂田轮作周期中养分平衡的估算与分配方案的拟定

根据统计,列出所需补充的养分数量,并根据当地有机肥源情况确定有机肥料的施用量。按照有机肥料的养分含量和不同养分的利用率求出有机肥料所能提供的养分数量,最后对养分平衡进行估算,根据估算结果,确定在整个轮作周期中肥料的用量。然后根据作物的种植面积,经济地位,前后茬的关系以及农业技术措施等,拟定肥料的分配方案并付诸实施。

五、对砂田轮作周期中养分平衡的估算与分配方案的拟定

在轮作周期结束后,应采取土壤样本,分析土壤有机质,全氮和速效养分含量。同时对土壤的物理性状,如容重,孔隙度等进行测定,根据轮作周期实施前后土壤理化性状的变化情况进行全面检验和评价。如果通过轮作施肥制度获得了较高的效益,同时又不使地力下降,即表明所制定的施肥方案是合理的,切实可行的;反之,如果发现经济效益不高,同时地力有下降趋势,则应分析其原因,采取调整措施,重新制订新的施肥方案。

第五节 砂田施肥技术

砂田施肥是一项精细的作业,必须做到砂土两清,砂田施肥一般用腐热的优质干粪或其他性质粪便,一般用施肥机施肥,用四轮手扶拖拉机作为牵引工具。

新砂田因砂底子(底土)肥力较高,一般不再施肥,随着使用年限的增长,砂田养分得不到补充,作物产量将会受到影响。砂田施肥是一项技术性强、用工量大的农活,稍有疏忽就会造成砂土混合缩短砂田寿命。因此,有些劳力、肥源缺乏,交通不便的地方,长年不施肥,主要靠砂田休闲来恢复土地肥力,只是到老砂田阶段才开始隔几年施1次肥,以缩短更新年限,起老砂而换新砂。而种植经

济作物如西瓜、甜瓜等需隔几年施1次肥。

施肥增产显著,这是因为不仅增加了土壤的营养成分,并通过翻动耕层,改善了土壤的坚实结构和土体的通透性,提高了土壤保蓄水能力,为作物根系创造了良好的环境条件。

施肥的方法有穴施、条施和通施3种。一般大田作物采用条施和通施。通施,即1行紧挨着1行扒开砂层,施肥面积占土地面积的90%以上,亩施肥量5000kg。条施亦称隔行施肥,施肥是隔1行施1行,施肥面积占土地面积的50%~70%。亩施肥量2000~3000kg。穴施一般当年春季与播种同时进行,根据种植瓜类经济作物的播种位置,扒开宽窄各33cm左右的砂层施肥,施肥面积,依播种密度而异,亩施肥量500~1500kg。

此外,随着砂田面积扩大,目前农机部门研制出用四轮拖拉机带动施肥机,将粉碎的有机肥装入粪箱,随管道流入前脚的小铧铲而进入土中。如中卫市农机管理局研制成功的多功能机(2F-x-1.4型耖砂施肥机)即有耖砂、刮砂、施肥等功能。

施肥要求严格遵守砂土两清的原则,以通施为例,先后要分成12道工序。

1. 松砂

用铲耧、耖耧或耖砂机具将砂层耕松。

2. 划行

用绳子按70~100cm宽拉一道直线划行。

3. 开砂

用刮板沿划好的行子刮开砂层。

4. 扫底

用扫帚扫净砂行内的砂砾。

5. 整地

用木铣齐行边,防止砂砾滚入土中。

6. 撒肥

将肥料均匀撒施地表。

7. 翻土

深翻土壤16~20cm,使肥料与土层均匀混合。

8. 踩合

用脚踩踏土块,踏平土面。

9. 耙平

用耙将土面耙平整细。

10. 墩实

用墩板将土地墩实拍平。

11. 覆砂

把刮起的砂砾按原来的行子覆盖好。

12. 记印

给施过肥的行子记上记号,以便播种。

第六节　砂田播种技术

一、播种方法

旱砂田播种是一项技术性很强的作业,要求行距均匀、深浅合适,将种子播种在砂层下、地面上,才能保证出苗且不破坏砂田。播浅了,种子搁在砂层中得不到发芽所需的水分,造成缺苗;播深了,播种耧脚插入土层中,造成砂土混合。因此,一般都选择有经验的技术人员播种。种植粮食作物时,应多种茎秆矮小的作物。如小麦、糜谷等,少种秆粗根大的作物,如高粱、玉米等以防收获时根系带土多,破坏砂田。大田作物一般采用耧或播种机进行条播。

瓜类等经济作物均采用点播(穴播)。方法是按先后顺序划行、开穴、施肥、松土、点种、拍实土壤覆以细砂。覆砂时大砂砾要拣出放在穴旁,等定苗后再将大砂砾覆盖原处,如果砂田底墒不足,可在穴内干播前半天或一天适当浇水 1~1.5kg,或在点播处土层上覆盖细砂处盖一块直径 10cm 左右的板状石块,在种子出土前 1~2 天除去石板。

二、播种时间

砂田播种夏作物要比一般土田早 7~10 天(指粮食作物),这是因为砂田土温高,出苗较早的原因,同时又因砂田成熟期较早,农作物如糜子、谷子等要比土田迟播 20 天左右。从播种到出苗期中,如遇雨雪,必须及时疏松砂表,破除板结以利出苗。

宁夏砂田以种植瓜类为主,应根据气象条件和品种特性选择适宜的播期。一般西(甜)瓜为 4 月中下旬,南瓜 4 月下旬,籽瓜 4 月下旬至 5 月上旬。

第九章 塑料薄膜及其在砂田生产上的应用

第一节 塑料及其分类

一、什么是塑料

有人会问,塑料到底是什么呢? 塑料是以合成树脂为基本原料,在一定条件下(如温度、压力条件等)塑制成的一定形状的材料,这种材料能够在常温下保持形状不变,有的塑料制品,除了主要成分树脂以外,还加入一定量的增塑剂、稳定剂、润滑剂、色料等。塑料即是以合成树脂为基本原料制成。那么,什么是合成树脂呢? 回答这个问题,便先得从树脂谈起。自然界里最早就存在一些树脂,如松香,我们常见的桃胶、虫胶、琥珀等也都是天然树脂。这些天然树脂是一种受热软化、冷却变硬的高分子化合物。后来,人们把具有受热软化,冷却变硬的这种特性的物质称为树脂。如从矿物中提取的沥青也是树脂的一种。随着工农业生产的发展, 天然树脂无论从数量或质量上都远不能满足人们的需求。这样就促使人们以煤、石油、天然气、电石以及农副产品为原料,通过化学方法,合成一种性能比天然树脂更优异的高分子聚合物。这就是我们通常所说的合成树脂。

二、塑料的分类

根据塑料受热后表现出来的共性,可分为热塑性塑料和热固性塑料两大类。

（一）热塑性塑料

这类塑料受热后变软,可以塑制成一定的形状,再加热到一定温度,仍然可以软化、冷却或又变硬。这个过程可以反复多次,如聚氯乙烯、聚乙烯、尼龙等。

这类塑料成型工艺简单、能够连续化生产,并具有相当高的机械强度。因此发展很快,产量、质量不断提高。

(二)热固性塑料

这类塑料受热时变软,可以塑制成一定形状,但加热到一定时间,或加入少量的固化剂后,就硬化定形,再加热也不会变软和改变它的形状。如酚醛塑料,氨基塑料和环氧树脂等。这类塑料成型工艺比较复杂,连续化生产有一定困难,但它的优点是:耐热性高,不易变形,价格较便宜。

下面介绍几种大家熟悉的塑料。

1. 聚氯乙烯

聚氯乙烯是一种热塑性塑料,是国内生产最多、最便宜,用途最广的一种塑料,如农用塑料薄膜,薄膜雨衣、凉鞋、泡沫塑料、人造革等等。

2. 聚乙烯

聚乙烯也是一种热塑性塑料。如农用塑料薄膜、塑料茶杯、塑料碗、水壶、塑料袋都是无毒的聚乙烯塑料制成的。它具有耐晒、耐水特点。缺点是,强度较低,经不起高温,只能在80℃以下温度使用。如砂田播种后覆盖的透明塑料杯就是用聚乙烯制造的。

农用塑料薄膜主要用聚氯乙烯、聚乙烯两种塑料制成。此外,还有聚苯乙烯,可用来做收音机、钟表的外壳、玩具及日用品等,有机玻璃、尼龙、聚四氟乙烯、酚醛塑料、环氧树脂等,也属于塑料范畴。

第二节　农用塑料薄膜及其在砂田生产上的应用

一、农用塑料薄膜

(一)应用范围

农用塑料薄膜包括棚膜、普通农膜,主要用于砂田小拱棚覆盖、移动中拱棚覆盖、播种行覆盖等。

(二)农用塑料薄膜的种类

农用塑料薄膜主要有聚氯乙烯薄膜,聚乙烯薄膜两类,现分别介绍如下。

1. 聚氯乙烯薄膜

英文缩写字母为"PVC"。聚氯乙烯薄膜是我国发展较早产品。迄今已有近

40年历史。它的原料是石灰石、煤炭和食盐。分为压延和吹塑两种,用压延机压延制成的叫压延薄膜,用挤压吹塑制成的叫吹塑薄膜。

农业上使用的厚度的有:0.06~0.08mm的普通农用膜(主要用于育苗和砂田地面覆盖)和厚度为0.1~0.12mm的农用棚膜(主要用于小拱棚、中拱棚、温室覆盖)。聚氯乙烯薄膜的透光约比平板玻璃低15%,它和平板玻璃同样不能透过波长小于295mμm的紫外线,而能透过波长为300mμm紫外线的20%,波长为320mμm的紫外线,它比平板玻璃的透过率还少21%。

聚氯乙烯的保温性能比3mm玻璃略差,而且易老化,使用寿命仅为1~2年。故近年来生产使用的较少。生产上常用的有以下两种。

(1)聚氯乙烯普通棚膜

新膜透光性好,但随着时间延长,透光率锐减,夜间保温性好,高温软化温度为100℃,耐高温弹性好,耐老化,一般可连续使用1年左右,易粘补,透湿性好,比聚乙烯棚膜强,雾滴较轻。耐低温性差,密度大,同等重量条件下,其覆盖面积比聚乙烯少24%。聚氯乙烯棚膜适用于夜间保湿性要求高的砂田拱棚及播种行覆盖。

(2)聚氯乙烯无滴棚膜

该膜是在聚氯乙烯普通棚膜原料配方的基础上,按照一定配方比例加入表面活性剂(防雾剂),使棚膜的张力与水的张力相同或相近,使拱棚膜下表面凝聚的水能在膜面形成一薄层水膜,沿膜流入土壤,而不滞留在薄膜表面形成露珠,由于拱棚薄膜表面无密集露珠,避免了每天露珠对阳光的反射和吸收蒸发耗能,使棚内光线增加,晴天升温快,高温弱光时间大大减小,对拱棚压砂瓜早熟高产十分有利。

2. 聚乙烯薄膜

英文缩写字母为"PE"。该膜的主要原料是乙烯,再加入抗氧化剂和紫外线吸收剂,在130℃~140℃条件下进行吹塑,就制成聚乙烯薄膜,聚乙烯薄膜全是吹塑制成。

聚乙烯薄膜不像聚氯乙烯薄膜那样必须加增塑剂,且工艺简单,流程快,产量大,成本比聚氯乙烯略低。聚乙烯薄膜新产品可见光的透光率比聚氯乙烯薄膜约高6%,作为拱棚的覆盖材料,它的可见光透过率、紫外线透过率、耐候性、耐用程度和价格的低廉等都超过聚氯乙烯薄膜。坚韧耐用方面略与聚氯乙烯等同,且由于光亮、洁白、价格低、无毒和不怕油、水等优点已经广泛用于食品、衣料、服装包装上。目前,拱棚上常用的有以下几种。

(1)聚乙烯普通棚膜

该膜透光性好,无增塑剂污染,吸尘轻,透光率下降缓慢,耐低温性强。低温脆化温度为-70℃,比重轻(0.92),只相当与聚氯乙烯薄膜的76%,同等重量的覆盖面积比聚氯乙烯棚膜增加24%,红外线透过率87%以上,夜间保温性较差,透湿性差,雾滴重,耐候性差,尤不耐晒,高温软化温度为50℃,延伸率大(40%),弹性差,不耐老化,一般只能连续使用4~6个月。同时,尚无理想的黏合剂粘补,这种棚膜适宜作砂田小拱棚覆盖栽培,不适宜高温季节使用。

(2)聚乙烯长寿(或防老化)棚膜

该膜是生产聚乙烯棚膜的原料里按一定配比加入紫外线吸收剂,抗氧化剂等防老化剂以克服聚乙烯普通膜不耐日晒、不耐高温、不耐老化的缺点延长使用寿命。目前我国生产的聚乙烯长寿膜大都是0.1~0.12mm厚。可连续使用2年以上,其他特点与普通聚乙烯棚膜相同。由于使用期长,覆盖栽培成本降低。但要注意减少膜面积尘,维持膜面清洁,保持较好的透光性。

(3)聚乙烯长寿无滴棚膜:该膜是在聚乙烯长寿膜的配方中加入防雾剂,不仅使用期长、成本低,而且具有无滴棚膜的突出特点。可用于春季中小拱棚栽培,使用上要注意减少膜面灰尘,使整个使用期内都能保持较好的透光性。

(4)聚乙烯复合多功能棚膜:该膜是在聚乙烯普通膜的原料中加入多种特异功能的助剂,使棚膜具有多种功能,把长寿、保温、全光、防病等多种功能融为一体的薄膜,0.05~0.08mm厚的薄膜能连续使用1年左右。夜间保温性比聚乙烯普通膜高1℃~2℃,全光性达到能使50%以上的直射光变为散射光,可有效地防止因骨架遮阴而造成生长不一致的现象。每亩用膜量比聚乙烯普通膜少37.5%~50%。这种膜由于薄、透光率高、保温性又好,晴天升温快,所以,管理上拱棚要注意通风降温。适于砂田中,小拱棚覆盖早熟栽培。

(三)新型农用塑料棚膜简介

1. 稀土转光农膜

该农膜是在高压聚乙烯中加入稀土螯合物(转光添加剂)吹制而成。与普通农膜相比,该膜能将日光中的紫外线转换成红橙光,从而使温室或大、中、小棚内植物光合作用强度提高 88%,寒冷季节棚温提高 1℃~5℃,地温提高 1℃~3℃,作物成熟期提早 7~15 天,产量提高 15%~35%。另外,该膜还具有在炎热季节降低棚温和地温,减轻植物病虫害,降低果实中的硝酸盐含量等功能。

2. 高效调光生态膜

该膜是在长寿无滴消雾膜的基础上添加新材料制成。其突出优点:一是在低温季节能增加棚内温度,防止作物冻伤。高温季节可下调棚内温度,防止作物烧伤;二是能够使棚内紫外线减少,抑制灰霉病、菌核病等病原菌的繁殖,提高作物抗病力,减少农药用量;三是能够增加蓝光或红光的照射,提高作物光能利用率,进而提高作物产量。该膜适用于多种蔬菜及压砂瓜栽培。

3. 聚乙烯长效滴流膜

该膜在使用过程中,可有效降低表面活性剂迁移和流失的速度,使棚膜的滴流期增加到 12 个月以上,有效解决了我国目前农用棚膜滴流期短(只有 3~4 个月)的弊病。另外,该膜抗老化,寿命长,还具有一定的防雾功能。

4. 改性农用塑料大棚膜

该膜将 5%~10% 的改性超微细煅烧高岭土填充于农用塑料大棚膜中,使农用塑料大棚膜在保持其良好的机械力学性能的同时, 可有效阻隔波长在 7~25μm 的红外辐射,将棚膜的红外光阻隔率提高 1 倍以上,进而有效地提高了塑料大棚膜的保温性能,是目前极具发展前景的棚膜保温材料。

5. 纳米多功能温室棚膜

该膜是将事先制成的"纳米材料添加剂"添加到农膜生产原料中加工制成。此种农膜农药和硫黄熏蒸对其影响甚微,透光率等下降很慢,使用寿命 2 年~3 年。此外,该农膜还具有透光率高,防雾滴,屏蔽紫外线等性能。

(四)农用塑料薄膜的特性

1. 透光性

塑料薄膜是砂田中、小拱棚覆盖的主要材料,因此透光率是非常重要的,太阳辐射光波在可见光范围内,波长 0.4~0.7μm,其光谱中有红、橙、黄、绿、青、蓝、紫 7 种颜色,其中红光和黄光是植物有机质合成的主要条件,蓝紫光及黄、绿光的不同波长,又有调整植物各个器官平衡的作用。在可见范围以外的红外线是产生热量的主要来源。波长在 0.34~0.36μm 的紫外线,有促进植物生长和杀菌能力。聚乙烯、聚氯乙烯,玻璃透光率的比较(见表 9-1)。

表 9-1 聚乙烯、聚氯乙烯,玻璃透光率的比较

(%)

种类	波长(微米)	聚氯乙烯(0.1mm)	聚乙烯(0.1mm)	玻璃(3mm)
可见光	0.55 0.65	87 88	77 88 55 66	88 91
紫外线	0.28 0.30	0 20	55 66 91 85	0 0
红外线	1.5 5.0	94 72	91 85	90 20

由上表看来,新薄膜透光率近 90%,一般的也在 80%,但是,因薄膜是一种电介质,本身带着静电荷,容易吸附水滴、灰尘、泥土,所以能散射和吸收掉大量的入射光,使进入中、小拱棚内的太阳辐射减少 10%~20%,可使透光率减少30%~40%。在一般情况下中、小棚内的光照强度仅为露地的 50%~60%。

2. 保温性

塑料薄膜有增温和保温作用。日出后,随着日照加强,中小拱棚内得到的太阳辐射能超过热传导和辐射散热。棚内迅速增温,午后棚内热量通过薄膜不断外流,这种现象称为"热传导"。一块同样为 0.1mm 厚度的塑料薄膜,其热传导率:聚氯乙烯为 2.4,聚乙烯为 2.0,所以保温效果以聚氯乙烯为好。

塑料薄膜的热传导较小($0.2Kc/m^2 \cdot t \cdot \text{℃} \sim 0.6Kc/m^2 \cdot t \cdot \text{℃}$)为玻璃的($0.5Kc/m^2 \cdot t \cdot \text{℃} \sim 0.8Kc/m^2 \cdot t \cdot \text{℃}$)的 40%~70%,但薄膜使用厚度一般为0.1mm,仅为玻璃的 1/20~1/30。所以传导散热的绝对数值还是不小的。由于薄膜对长波辐射的透过率要比玻璃大。因此,夜间的保温性能较差。在夜间温度过低时,如保温条件不好,棚内压砂瓜易受冻害。白天增温快,要注意通风换气,防止高温灼伤幼苗。

3. 气密性

塑料薄膜不透气,当中、小拱棚密闭不透风时,棚内气流稳定,空气湿度大。因此,影响土壤蒸发和妨碍压砂瓜的蒸腾作用,不利于压砂瓜的生长。加之增温和保温性能好,极易造成高温多湿条件,因此要注意通风散湿,使有利于压砂瓜

生长。

4. 抗张力和伸长率

薄膜的抗张强度大且柔软不易破裂,一般抗张强度可达 250kg/cm²,伸长率达 400%。与玻璃相比,重量轻,不易破损,容易造形,用简单轻便材料即可支撑,用于中、小拱棚覆盖栽培极为方便。但是,由于受氧化、温度、紫外线照射等影响,随着覆盖时间的延长而逐渐老化。

表 9-2   塑料薄膜抗张强度及伸长率比较

种类		聚氯乙烯薄膜	
		覆盖前	覆盖后
抗张强度(kg/cm²)	纵向	150.6	122.5
	横向	122.1	116.4
伸长率(%)	纵向	184.0	170.4
	横向	214.0	222.0

5. 耐腐蚀性和耐候性

塑料薄膜对酸碱具有较强的忍受能力,因此,不会因农药和肥料的沾染而变质。一般的农用薄膜对压砂瓜的生育无害,但需避免使用有毒的物质作原料或增塑剂的塑料棚膜,以免压砂瓜中毒。薄膜对高温和低温有一定的适应能力。即对外界条件的耐候性。

(五)塑料薄膜的焊接与保管

1. 塑料薄膜的焊接

塑料薄膜有遇热易溶的特点,因此可以通过加热焊接,采用高频电焊或采用 200~300W 的电烙铁或 200℃的电熨斗或烙铁加热都可进行焊接。一般聚氯乙烯薄膜约需 130℃,聚乙烯薄膜需 110℃。

焊接前,准备一块宽 20~25cm,长 1.5~2m 的长板凳,在板凳面上铺上旧毡,把两幅薄膜的焊接缝合在一起,宽 3~4cm,薄膜上垫 1 层牛皮纸或两层报纸,用电烙铁(或电熨斗)顺接缝处均匀压几下,使上下薄膜粘合即可。

聚氯乙烯薄膜也可以粘接,用商店里出售的黏合剂粘合,粘接时,将两层薄膜接缝处擦净,涂上黏合剂,然将薄膜压一下即可。黏合剂易燃、对人有毒、使用时要注意安全。

2. 塑料薄膜的保管

薄膜在使用前应存放在阴凉、干燥的地方,不要日晒雨淋,不要堆放过高,还要注意防鼠、储存期从生产日期起不超过 1 年,距热源不得小于 1m,薄膜用后要及时清洗好,洗后晾干、折叠好,留待下次应用。

二、地膜及其在砂田生产上的应用

(一)应用范围

地膜包括无色透明膜、黑色膜、绿色膜、黑白双面膜、银色反光膜、有孔膜和杀草膜等,在砂田生产中主要采用无色透明地膜,主要用于播种后的地面覆盖。

(二)地膜的种类

用作地面覆盖栽培的塑料薄膜是一种专用的、极薄的和具有不同颜色的聚乙烯薄膜,厚度只有 0.015~0.02mm,采用这种薄膜覆盖地面,薄膜能十分紧密地贴在砂田的表面。将太阳能较充分地传导给地面,使地面迅速升温。同时由于单位重量的地膜比普通农膜(0.15±0.05mm)覆盖面积大,能够满足机械铺膜对拉力的要求。但在砂田只能用人工操作,无法用机械覆盖。

1. 无色透明地膜

这是砂田生产上应用最普遍的地膜。采用吹塑加工工艺成型。土壤增温效果好,一般可使土壤耕层温度提高 2℃~4℃。幅宽从 45cm 至 140cm 至 160cm,可根据不同作物的栽培需要,选用不同宽幅的地膜,避免浪费。在压砂瓜生产上,每亩如按 40% 覆盖面计算,需地膜 4.5~5.5kg。厚度为 0.0015mm 的微薄地膜(微膜),由于太薄在砂田地区应用极易受风害或其他自然灾害而被毁,因而不宜使用。

2. 其他种类地膜

除应用最广泛的无色透明膜外,还有黑色膜、绿色膜、黑白双面膜、银灰色膜、银色反光膜、有孔膜、杀草膜等,但在砂田生产上很少应用。

3. 新型农用地膜简介

(1)多功能可降解液态地膜

该地膜是以褐煤、风化煤或泥炭兑造纸黑液、海藻废液、酿酒废液或淀粉废液进行改性,通过木质素、纤维素和多糖在交联剂的作用下形成高分子化合物,再与各种添加剂、硅肥、微量元素、农药和除草剂混合而成。该地膜的突出特点:一是以农作物秸秆为原料,既解决了秸秆焚烧污染环境的难题,又达到了资源综合利用之目的;二是具有双重功效,既有塑料地膜的吸热增温,保墒、保苗作用,还有较强的黏附能力,可将土粒联结成理想的团聚体,达到改良土壤的目的;三是该地膜可腐化分解为腐殖酸,不仅不会对环境造成污染,反而增进了土壤肥力。

（2）新型环保液体农膜

该农膜以甲壳素为主要原料,兑水后直接喷施于土壤表面,其中的高分子与土壤颗粒结合后,可在土表及土表以下的土壤团粒表面固化成极薄的透气膜,对提高地温,减少土壤蒸发和养分流失,提高作物产量具有显著作用。该膜在田间可自行降解,不仅不会对土壤产生污染,反而可起到改良土壤的作用。另外,该产品还可用于叶面喷施,枝干涂抹或作为农药、化肥的添加剂使用。

（3）"玉米塑料"地膜

"玉米塑料"地膜是从玉米中提取"液态乳酸",再转化为"聚乳酸"颗粒后加工制成,该材料为全降解生物环保材料,利用该材料制成的农用地膜(包括其他塑料替代品),可有效解决传统的化学塑料农膜带来的白色污染问题,因而被视作为继金属材料、无机材料高分子材料之后的"第四类新材料"。

（4）角蛋白农用地膜

该技术主要利用鸡毛中的角蛋白,通过重新排列角蛋白的分子结构,生产出成任意长度和宽度的塑料地膜。与普通地膜相比,用这种新材料制成的地膜不仅非常结实、轻便,而且可以生物降解为有机氮肥,实用价值高。

（5）纸地膜

纸地膜完全由植物纤维制成。其突出优点:一是使用后不需回收,可与肥料一起翻入土壤;二是制造成本低廉,仅为塑料地膜造价的1/3;三是保温性和透光性适当,即使是在盛夏高温季节,农作物也不会因为地表温度过高而灼伤幼苗,有利于提高幼苗的成活率;四是该膜既有蒸发功能,又有吸水性,干湿调节作用明显,可有效抑制大棚(小拱棚)中因过湿而带来的病害,因而在特殊环境中,更有应用价值。

第三节　塑料薄膜地面覆盖与压砂地面覆盖效果的比较

一、两种覆盖均有增温作用。据观测,塑料薄膜地面覆盖对土壤的增温作用大于压砂地面覆盖,其原因是砂田土壤温度的增高是经砂砾受热增温后向土壤传导而增温的,而塑料薄膜地面覆盖下的土壤可以直接吸收太阳辐射热而增高温度,所以平均温度比砂田高。

二、两种覆盖土壤增温的日变化规律基本相似。土层间温差,塑料薄膜地面覆盖大于砂田地面覆盖。

三、土壤保水力:压砂田地面覆盖高于塑料薄膜地面覆盖。

四、塑料薄膜地面覆盖应用简单,用工量少,增温效果好,但保水、压碱等方面不及压砂田地面覆盖,在干旱地区砂田具有接纳自然降水、保水、稳水的效应。而塑料薄膜地面覆盖的雨水蒸发损水很大,是不可能具备砂田各种功能的。

五、砂田塑料薄膜地面覆盖栽培瓜类作物如西瓜、甜瓜、南瓜等,主要在播种时采用塑料薄膜覆盖,使地温提高,促进出苗,是砂田和塑料薄膜地面覆盖栽培最圆满的结合。地膜覆盖使土壤增温的原因是晴天的白天,太阳光穿透过薄膜后,地面就获得辐射热并使土壤温度增高,通过传导作用逐渐提高下层土壤的温度。由于薄膜具有不透气性,近地面空气层的流动不能带走膜下土壤热量,因而和没有覆盖塑料薄膜的相比较,能多保存一部分热量。另外,土壤中的热量不断呈长波辐射的形式进行再辐射,这部分辐射有相当的部分被薄膜所阻隔,不能散失到大气中去,就更加速了土壤温度的提高,夜间膜下的土面也以长波辐射的形式向上散发热量,上层土温逐渐降低,下层各层的热量逐渐向地面方向传导,但由于有塑料薄膜的阻隔,因而减缓了土壤温度的下降速度,同时,夜间空气温度低,土壤蒸发的水分在薄膜下大量凝结放出一部分热量。总之,地面覆盖塑料薄膜后不论白天或夜间土壤温度都要高于不覆盖塑料薄膜的。尤其午后13点~15点,地表下温度30℃以上。

压砂田播种时,由于时值春季干旱缺水季节,一般采用穴播补水点种,虽有砂砾覆盖,但仍有水分通过砂石缝隙随空气流动而散失,但覆盖塑料薄膜以后由于塑料薄膜具有不透水,不透气性,土壤水分蒸发后在膜下结成细小的水珠,只能积存于土表和薄膜之间狭小空间,遇冷凝结而成的水珠由小变大,复落土中,然后又被蒸发出来,如此循环往复,始终可以保持土壤水分,由于播种穴内地温的提高和水分的保证,从而促进了种子的出芽和生长。

第四节　砂田塑料薄膜地面覆盖的方式和技术

一、塑料薄膜地面覆盖

（一）穴播条形覆盖地膜

压砂瓜采用挖穴播种，播种后将塑料薄膜裁成宽 70cm 的长条覆盖在播种穴上，两边用砂石压严实。

（二）穴播穴覆膜

压砂瓜采用挖穴播种，播种后用 50cm×50cm 塑料薄膜覆盖，四周压平压紧实。

二、塑料薄膜覆盖小拱棚

一般小拱棚由拱棚架和覆盖的塑料薄膜组成。拱架材料为竹片、细竹竿、直径 6~8mm 粗的钢筋等支架材料。扣棚用的塑料薄膜可用聚乙烯或聚氯乙烯普通农用膜或棚膜。小拱棚造型多为拱圆形，高度为 45~60cm，跨度为 1.5~1.6m，长度依地块长度而定，拱棚间距 1.4m。

建棚方法：采用长 2.1m，宽 4~6cm 的竹片，将两头削尖，每隔 1m 在砂田土中插入 1 根拱架，注意不要把下面土壤带入地上部砂砾中，插深 20~30cm，上下、左右整齐一致，为使拱架稳固，还要用细绳把所有拱架顶部连接起来，而端系在固定的木桩上。定植前 7~10 天盖棚膜，随即用砂石将四周薄膜压紧封严，再在棚膜上每隔 2~3 个拱架插 1 道压膜拱架，或用细绳（绑扎带）在棚膜上边呈"之"字形勒紧，两侧拴在木桩上，以防薄膜被风吹起而损坏。

第十章　无公害压砂瓜生产控制技术

第一节　无公害压砂瓜生产的必要性

一、保障城乡人民身体健康

压砂瓜是城乡人民生活中不可缺少的副食品之一,食用优质、安全的压砂瓜有利于人体的健康,若食用被污染的压砂瓜食品,会使人体摄入某些有害物质和有害元素,从而危害人体健康。据中国农科院植保所对北京市蔬菜批发市场上瓜菜中农药残留所进行的检测表明, 在 20 世纪的 1994 年上半年超标 50%,1997 年山东省有关部门在市场所作的抽测:60%~80%农药超标,其中有的敌敌畏超标 27.9%。据北京、上海、广州等大城市调查证实,瓜菜中的硝酸盐超标 2~3 倍,人体中 80%的硝酸盐来自瓜菜,仅 1995 年全国食用有毒瓜菜中毒者达 10 万人,死亡 2.3 万人。据研究,瓜菜中硝酸盐超过一定含量时对人体产生很大危害, 体内 NO_3 浓度过高, 易产生高铁血红蛋白,血液呈蓝黑色,形成蓝婴病死亡,另外,硝酸盐转化成亚硝酸盐,再形成强致癌和致畸的亚硝酸盐,这种物质一旦进入瓜菜后,将会给人体带来极大的危害。日本人每天摄入的硝酸盐相当于美国人的 3~4 倍,因此,日本人的胃癌死亡率为美国人的 6~8 倍。

1973 年世界卫生组织(WHO)和联合国粮食组织(FAO)制定了粮食中硝酸盐限量标准,按人体重量及每天食物总量计算的 ADI(日允许量),硝酸盐(以 $NaNO_3$ 计) 和亚硝酸盐 ($NaNO_2$ 计) 的日摄入量最高分别为每千克 5mL 和 0.2mL。1982 年, 中国农科院生物防治所沈明珠等人建议采用下列标准（见表

10-1)确定瓜菜的可食性。

表 10-1　瓜菜中硝酸盐含量的分级标准

级别	一级	二级	三级	四级
NO₃含量(mg/kg)	≤432	≤785	≤1440	≤3100
程度	轻度	中度	高度	严重
卫生标准	宜于食用	生食不宜,熟食、腌制可以	不宜生食,熟食、腌制可以	生、熟食均不允许

20 世纪 90 年代,据调查,银川市 80%以上瓜菜超过一级卫生标准,多数瓜菜硝酸盐含量较高,同时,设施保护地瓜菜由于面积小,复种指数高,有机肥和化肥施用量高出露地 1~2 倍,且温室内湿热的特殊气候环境造成土壤和瓜菜中的硝酸盐大量积存。2002 年,宁夏开始推行无公害瓜菜生产,到 2005 年从农业部对全国 37 个大中城市进行瓜菜农药残留例行监测的结果来看,银川市始终好于全国平均水平,且位于前列,瓜菜农药残留平均检出超标率始终控制在 5%以内,从而使广大市民吃到放心瓜菜。

二、市场流通需要发展无公害压砂瓜

改革开放以来,瓜菜生产得到长足发展,栽培面积逐年扩大,现已成为各地农村的支柱产业。2000 年全国瓜菜播种面积已达 2.2845 亿亩, 总产量达 42397.9 万 t,人均占有 110.5kg。随着各地瓜菜产业的迅猛发展,全国已形成一个流通大市场,冬季"南菜北运",夏季"北菜南运"。以银川市为例,2006 年北环批发市场供应的蔬菜占银川市蔬菜供应量的 80%, 其中本地生产的占 40%,外省区进来的客菜占 60%,冬季客菜占 70%。

由于瓜菜种植面积和产量的不断增加,国内市场供大于求,开发国际市场是发展瓜菜生产的有效途径之一。近年来,我国瓜菜出口量逐年增加,2001 年瓜菜出口量为 394 万 t,2002 年达 465.74 万 t。出口瓜菜输往地增加到 133 个,其中出口 1000t 的有 49 个,超过 1 万 t 的有 26 个。出口前 10 位的输往地依次是日本、香港、韩国、新加坡、俄罗斯、印度尼西亚、马来西亚、荷兰、美国、德国。2002 年出口量为 465.74 万 t,产值为 23.63 亿元。

无论国内市场或国际市场对瓜菜产品的安全性和品质要求更为严格。国内各省(区)在发展瓜菜生产,尤其是在大力发展无公害瓜菜的同时,国内大型批发市场已对进入市场的瓜菜进行监测并实行市场准入制, 对农药或其他有害物质超标的一律不准进入市场,国外市场虽存在巨大商机,但面临诸多困难。我国加入WTO后,在瓜菜领域强制性的国际标准质量认证被广泛应用,瓜菜的生产环境、原料基地、种植栽培、贮藏保鲜、深加工技术、卫生质量控制等都将得到外商认可,不仅瓜菜产品要符合统一的技术标准,且质量管理也要符合统一的标准,并要获得第三方认可。如"良好生产操作规程(GMP)""质量管理和质量保证体系(ISO9000)""环境管理系列标准（ISD14000)"等都已成为各类瓜菜产品进入国际市场的公认标准。2008年中卫市生产的压砂瓜已达百万亩,产压砂瓜达百万吨。输往地达20多个省(市、区)并已成功打入香港市场和北京奥运会市场。因此,要想保持和做好出口贸易,在国内实施"压砂瓜南运"工程,必须切实实施好压砂瓜的无公害生产。

三、保护环境是发展无公害压砂瓜生产的需要

农业生产与其周围环境密切相关,压砂瓜作为居民食用的副食品,其生产必须要有一个良好的、无污染的环境。一般瓜菜污染主要来自以下五个方面:一是工业的"三废"污染农田、水体和大气导致有害物质在压砂瓜体内聚集;二是城市垃圾,未经处理的医院排泄物未经无害化处理而直接污染农田;三是片面追求产量,在生产中大量使用化学农药、化肥,致使一些有害物质在瓜菜体内积累,从而危害人体健康;四是食品加工过程,为增加食品中的色泽、味道,违规使用化学元素、化学添加剂造成食品污染;五是使用有毒膜或有毒膜包装,运销工具未经消毒等也会增加污染。

据环境保护部门的调查,我国受工业"三废"污染农田达1亿亩,由于环境污染日趋严重,中央高度重视,制定了环保规划、法律、法规,为全面治污指明了方向,提供法律保护,2001年农业部在全国开展无公害瓜菜生产行动并制定了无公害瓜菜农业行业标准,国家质量监督检验检疫总局发布了《农产品安全质量、无公害蔬菜安全要求》国家标准,从而把瓜菜无公害生产与环境保护及可持续农业发展紧密结合起来,实现环保与经济协调发展。因此,中卫市也应根据压砂瓜生产需要制定相应的无公害生产法规,实现压砂瓜生产的可持续发展。

第二节　无公害压砂瓜生产的基本要求

生产无公害绿色食品压砂瓜,不能等同于普通压砂瓜生产。因此,为确保生

产无公害绿色食品压砂瓜达到标准要求，在生产的整个过程中应坚持以下原则：压砂瓜产地环境条件必须符合绿色食品产地的环境标准，环境空气质量标准须符合 GB3095-1996 国家标准，农田灌溉水质应符合 GB5084-92 国家标准，土壤环境质量应符合 GB15618-1995 国家标准。

一、产地选择

绿色食品压砂瓜产地应选择在生态条件良好、远离污染源，并具有可持续生产能力的农业生产区域。

二、产地环境空气质量要求

绿色食品压砂瓜产地环境空气质量应符合表 10-2 的规定。食品产地空气中各项污染含量不应超过表 10-2 所列的浓度值。

表 10-2　空气中各项污染物的浓度限值

项目	浓度限值	
	日平均	小时平均
总悬浮颗粒物(TSP)	0.3	
二氧化硫(SO₂)	0.15	0.5
氮氧化物(NOX)	0.10	0.15
氟化物(F)	7(mm/m³)	20(mg/m³)
	1.8[mg/(dm².d)](挂片法)	

注：① 日平均指任何 1 日的平均浓度；

② 1 小时平均指任何 1 小时的平均浓度；

③ 连续采样 3 天，1 日 3 次，晨、午和晚各 1 次；

④ 氟化物采样可用动力采样滤膜法或用石灰滤纸挂片法，分别按各自规定的浓度限值执行，石灰滤纸挂片法挂置 7 天。

三、产地农田灌溉水质要求

产地农田灌溉水质量应符合表 10-3 的规定。

绿色食品产地农田灌溉水中各项污染物含量不应超过表 10-3 所列的浓度值。

表 10-3　农田灌溉水中各项污染物的浓度限值　　　　（mg/L）

项目	浓度限值
pH 值	5.5~8.5
总汞	0.001
总镉	0.005
总砷	0.05
总铅	0.1
六价铬	0.1
氟化物	2.0
粪大肠菌群	10000（个/L）

注：灌溉菜园用的地表水需测粪大肠菌群，其他情况不测粪大肠菌群。

四、产地土壤环境质量要求

产地土壤环境质量应符合表 10-4 的规定

绿色食品产地各种不同土壤中各项污染物含量不应超过表 10-4 所列的限值

表 10-4　土壤中各项污染物的含量限值

耕作条件	旱田			水田		
pH 值	<6.5	6.5~7.5	>7.5	<6.5	6.5~7.5	>7.5
镉	0.3	0.3	0.4	0.3	0.3	0.4
汞	0.25	0.3	0.35	0.3	0.4	0.4
砷	25	20	20	20	20	15
铅	50	50	50	50	50	50
铬	120	120	120	120	120	120
铜	50	60	60	50	60	60

注：① 果园土壤中的铜限量为旱田中的铜限量的 1 倍；

② 水旱轮作用的标准值取严不取宽。

五、压砂瓜的栽培管理

无公害压砂瓜生产及栽培管理应严格按照《无公害瓜菜生产技术规范》进行。农业部 2001 年 9 月发布了 10 种蔬菜无公害生产的农业行业标准（NV5001–10/2001 无公害蔬菜生产技术规程），此后，各省（市、自治区）也根据当地土壤、气候、瓜菜生产情况，制定了相应的无公害瓜菜生产规程。宁夏农牧厅结合本区瓜菜生产情况，制定了部分瓜菜的生产技术规程，银川市 2005 年在大面积推广无公害瓜菜生产的同时,制订了18种露地瓜菜无公害生产技术规范。

六、无公害压砂瓜产品必须符合无公害压砂瓜商品质量标准

压砂瓜产品在生产、加工、包装、贮运及销售等各个环节,必须符合我国《食品卫生法》的要求。农业部、商务部于1991年、1993年分别发布了部分瓜菜的商品质量标准。农业部2002年制订了无公害食品西瓜质量标准。宁夏银川市2005年由银川市质检局发布了西瓜、甜瓜商品质量标准,规定了新鲜西瓜、甜瓜的质量要求,包装、标志、运输、贮藏、销售等各个环节的规范要求。

七、加强无公害压砂瓜产地环境的监督和管理

良好的产地是生产无公害压砂瓜的基本保证。因此应对无公害压砂瓜基地实行认定制度,对无公害压砂瓜产品实行标志制度。无公害压砂瓜产地必须通过具备认证能力并得到认可的机构进行检测和认证加以确认,并在基地设置标牌或其他标志,标牌应标明基地范围、规模、审批单位、管理单位、质量承诺、实行社会维护和监督。

无公害压砂瓜基地在创建过程中和建成后都应加强环境管理、检测。一般基地环境每3年复检1次,而且以通过国家计量认证的检测为主,以保证检测结果的科学性和公正性。要不断完善农业环境保护有关规章及无公害压砂瓜生产的有关规程,层层签订责任书,加强检查、督促和落实。

第三节　无公害压砂瓜生产的合理施肥技术

一、压砂瓜的需肥特点

压砂瓜作物和其他植物一样,通过根系从土壤中以无机盐或离子形态吸收多种营养元素,吸收量最多的是氮、磷、钾,其次是钙、镁、硫等元素。每种压砂瓜因收获的产品器官不同对养分的需要也不尽相同,但其共同的需肥特点是:

（一）需肥量大

压砂瓜生长快,生长期较短,产量高。因此,需肥量大,远远高于禾本科作物、豆科作物。

（二）多为喜氮作物

压砂瓜作物容易吸收硝态氮，在完全的硝态氮条件下，产量最高，压砂瓜作物对铵态氮敏感，过量则抑制钾和钙的吸收。一般情况下硝态氮和铵态氮的比例中，铵态氮应用比例不超过 1/3 为宜，但硝态氮肥料不易被土壤胶体吸附，且容易流失，过多还影响瓜类的品质，所以必须采用少量多次的施肥方法，以提高肥料的利用率。

（三）对钙的吸收量大

压砂瓜对钙的吸收量显著高于禾本科植物。许多瓜类产品中都含有较多的钙。其原因：一是根系阳离子代换量高，其吸收钙也高。二是吸收硝态氮越多，体内形成的草酸就越多，钙与草酸结合形成草酸钙积蓄在叶子中不致引起草酸过多的危害。缺钙时，易在植株及果实顶部产生危害，出现缺钙症状。钙在植物体内移动缓慢，在土壤中又极易淋失。植株对土壤溶液中的钙的吸收又受土壤铵态氮浓度、土壤 pH 的因素的影响，要注意调节。

（四）需硼量高

压砂瓜多属双子叶植物，其吸收硼的量远比禾本科植物多，由于瓜类体内可溶性硼含量低，硼在体内再利用率也低。

二、不同种类肥料对压砂瓜的污染

（一）化肥对压砂瓜的污染

化肥施入农田后，随即进入土壤圈，参与物质循环，并不断影响生态环境，化肥的投放量越大，这种影响越显著。化肥的投入虽然提高了瓜类产量，如果投放过量，将对土壤环境产生副作用，进而影响产品品质。我国氮素化肥的使用量很大，1949 年为 162.2 万 t，1990 年增加到 1750 万 t。肥料对大气的污染主要是 NH_3 的挥发，反硝化过程中生成的 NO_3（包括 NO_2 和 NO 等），沼气（ CH_4），在施肥方法不当或设施栽培条件下对瓜菜的污染与毒害经常发生。通常压砂瓜以施有机肥为主，不施用无机化肥。

（二）压砂瓜不能使用城市污泥和垃圾

1. 污泥

主要包括污水处理厂的剩余活性污泥、城市排水沟污泥、生活污水污泥、食品、皮革等，这些污泥虽含有大量有机质以及氮、磷、钾等营养元素，但由于各种废水、污水处理率不高，污水带入污泥中的各种有害重金属含量很大，不但污染土壤而且通过植物根部吸收进入各个部位,使人们食用后引起中毒现象。因此城市污泥不能用于压砂瓜生产。

2. 城市垃圾

城市垃圾组成十分复杂,有食物垃圾、厨房废弃物、废纸、废塑料、废金属、废玻璃等等。其成分中除含有碳、氮、磷、钾等植物需要的营养元素外,还含有各种有毒有害元素,如砷、镉、铜、铬、汞、铅、镍、钴、锡等,作为肥料使用,将大大增加土壤中有毒有害物质的含量,从而污染压砂瓜,因此,城市生活垃圾必须经过无害化处理后方能作为有机肥使用。目前,银川市环卫部门已着手进行此项工作。

(三)有机肥料对压砂瓜造成的生物污染

施用有机肥对压砂瓜的生长发育和提高品质十分重要。应用农畜废弃物制成的堆肥、人畜粪便等都是常用的有机肥。压砂瓜使用的堆肥、粪肥等要充分腐熟,结合土壤耕翻,用作压砂瓜地基肥,对培肥土壤,调整土壤的理化状况都有积极作用,但有机肥不经腐熟就作为基肥和追肥使用,不但污染土壤而且对压砂瓜的生长发育带来不利影响并对瓜体产生污染。

三、无公害压砂瓜科学施肥方法

(一)可用肥料的种类

1. 有机肥的种类及无害化处理

(1)有机肥的种类

有机肥的种类较多,一般可分为以下几类:

①堆肥:以各种秸秆、落叶、柴草等为主要原料与人畜粪便和适量泥土混合堆制,经好气性微生物分解而成的一种有机肥。

表10-5 高温堆肥卫生标准

序号	项　目	卫生标准及要求
1	堆肥温度	最高堆温 50℃~55℃,持续 5~7 天
2	蛔虫卵死亡率	95%~100%
3	粪大肠菌值	10^{-1}~10^{-2}
4	苍　蝇	有效控制苍蝇滋生,堆肥周围没有活的蛆蛹或新羽化的苍蝇

表 10-6　堆肥腐熟度的鉴别指标

项目	鉴别指标
颜色气味	堆肥的秸秆变成褐色或黑褐色,有黑色汁液,有氨臭味,铵态氮含量显著增高(用铵试纸速测)
秸秆硬度	用手握堆肥,湿时柔软,有弹性;干时很脆,容易破碎,有机质失去弹性
堆肥浸出液	腐熟的堆肥加清水搅拌后(肥水比例一般 1:5~10),放置 3~5 分钟,堆肥浸出液颜色呈淡黄色
堆肥体积	腐熟的堆肥,体积比刚堆肥时塌陷 1/3~1/2
碳氮比(C/N)	一般为 20~30:1(其中一碳糖含量在 12% 以下)
腐殖化系数	30% 左右

②沤肥:以作物秸秆、绿肥、青草、树叶等植物残体为主,混合人畜粪尿、泥土等,在高温(或常温)条件下经微生物的分解,沤制而成的一种有机肥。

③人粪尿:腐熟的人粪便和尿液的混合物,严禁使用未充分腐熟的人粪尿。

④厩肥:以猪、牛、马、羊等家畜和鸡、鸭、鹅等家禽的粪尿为主,与秸秆、泥土等堆制并发酵而成的一类有机肥。

⑤沼气肥:制取沼气中经厌氧微生物发酵后的残留物,包括液体残留物(沼液)和固体残留物(沼渣)。

表 10-7　沼气发酵卫生标准

编号	项目	卫生标准及要求
1	密封贮存期	30 天以上
2	高温沼气发酵温度	(53±2)℃持续 2 天
3	寄生虫卵沉降率	95% 以上
4	血吸虫卵和钩虫卵	在使用粪液中不得检出活的血吸虫卵和钩虫卵
5	粪大肠菌值	10^{-1}~10^{-2}
6	蚊子、苍蝇	有效地控制蚊蝇滋生,粪液中孑孓、池的周围无活的蛆蛹或新羽化的成蝇
7	沼气池残渣	经无害化处理后方可用作农肥

⑥饼肥:由油料作物籽实榨油后剩下的残渣制成的肥料。如菜籽饼、胡麻饼、豆饼、花生饼等。

⑦灰肥:有机物经燃烧后遗留的矿物残渣,如草木灰等。

⑧杂肥:熏土、坑土、烟囱灰、泥肥等。

（2）有机肥的无害化处理

有机肥是作物养分的仓库，是培肥改土，促进农业生态系统中物质良性循环的重要物质，大部分由农家就地取材，自行积制。有机肥本身亦携带各种病原菌和寄生虫，若管理不善，不仅对大气、土壤和作物会造成污染，而且使用不经无害化处理的有机肥将成为扩散与反复传染动植物及人体病原菌与寄生虫的传染载体。有机肥施用前必须经无害化处理，也是无公害压砂瓜生产的基本要求。通过无害化处理，一是去除有机肥中抑制作物生长的因素，如高碳氮比、高量的可溶性有机碳、高量铵离子等。二是去除对人、畜环境有害的物质，如致病微生物、大肠杆菌、寄生虫卵等。三是加速有机养分转化为植物容易吸收的速效养分。可采用堆沤、沤制等方法，高温堆肥 4~6 天即会发热，肥堆温度高于 50℃，保持 5~7 天或高于 60℃保持 3 天，主要微生物、寄生虫和害虫、病菌均可杀死，达到无害化要求，沼气发酵会产生氨气（NH_3），具有很强的杀菌作用，同时亦可杀死寄生虫，达到无害化处理的效果，各地推广的养猪，沼气池发酵，种菜三位一体综合利用技术，也收到良好的效果。

2. 腐殖酸肥料

这类肥料多采用含腐殖酸较多的泥炭、褐煤、风化煤为主要原料，加入适量氮、磷、钾及微量元素而制成，如腐殖酸铵、腐殖酸钠、腐殖酸钾、硝基腐殖酸铵、腐殖酸磷、高氮腐肥等。腐殖酸类物质有一定的刺激作用能促进作物生长发育，提早成熟。

3. 微生物肥料

（1）根瘤菌肥料

能在豆科植物上形成根瘤，可固定空气中的氮，改善豆科植物的氮素营养。主要有花生、大豆、绿豆等根部附生根瘤菌的豆类植物。

（2）固氮菌肥料

能在土壤中和很多作物根际固定空气中的氮气，为作物提供氮素营养；又能分泌激素刺激作物生长，有自生固氮菌、联合固氮菌剂等。

（3）磷细菌肥料

有活化土壤中难溶性磷的作用，改善作物磷元素营养。有磷细菌、解磷真菌，接种后每亩可以得到有效磷 2~3.3kg。

（4）硅酸盐细胞肥料

能对土壤中云母、长石等含钾的铝硅酸盐及磷灰石进行分解，释放钾与其他灰分元素，改善作物的营养条件。有硅酸盐细菌，其他解钾微生物制剂等。

（5）复合微生物肥料

含有两种以上有益的微生物（固氮菌、磷细菌、硅酸盐细菌或其他一些细菌），它们之间互不拮抗，并能提高作物一种或几种营养元素的供应水平，并含有生理活性物质的制剂、根菌（根菌真菌）剂等。

表 10-8 微生物肥料产品质量标准、成品技术指标

项目	液体菌剂	固体菌剂	颗粒菌剂
外观	无异臭味液体	黑褐色或褐色粉状、湿润、松散	褐色颗粒
水分（%）		20~35	<10
有效活菌数			
慢生根瘤菌（亿/mL）	≥5	≥1	≥1
快生根瘤菌（亿/mL）	≥10	≥2	≥1
固氮菌肥料（亿/mL）	≥5	≥1	≥1
硅酸盐细菌肥料（亿/mL）	≥10	≥2	≥1
有机磷细菌（亿/mL）	≥5	≥1	≥1
无机磷细菌（亿/mL）	≥15	≥3	≥2
复合菌肥料（亿/mL）	≥10	≥2	≥1
细度（粒径 mm）		0.18	2.5~4.5
有机质（以碳计%）		≥20	≥25
pH 值	5.5~7.0	6.0~7.5	6.0~7.5
杂菌素	≤5	≤15	≤20

表 10-9 微生物肥料成品无害化指标

编号	参数	单位	标准限值
1	蛔虫卵死亡率	%	95~100
2	大肠杆菌值		10-1
3	汞及化合物（以汞计）	mg/kg	≤5
4	镉及化合物（以镉计）	mg/kg	≤3
5	铬及化合物（以铬计）	mg/kg	≤70
6	砷及化合物（以砷计）	mg/kg	≤30
7	铅及化合物（以铅计）	mg/kg	≤60

4. 有机复合肥

是由有机物质混合或化合制成的肥料。压砂瓜可使用有机复合肥有以下几种:

(1)经无害化处理后的畜禽粪便,加入适量的微量元素(锌、锰、硼、钼等)制成的有机复合肥。

(2)发酵废液干燥复合肥料,是以发酵工业废液干燥物质为原料,配合种植蘑菇或养殖禽畜用的废弃混合物制成的肥料。

(3)利用动植物废弃物经粉碎发酵、添加适量矿质元素制成的专用肥。

(4)烘干鸡粪。

5. 叶面肥料

喷施于植物叶片并能被其吸收利用的肥料,叶面肥料中不得含有化学合成的生长调节剂。

(1)微量元素肥料

以铜、铁、锰、锌、硼、钼等微量元素及有益元素为主配制的肥料。

(2)植物生长辅助物质肥料

用自然有机物提取液或接种有益的发酵液,再配加一些腐殖酸、藻酸、氨基酸、维生素、糖等配制的肥料。

(二)科学施肥技术

1. 基肥

(1)基肥的特点

①基肥可在压砂前均匀施入耕作层,用量较大,不会造成肥害。

②基肥用量较大,一般占施肥总量的50%以上。

③无公害压砂瓜生产,基肥应以有机肥为主,以深施为好。

(2)基肥的施用方法

①全层施肥:新砂田在铺砂前以撒施为主,结合深耕,耕后耙匀,这样有利于促根、壮苗。

②集中施肥:基肥用量较少,为了使肥料发挥更大的效果,采取集中施肥的方法。即将肥料施到压砂瓜根际附近,使基肥同时具有种肥的作用。如穴施、条施等,可减少肥效损失,提高根系吸收利用率。

(3)施基肥时的注意事项

①防止基肥结块等原因造成肥料局部集中而产生的肥料浓度过高而产生的障碍。

②防止施用未腐熟的有机肥造成烧种,烧苗。

③防止施用化肥作基肥。

2. 种肥

(1)种肥的作用

种肥是指播种或定植时施入种子或定植苗附近或与种子混播的肥料。其作用一是供给压砂瓜生长前期的养分,二是促进种子萌发,保证营养临界期养分的供应。种肥一般使用腐熟安全的有机肥,一般在土壤肥料差、基肥不足时施用,用量较小。另外,各种生物肥料、微量元素肥料等均可用作种肥施用。

(2)施用技术

作种肥时,由于肥料与种子相距较近,宜选用对种子发芽无副作用的肥料类型,故对肥料质量和用量要求特别严格,防止引起烧种、烧苗,造成缺苗断垄。种肥的施用方式有:拌种、浸种、土施。

①拌种:一是将一定量的颗粒形状的肥料与种子拌匀后混播,此法瓜类较少应用;二是将配制成 0.3%~0.5%的溶液喷拌于种子上,以种子被完全湿润且不留残液为宜。适合用于拌种的肥料有生物肥料、微量元素肥料等。过酸、过碱、吸湿性强,含有毒副成分的肥料,不宜作拌种肥。

②浸种:将肥料配制成 0.2%~0.5%的溶液,种子放在溶液中浸泡 6~8 小时,捞出晾干后播种,可提高种子发芽率和出苗率。

③土施:将肥料施入种子侧下方 5~10cm 处,用量一般每亩 3~5kg,此法适用于直播种子。

3. 追肥

追肥是指压砂瓜生育期间使用的肥料。其作用是在基肥肥效减弱时补充压砂瓜生育所需的养分。追肥一般在营养临界期和植株生育最旺期进行,可一次或多次进行。一般腐熟的有机肥可用作追肥,追肥的用量根据基肥的多少,压砂瓜的长势,土壤肥力及气候条件等因素而定。

(1)追肥技术

①穴施:确定合理的施用部位,追肥时要集中靠近压砂瓜根系施用,深度与根系密集层分布层一致,以提高其与根系接触面积,减少土壤固定。

②条施:在压砂瓜的一侧开沟条施。

③叶面追肥。

植物叶片可以通过气孔吸收部分养分，叶面喷肥即指将肥液喷洒于叶面，通过叶片向压砂瓜提供养分的施肥方法，也叫根外追肥。它具有肥效快，利用率高等优点。在根系自身功能衰退或存在养分吸收障碍时，叶面喷肥尤为重要。氮、磷、钾肥及微肥均可用于喷施。

喷施浓度：叶面施肥的浓度以压砂瓜的种类，植株的大小，天气状况及肥料的类型等情况而定，植株小，气温高喷施浓度宜小，反之，浓度宜大，一般掌握在0.2%~0.5%，各种肥料适宜喷施浓度见表10-10。

表10-10　根外追肥常用化肥的适宜浓度

肥料品种	功能元素	浓度(%)
磷酸二氢钾(KH_2PO_4)	磷、钾	0.2
尿素[$Ca(NH_2)_2$]	氮	0.2~0.3
硝酸钙[$Ca(NH_3)_2$]	钙	0.3
硫酸镁($MgSO_4$)	镁	0.1~0.2
硫酸亚铁($FeSO_4 \cdot 7H_2O$)	铁	0.2~1.0
硫酸锰($MnSO_4 \cdot 5H_2O$)	锰	0.05~0.1
硫酸锌($ZnSO_4 \cdot 7H_2O$)	锌	0.05~0.2
硫酸铜($CuSO_4 \cdot 5H_2O$)	铜	0.01~0.05
硼砂($Na_2B_4O_2 \cdot 10H_2O$)	硼	0.01~0.2
钼酸铵[$(NH_4)_6MoO_{24} \cdot 4H_2O$]	钼	0.02~0.1

喷施时间：喷施宜选择无风阴天，晴天的早晨或傍晚进行，尽量避免喷后高温和阳光暴晒。

喷施部位及用量：叶片背面对养分的吸收能力比叶片正面强，要对叶片正反两面喷施。用量以叶片正反面布满雾滴而又不至于形成大滴滑落为宜。

喷施次数：叶面喷施肥料用量少，肥效期短，因此，多次喷施效果更好。一般应连续喷施2~3次，间隔7~15天喷施1次。

应注意事项：

喷施后1小时内如遇雨应重新喷施；两种以上的肥料混喷或与农药混喷时，要注意肥效或药效的相互影响；顺风喷施，减少雾滴溅身及进入人体呼吸器官。

（三）施肥原则

无公害压砂瓜的施肥原则：以有机肥为主，辅以其他肥料；以基肥为主，追肥为辅。

第四节　压砂瓜无公害生产的病虫草害防治技术

一、无公害压砂瓜病虫草害防治的基本原则

（一）压砂瓜病害防治原则

1. 非侵染性病害

压砂瓜非侵染性病害（亦称生理病害）是由不良环境引起的。因此，防治的原则是消除不良环境条件或增强压砂瓜对不良环境的抵抗能力。

2. 侵染性病害

压砂瓜侵染性病害是压砂瓜在一定环境条件下受病原物侵染而发生的。其防治原则是：贯彻"预防为主，综合防治"的原则。培育和选用抗病品种，提高压砂瓜对病害的抵抗力；消灭或控制病原物，防止新的病原物传入；通过栽培管理创造一个有利于压砂瓜生长而不利于病原物繁殖的环境条件。

（二）压砂瓜虫害防治原则

虫害防治的原则：防止外来病虫害的侵入，对本地害虫压低虫源基数，或采取有效措施把害虫消灭于严重危害之前；培育和种植抗虫品种，调节压砂瓜生育期避过害虫危害盛期；改善砂田生态系统和改变砂田生物群落，恶化害虫的生活环境。

（三）压砂瓜草害防治原则

1. 草情调查

做好砂田杂草感染状况调查，准确了解田间杂草群落组成，优势杂草种类，恶性杂草种类，混杂程度，发生时间，发生深度等。这是制定和实施综合防除措施，对农田杂草进行有效管理和控制的基础。

2. 预防为主，综合防除

砂田杂草生命力强，适应性广，繁殖力高，一经感染杂草则后患无穷，很难彻底消灭。所以，应采取各种有效措施，消除杂草感染来源，防止杂草进入砂田，这是综合防除杂草的主要环节。

3. 抓紧时机,先发治草

针对杂草发生蔓延的特点,在瓜类生产前期,大多数杂草正处于萌发和幼苗阶段。这时的杂草主要依靠种子内贮藏的物质进行生长,根系纤弱,生长缓慢,抗逆力差,易于防除,这是管理和控制的有利时机。同时,还因压砂瓜生长前期,同杂草竞争能力较弱,只有抓住这个时期除草,才能将杂草的危害控制在最低限度。本着"除早、除小、除了"的方针,将杂草消灭在瓜类生育前期。

4. 因地制宜、对症下药

(1)控制田

苗期杂草发生较小的田块,可采用农业防除措施,控制其发展即可。

(2)轻度危害田

应以机械或人工除草为主,做好苗期耙地灭草的同时,辅之以后期人工拔除大草。

(3)严重危害

这类农田应以化学除草或机械除草为主,并做好综合防治防除。

二、无公害压砂瓜生产病虫草防治的基本方法

(一)植物检疫

植物检疫又称法规防治,是由国家颁布法规对作物及其产品,特别是种子和苗木的调运进行检疫和管理、防止危险性病虫、杂草人为地传播蔓延,确保农业生产安全的一项重要措施。植物检疫的主要任务有:(1)禁止危险性病、虫、杂草随着植物或其产品由国外输入和国内输出。(2)将在国内局部地区已发生的危险性病、虫、草害封锁在一定的范围内,不让其传播到尚未发生的地区,并采取各种措施逐步将其消灭。(3)当危险性病、虫、草害传入新区时,必须采取紧急措施就地彻底肃清。

植物检疫有对外检疫和对内检疫两种。对外植物检疫设在口岸、海关的植物检疫局(所)实施和执行。对内植物检疫由省、市、县植物检疫站实施,由车站、码头、机场、邮局等部门执行。检疫只能对国家法规中所规定的检疫性有害生物进行检疫,不能随意扩大或缩小检疫的范围。

(二)农业防治

农业防治措施包括:选育抗病虫良种,移栽期避开病虫发生高峰期,播前种子处理,合理间套种,轮作换茬等。

1. 选育良种

选用抗逆性强,抗、耐病虫害、高产、优质的瓜类良种,是取得瓜类优质、高产的有效途径。

2. 合理轮作换茬

轮作是压砂瓜丰产措施之一,能有效阻断病虫害流行、切断病虫生活史。轮作还可改变根际微生物种群组成,促进有效微生物的繁殖、抑制病原物或减少病原物的数量。

3. 合理密植

合理密植是丰产的保证。密度过稀、产量不高,而且有利于杂草滋生,密度过大,植株易于徒长,通风透光不良,病虫害易于滋生。

4. 中耕(耖砂)除草与清洁田园

中耕(耖砂)可以改善生育环境,抑制病虫的发生。清除杂草,消灭寄生在杂草上的病虫害。清洁田园还包括施用净粪,消灭病虫来源等措施,一是及时拔除病株、病叶、病果,消灭越冬的病原菌和害虫、减少病虫侵染源。

5. 改良和培肥土壤

改良土壤,要求压砂田应多施腐熟的有机肥,使土壤改善理化状况,疏松肥沃,有利于瓜类的生育。在施肥中,贯彻"前重后轻"原则,底肥占70%,追肥占30%。

(三)机械防治

1. 汰除法

对较大的种子,可手选清除带病或受害虫为害种子,及混杂的菌核、虫瘿、菟丝子等杂草种子,田间发现中心病株应立即拔除。

2. 捕杀法

当害虫发生面积不大或不适合用其他措施时,人工捕杀很有效。地老虎幼虫为害时常把咬断的瓜苗拖回土穴中,清晨可扒土捕杀。

3. 诱杀法

利用害虫的某些生活习性,诱而杀之。

(1)食料诱杀法

蝼蛄喜食马粪、半熟的谷粒、炒香的油饼和麸子,故可用毒谷、马粪毒饵、麦麸(油饼)毒饵诱杀。地老虎成虫喜欢取食花蜜或发酵物,故可用糖醋毒液或发酵物诱杀。

（2）植物诱杀法

利用害虫对植物喜食程度不同和产卵的趋性，在瓜田种植适合的植物来诱杀。

（3）隔离法

在地面压砂既可阻断土中害虫危害，又可阻挡土中病原物向地面扩散传播和杂草出土。

（四）物理防治

利用病虫对光、热、色、射线、高频电流等物理因素的特殊反应来防治病虫害。

1. 灯光诱杀害虫

许多夜间活动的害虫都有趋光性，可以用灯光诱杀。使用最多的是黑光灯诱杀，可有效减少棉铃虫、甘蓝夜蛾、小地老虎的为害。

2. 阳光杀虫、灭菌

阳光晒种可杀死豌豆象、蚕豆象等害虫，也可杀死种子表面黏附的病原菌，尤其是细菌。

3. 黄板诱蚜

黄色对有翅蚜和温室白粉虱有引诱力。在砂田设置涂有黏着剂的黄板诱杀蚜虫及白粉虱，可有效减轻危害，宜大面积推广应用。

4. 银灰色膜驱蚜

蚜虫喜欢黄色，忌避银灰色，因此可在地面铺用或挂条、拉网，既可防治蚜虫，又可防治病毒病。

（五）生物防治

生物防治就是利用有益生物及其产物来控制防病虫害的方法。

1. 病害的生物防治

（1）拮抗作用

一种微生物的存在对另一种微生物不利的现象，称为拮抗现象。凡是对病原菌有拮抗作用的菌类都叫抗生菌。如施用 5406 菌肥对黄萎、枯萎等土传病害的病原菌有较强抑制作用；施用木霉菌可防黄萎病；施用枯草杆菌菌株可防软腐病。

（2）交互保护作用

用一种病毒的弱毒株系接种后，植株能抵抗同一病毒的强毒株系的侵染，这就是交互保护。目前，交互保护作用已成功用于多种病毒病的防治。N_{14} 就是弱化处理得到的烟草花叶病毒弱毒株系,番茄幼苗用 N_{14} 100 倍液人工接种喷枪接种、摩擦接种、浸根接种等 10~15 天弱毒病毒便可扩展到接种苗的全株,发挥较强的保护作用。

(3)非生物的诱导抗性

除生物外,一些化学制剂也能诱导产生抗性。现在,83-增抗剂(NS-83)广泛用于防治瓜类病毒病,可以提高瓜体抗病毒侵染能力,而且兼有促进生长的作用。

(4)抗生素的利用

抗生素是抗生菌所分泌的某种特殊物质,可以抑制、杀伤甚至溶化其他有害微生物。农业生产上使用的抗生素统称农抗,有 20 多种,都是通过微生物发酵所得到的代谢产物。抗生素的选择性一般很强,用于瓜类病害防治的有井冈霉素、多抗霉素、农抗 120(抗霉菌素)、武夷霉素等。应用最多的是农用链霉素和新植霉素,可防治瓜类的多种细菌病害。

(5)植物抗菌剂的利用

葱蒜类蔬菜体内含有抗菌性物质,对其周围蔬菜的病菌有很强的杀灭作用。大蒜素现已能从大蒜中大规模提取或人工合成。抗菌剂 401 就是人工合成的大蒜素,抗菌剂 402 是同系物。二者对多种真菌、细菌有杀死和抑制作用。

2. 害虫的生物防治

(1)以虫制虫

就是利用天敌昆虫防治害虫。在生产中用得最多的是赤眼蜂,它是昆虫卵寄生蜂,是多种鳞翅目害虫的天敌。人工繁殖赤眼蜂已获得成功,并且有多种赤眼蜂实现了工厂化生产。当田间发现有玉米螟、烟青虫、棉铃虫等虫害时,将蜂种挂在田间即可。瓢虫、草蛉等都吃蚜虫。瓢虫繁殖快,一次可产卵 2000~3000 粒,幼虫和成虫都吃蚜虫,可人工繁殖用于防治蚜虫危害。

(2)以菌制虫

在自然界中,许多昆虫经常发生病害致死。利用发病致死的虫尸制成菌粉、菌液,稀释 100 倍后喷洒在植株上有杀虫效果。如青虫菌可防菜青虫;白僵菌通过侵入虫体,使被寄生的虫体干硬,可用来防治蛴螬。利用灭蚜菌防治蚜虫,虫草菌防治蝶类、蛾类、蝇类等有效。此外,还有杀螟杆菌、苏云金杆菌、绿僵菌等都对害虫有防治作用。

(3)昆虫生长调节剂、性激素防虫

人工合成棉铃虫雌性诱芯可诱杀棉铃虫成虫;用灭幼脲可阻断害虫的脱皮

而杀虫,对菜青虫、黏虫有较好的防效。

(4)利用杀虫素治虫

杀虫素是一些放线菌在代谢中虫尸的活性物质。日本从金色链霉菌中获得一种杀虫螨素,对红蜘蛛毒性很强。国内投产的有杀蚜素,对蚜虫防效显著。

(5)利用寄生线虫、原生动物治虫

国内已利用线虫防治小地老虎、棉铃虫等。微孢子虫(一种原生生物)可防治蝗虫。

(6)利用捕食性蜘蛛和螨类治虫

菜田内有多种蜘蛛能捕食害虫(只吃活虫,不吃死虫)。蜘蛛繁殖力强,不易死亡,在自然界存活率高,又不受黑光灯诱杀,一般菜田都有,不需人工繁殖。只可保护利用。

(六)化学防治

1. 农药的种类

农药种类很多,可按其成分和来源分类,但常用的是根据防治对象分为杀虫剂、杀螨剂、杀菌剂、杀线虫剂、除草剂、杀鼠剂、植物生长调节剂等。

2. 农药的使用方法

(1)喷雾法

利用喷雾器械将药液分散成极细小的雾滴喷洒的方法。喷雾的技术要求是使药液雾滴均匀覆盖在病、虫及植物体上,使叶面充分湿润而不下流为度。对钻蛀性或卷叶为主的害虫,应喷湿透效果才好,对从叶背侵入的病菌和害虫还应注意叶背喷药。

(2)喷粉法

利用喷粉器械将药粉喷布出去,药粉必须均匀周到,使带病虫的植物表面均匀覆盖一层极薄的药粉为度。可用手指在叶片上检查,如看到有点药粉沾在手上即为合适,如看到叶片发白说明药量过多。一般每亩1.5~2.5kg,喷粉量为0.8~1.0kg。

(3)土壤处理法

将药剂施到土壤里,消灭土壤中的病菌、害虫,土壤处理要使药剂均匀混入土壤中与植株根部接触的药量不能过大。

(4)施毒土或颗粒剂

将毒土或颗粒剂直接撒布在瓜上或根际周围或施入土壤中,用于防治地下害虫、苗期害虫,也可用于防治根部病害及杂草。

(5)施毒饵、毒谷

将药剂与害虫喜食的饵料混拌在一起撒入瓜田,诱引害虫取食而发挥杀虫作用。主要用于防治地下害虫和活动性强的害虫。

3. 科学施用农药的规范

(1)严格掌握农药的使用范围

每种农药均有一定的限用条件,因此在购买使用之前要详细阅读说明书或标签。按照有关规定,高毒和高残留农药严禁在无公害压砂瓜上使用。另根据国家规定,未经批准登记的农药不得在我国生产、销售和使用。

表 10-11 禁用农药种类及原因

农药种类	农药名称	禁用原因
有机汞杀菌剂	氯化乙基汞(西力生)、醋酸苯汞(赛力散)	剧毒、高残留
有机杂环类	敌枯双	致畸
氟制剂	氟化钙、氟化钠、氟化酸钠、氟乙酸胺、氟铝酸钠	剧毒、高毒、易药害
有机氯杀虫剂	DDT、六六六、林丹、艾氏剂、五氯酸钠、硫丹	高残留
有机氯杀螨剂	三氯杀螨醇	工业品会有一定的 DDT
卤代烷类熏蒸	二溴乙烷、二溴氯丙烷、溴甲烷	致癌、致畸
有机磷杀虫剂	甲拌磷、乙拌磷、治螟磷、对硫磷、甲基对硫磷、内吸磷、久效磷、磷胺、甲胺磷、氧化乐果、杀朴磷、水胺硫磷、甲基异硫磷	高毒、高残留、致癌、致畸
氨基甲酸酯类杀虫剂	克百威(呋喃丹)、丁(丙)硫克百威、涕灭威	高毒
二甲基脒类杀虫杀螨剂	杀虫脒	慢性毒性致癌
取代苯杀虫杀螨剂	五氯硝基苯、五氯苯甲醇、苯菌特(苯莱特)	有致癌报导或二次药害
二苯醚类除草剂	除草脒、草枯脒	慢性毒性

(2)合理复配混用农药

科学合理复配混用农药可以提高防治效果,扩大防治对象,延缓有害生物的抗性,延长品种使用年限,降低防治成本,充分发挥现有农药制剂的作用。目前农药复配混用有两种方法:一种是农药厂把两种以上农药原药混配加工制成不同的制剂,实行商品化生产,投放市场;另一种是防治人员根据当时当地有害生物防治的实际需要,把两种以上的农药在防治现场,现配现混现用。现在农药混合的主要类型有:杀虫剂加杀菌剂、除草剂加除草剂、杀虫剂加杀菌剂等。但要注意科学混配,不可盲目复配。

(3)轮换使用农药

多年实践证明,在一个地区长期连续使用单一品种农药,容易使有害生物产生抗药性,特别是一些菊酯类杀虫剂和内吸性杀菌剂连续使用数年,防治效果大幅下降,轮换使用作用机制不同的农药品种,可延缓有害生物的抗药性。

(4)压砂瓜药害及其预防

①引起药害的原因

A.农药:农药是用于防治病、虫、草害的有毒物品,超过一定量,对植物往往也有一定的毒害作用,尤其是除草剂,其防治对象杂草与作物之间生理特性比较接近,如选择性差的话很容易对作物产生药害。

农药的理化性质:一般情况下农药对作物都有一定的生理影响,如一些油剂能堵塞植物叶片的气孔而造成药害。

农药质量差、杂质多或变质农药也是引起药害的重要因素。

混合使用:农药混用不当也会造成药害。

施药量和浓度:植物对农药有一个耐药量,超过一定的量或浓度,一般都会产生不同程度的药害。

施药次数和时间:重复或两次施药时间间隔太短以及施药后种植下茬作物太近,都会造成药害。

B.作物:不同作物种类及品种对每一种农药表现不同的耐药性和敏感性;作物不同生育期对农药的敏感性差异较大,一般苗期耐药性差,容易产生药害;植物不同部位对农药敏感性差异较大,一般茎干耐药性强,叶片耐药性差,所以药害症状首先表现在叶片上。

作物营养不良、长势弱容易产生药害,反之,耐药性强。

环境因素:药害与温度、湿度、降雨、风力、风向、土壤等自然环境条件均有密切关系。

②作物药害的症状

急性药害,指施药后短时间内,一般10天内表现的症状,多为出现斑点、失绿、落花、落果等;慢性药害,一般在施药后 10 天以上才表现出来,多为黄化、畸形、小果、劣果、灼烧等。

③避免药害的方法

A.坚持先试验后推广:应用新农药必须进行生物测定,以便明确该农药的适用范围、防治对象、防治时期、用药计量或浓度、施药方法及注意事项等应用技术。

B.严格掌握农药使用技术:合理选用农药;要称准农药重量,配准农药浓度;掌握好施药时期,在作物具抗性时期内,选择对防治对象较适宜的阶段用药;采用恰当的施药方法。正确选择施药方法的主要依据有三点:第一,根据农药性能及对作物的敏感性来确定施药方法;第二,根据农药剂型确定相应的施药方法,如水剂、乳油适宜喷雾,粉剂、颗粒剂宜于拌种或撒播;第三,根据天气状况灵活选用较适合的施药方法,在大风天不宜用喷雾方法,而宜采用涂抹的方法,以防雾滴飘移引起作物药害,注意施药质量。

C.抓好施药后的避害措施:一要彻底清洗喷雾器,二要妥善处理喷雾器余液等。

4. 无公害压砂瓜生产上常用杀虫剂、杀菌剂安全使用标准

(1)杀虫剂

表 10-12 无公害压砂瓜生产常用杀虫剂安全使用标准

农药名称	剂型	每次每亩常用量或稀释倍数	施药方法	最多施药次数(每季作物)	安全间隔期(天)	备注
敌敌畏	80%乳油	1200 倍液	喷雾	5	5	
乐果	40%乳油	1000~1500 倍液	喷雾	3	10~15	地下害虫
辛硫磷	40%乳油	800~1200 倍液	喷雾、灌根	3	10	
敌百虫	80%可溶性粉剂	1000 倍液	喷雾	5	7	
毒死蜱	48%乳油	1000~1200 倍液	喷雾、灌根	3	7	
溴氰菊酯(敌杀死)	2.5%乳油	1500~3000 倍液	喷雾	3	7	
氟氯氰菊酯(功夫)	2.5%乳油	2500~4000 倍液	喷雾	3	5	
甲氰菊酯(灭扫利)	20%乳油	2000~2400 倍液	喷雾	3	12	

续表

农药名称	剂型	每次每亩常用量或稀释倍数	施药方法	最多施药次数（每季作物）	安全间隔期（天）	备注
联苯菊酯（天王星）	10%乳油	2400~4000 倍液	喷雾	3	10	
氰戊菊酯（速灭杀丁）	20%乳油	4000~6000 倍液	喷雾	2	15	
顺式氯氰菊酯（快杀敌）	5%乳油	1500~2000 倍液	喷雾	3	5	
抗蚜威（辟蚜雾）	50%可湿性粉剂	3000~6000 倍液	喷雾	3	10	
抑太保（氟啶脲）	5%乳油	40~80mL	喷雾	3	7	
杀虫双	18%水剂	240~300 倍液	喷雾	2	15	
噻嗪酮（扑虱灵）	25%可湿性粉剂	2000~2500 倍液	喷雾	3	10	
抑食肼（虫死净）	20%可湿性粉剂	1000~2000 倍液	喷雾	3	5	
吡虫啉（一遍净）	10%可湿性粉剂	3000~6000 倍液	喷雾	3	15	
啶虫咪（莫比朗）	20%乳油	2000~2500 倍液	喷雾	3	10	
增效氰·马（灭杀毙）	20%乳油	1200~2000 倍液	喷雾	3	7	
阿维敌畏（绿菜宝）	40%乳油	67.5~70.0g	喷雾	2	7	
阿维菌素（爱福丁）	1.8%乳油	30~40mL	喷雾	3	7	
辛拌磷	10%粉粒剂	1000~1500 倍液	喷雾	2	7	

续表

农药名称	剂型	每次每亩常用量或稀释倍数	施药方法	最多施药次数（每季作物）	安全间隔期（天）	备注
速螨酮（灭螨灵）	15%片剂	3000~3500 倍液	喷雾	1	10	根结线虫
噻螨酮（尼索朗）	5%乳油、可湿性粉剂	1500~2000 倍液	喷雾	2	15	防治红蜘蛛
苏云金杆菌	6000IU 毫克可湿性粉剂	1000~2000 倍液	喷雾	2	15	
苗蒿素	0.65%水剂	250~300 倍液	喷雾	2	15	
印栋素（蔬果净）	0.3%乳油	200~1200 倍液	喷雾	3	7	
鱼藤酮	7.5%乳油	1800 倍液	喷雾	3	7	
黎芦碱	0.5%可溶性液剂	600~800 倍液	喷雾	3	7	
苦参碱（蚜螨敌）	1%可溶性液剂	500~1200 倍液	喷雾	3	7	防治红蜘蛛
除虫菊素	3%乳油	0.5kg 兑水400~500kg	喷雾	3	10	
浏阳毒素	10%乳油	1200~2000 倍液	喷雾	3	10	

（2）杀菌剂

表 10-13　无公害压砂瓜生产常用杀菌剂安全使用标准

农药名称	剂型	每次每亩常用量或稀释倍数	施药方法	最多施药次数（每季作物）	安全间隔天数（天）	备注
百菌清	75%可湿性粉剂	600 倍液	喷雾	3	15	茄子黄萎病灌根
氢氧化铜（可杀得）	77%可湿性粉剂	300~400 倍液	喷雾	3	5	
代森锰锌	70%可湿性粉剂	500 倍液	喷雾	3	15	

续表

农药名称	剂型	每次每亩常用量或稀释倍数	施药方法	最多施药次数（每季作物）	安全间隔天数（天）	备注
琥胶肥酸铜（DT）	30%悬浮剂	500倍液	喷雾、灌根	4	5	
杀毒矾（恶霉灵+代森锰锌）	64%可湿性粉剂	500倍液	喷雾	3	5	
克露	72%可湿性粉剂	600~800倍液	喷雾	3	5	
霜霉威（普力克）	72.2水剂	800倍液	喷雾	3	5	
甲双灵	50%可湿性粉剂	500~600倍液	喷雾	2	10	
甲基托布津	70%可湿性粉剂	600~800倍液	喷雾	3	7	
多菌灵	50%可湿性粉剂	800倍液	喷雾、灌根	3	15	
速克灵（腐霉利）	50%可湿性粉剂	1500倍液	喷雾	3	7	
乙磷铝（霜疫净）	90%可湿性粉剂	500~1000倍液	喷雾	3	10	
福美双	50%可湿性粉剂	500~1000倍液	喷雾、灌根	3	10	
农利灵（乙烯菌核利）	50%可湿性粉剂	1000~1500倍液	喷雾	3	5	辣椒疫病灌根
扑海因（抑菌脲）	50%可湿性粉剂	1000~1500倍液	喷雾	3	7	
加瑞农	27%可湿性粉剂	600~800倍液	喷雾	3	7	
世高	10%可分散粒剂	50~70g	喷雾	3	5	
83-增抗剂	水剂	100倍液	喷雾	3	7	
克毒宝	40%可湿性粉剂	1000~1500倍液	喷雾	3	7	
盐酸玛啉胍	20%可湿性粉剂	165~250倍液	喷雾	3	7	
农用链霉素	72%可湿性粉剂	4000倍液	喷雾	3	5	
粉锈宁	20%可湿性粉剂	500~1000倍液	喷雾	3	7	
硫磺胶悬剂	40%悬浮剂	500~600倍液	喷雾	3	7	
春雷霉素	6%可湿性粉剂	300~400倍液	喷雾	3	10	

第五节　无公害压砂瓜质量标准及检测方法

一、无公害压砂瓜卫生标准

无公害压砂瓜卫生标准要求是：一是允许限制使用的农药残留物不超标，不含有禁用的高毒农药（见表10-14）。

表 10-14　瓜菜主要农药残留限量指标

（mg/kg）

农药种类	指标	农药种类	指标
林丹	不得检出	敌百虫	≤0.1
DDT	不得检出	地亚农	≤0.5
六六六	不得检出	杀螟硫磷	≤0.5
甲拌磷（3911）	不得检出	倍硫磷	≤0.05
氧化乐果	不得检出	二氯苯醚聚酯	≤1.0
水胺硫磷	不得检出	溴氢菊酯	≤0.2（果菜）~0.5（叶菜）
对硫磷（1605）	不得检出	氰戊菊酯	根菜≤0.05,果菜≤0.2,叶菜≤0.5
马拉硫磷	不得检出	西维因	≤2.0
甲胺磷	不得检出	灭幼脲	≤3.0
呋喃丹	不得检出	多菌灵	≤0.5
辛硫磷	≤0.05	百菌清	≤1.0
乙酰甲胺磷	≤0.2	粉锈宁	≤0.2
亚胺硫磷	≤0.5		
乐果	≤1.0		
敌敌畏	≤0.2		

二是商品压砂瓜中的硝酸盐含量不得超标。食用压砂瓜中的硝酸盐含量应控制在标准允许的范围内。一般要求瓜类控制在600mg/kg以内。

三是"三废"等有害物质含量不能超标。无公害压砂瓜必须避免环境污染造成的伤害。商品压砂瓜的"重金属"及病原微生物等有害物质含量不超过标准允许量（见表10-15）。

表 10-15　国家食品卫生标准规定瓜类中限量物质指标

限量物质	单位	限值
总汞（以汞计算）	mg/kg	≤0.01
总铅（以铅计算）	mg/kg	≤0.2（薯类 0.2~0.4）
总铬及化合物（以铬计算）	mg/kg	≤0.5
总砷及化合物（以砷计算）	mg/kg	≤0.5
总铜（以铜计算）	mg/kg	≤10.0
总氟（以氟计算）	mg/kg	≤1.0
锌（以锌计算）	mg/kg	≤20.0
镉（以镉计算）	mg/kg	≤0.05
稀土（以氧化物总量计算）	mg/kg	≤0.5（马铃薯）~0.7（菠菜除外）
硒	mg/kg	≤0.1

　　无公害压砂瓜优质标准是商品好、外观美、维生素 C 和可溶性糖含量高,符合商品营养要求。无公害商品压砂瓜安全要求就是商品压砂瓜食用后,绝对不对健康造成危害,实现卫生、优质,最终达到食用安全,是无公害压砂瓜的目的。

二、检测方法

　　无公害压砂瓜生产基地生产的无公害压砂瓜必须定期进行抽样检测,目前,检验方法有目测检测、生物检测和化验等。无论何种检测,样本必须具有代表性,应采取多点抽样方法进行取样(见表 10-16)。

表 10-16　每批压砂瓜抽样量

市场抽样量		基地抽样量		
压砂瓜基地（kg）	抽样量（kg）	取样点（数/种）	种类	抽样量
≥500	3	5	瓜类	2~5kg 大的瓜果不少于 5 个

　　由于化验需要专门的仪器、专门方法和技术,故一般应由无公害生产管理部门委托有条件的单位承担,按照国标方法、技术对有关指标进行化验,所有检验项目合格后即判为合格产品,若有一项不合格即为不合格产品。

　　鉴于标准化验技术难度大,生产基地多采用农药速测方法和农药残留快速测定仪法。农药速测卡法(酶试纸法):取瓜类可食部分 3.5g,剪碎于杯中,用纯净水浸没样品,盖好盖子,摇晃 20 次左右,制得样品溶液,3 分钟后打开速测卡,白色酶试纸变蓝色为正常反应,不变蓝或显浅蓝说明有过量有机磷和氨基甲酸酯类农药残留。同时作空白对照,此法还不能测出其他类农药含量。

农药残留快速测定仪法:采用农药残留快速测定仪测定"酶抑制率"。如果"酶抑制率"数值小于35,则样品合格;如果"酶抑制率"大于35,则需按国家标准规定的方法测定。

三、无公害压砂瓜的商品质量标准

(一)压砂瓜商品合格质量

压砂瓜商品质量主要包括压砂瓜商品合格质量、外观质量、口感质量和清洁质量。

1. 压砂瓜商品合格质量

压砂瓜产品在市场销售时,通过货币交换即成为商品。一般压砂瓜在市场上销售,判定其质量是否合格的标准是:压砂瓜上是否有明显的病虫危害、伤害和生理病害,以压砂瓜体污染来确定。如压砂瓜上有明显较多的病斑,在运输过程中受到油污或粉尘的污染等均视为不合格产品。在进入市场前,要去掉有病斑、颜色不正、形状不整齐、受污染的压砂瓜。

2. 外观质量

压砂瓜的外观质量主要指压砂瓜色泽、大小、形状、整齐度及结构等可见到的质量属性。压砂瓜品种多,故消费者要求亦有差异,作为无公害压砂瓜产品,不同的压砂瓜产品,不同的压砂瓜品种应具备每个品种相应的品种特征。

3. 洁净质量

压砂瓜洁净质量是指压砂瓜采后经采后处理无明显污染,干净清洁以提高压砂瓜外观质量。

(二)商品质量鉴别及分级

1. 商品质量检验方法

压砂瓜上市后,对其商品检验有两种方法。一是感官检测法,即对上市压砂瓜进行目测。二是用仪器检测商品质量中各项目,如硬度、新鲜度等。同时,为了适应不同消费层次对压砂瓜商品的需要,就必须对商品瓜进行分级,以保护消费者的利益,通过市场竞争,促进和提高压砂瓜商品生产,更便于商品质量检验。

2. 商品压砂瓜的分级

普通商品压砂瓜分级,目前在国内尚未执行统一的标准,各地根据当地群众食用的生活习惯、口味,压砂瓜的品种类型等制定不同的分级标准。我国2000年以后由农业部、商务部提出并制定了西瓜、甜瓜等瓜类商品质量标准。主要按瓜类产品的健全度、大小、重量、颜色、形状、清洁度、新鲜度、整齐度及病虫害和机械损伤程度等定出等级标准。而压砂瓜也可参照上述标准制定当地商品质量标准。

第十一章 砂田西瓜无公害栽培技术

第一节 对环境条件的要求

一、温度

西瓜原产南非,为耐热作物,在整个生长发育过程中,要求较高的温度。西瓜生长的最低温度为 10℃,最高温度为 40℃,最适宜温度为 25℃~30℃。发芽期最适温度为 28℃~30℃,幼苗期最适宜温度为 22℃~25℃,抽蔓期最适宜温度为 25℃~28℃,结瓜期最适宜温度为 30℃~35℃。西瓜整个生长发育期间所需要的积温为 2500℃~3000℃,其中从雌花开放到瓜成熟的积温为 800℃~1000℃(从雌花开放到果实成熟,大于 18℃的日平均温度的总和)。西瓜最适宜在大陆性气候条件下栽培,在一定的温度范围内较高的昼温和较低的夜温有利于西瓜的生长,特别有利于西瓜的糖分积累。

西瓜种子一般在 16℃~17℃时开始发芽,25℃~30℃最合适,16℃以下和 40℃以上时极少发芽,但经过锻炼后的种子可在 12℃~14℃的条件下发芽。因此春季露地直播的安全适宜期应安排在地温 15℃以上时开始。

西瓜根系生长的最低温度为 10℃,最高温度为 35℃,最适宜温度为 25℃~30℃。

二、光照

西瓜要求充足的光照时数和光照强度。西瓜一般要求每天的日照时数为 10~12 小时,在光照充足时,植株生长健壮,茎蔓粗壮,叶片肥大,节间短,花芽分化早,坐瓜率高;光照不足、长时间的阴雨天气、植株生长细弱、节间细长、叶薄色淡、叶绿素含量低、光合作用弱,容易造成落花落果和化瓜,同时由于同化作用减弱,糖分积累少,果实品质差。当瓜苗出现第 1 片真叶时,若缺乏光照或人工遮阴,就会破坏正常的物质交换,削弱植株长势,并影响植株个体发育的全程,阻碍结实,致使产量下降,品质变劣,因此苗期要注意光照管理,特别是膜下播种出苗后应尽早划破膜将瓜苗放出穴外生长。

西瓜幼苗期的光饱和点为 8 万勒克斯以上, 结果期要求 10 万勒克斯以上。当光照强度较高时,光合作用制造的有机物质大于呼吸作用消耗的有机物质,而光照强度下降时,光合作用的积累与呼吸作用消耗的有机物质接近,以致两者相等,西瓜植株不能积累有机物质。这时的光照强度为补偿点,西瓜的补偿点为 4 万勒克斯,光合作用的补偿点随外界条件的不同而发生变化,特别是受温度影响很大,当温度升高时,呼吸作用的增强比光合作用的增强大得多,因此,在较高的温度时,为了弥补呼吸作用的消耗,就需要有较高的光照强度。

三、水分

西瓜是需水量较多的作物, 一株 2~3 片真叶的幼苗每昼夜的蒸腾水量为 170g, 雌花开放时达 250g, 而成株高达几立升, 形成 1g 干物质蒸发水量达 700g。西瓜植株生长快,生育期短,茎叶茂盛,果实硕大,含水量高,因此,西瓜耗水量很大, 一株西瓜在其整个生育期内消耗水量高达 1000kg。西瓜耗水量虽大,但又是耐旱力很强的作物,除地上部耐旱生态特性外,主要是由于有发育强大的根系以及根毛细胞等具有的强大吸收功能。据测量,西瓜发芽时根的吸收力就已达 10.1 大气压,1mm 粗胚根的吸收力为 6.11~6.45 个大气压。旱地西瓜的生理特点是,叶片的含水量高,细胞浓度低,蛋白质凝固温度高,叶绿素含量高,蒸腾强度小,木质部分流强度大等,西瓜果实大而多汁,也有调节水分蒸发的作用。西瓜的原生质对于缺水虽有较高的忍耐性,但是,过于干旱,尤其是在需水最多的膨瓜期缺水,将影响果实的正常发育,缺水严重,甚至可以引起落果。因此,在干旱缺水地区或缺水季节,必须及时进行适量补水灌溉,才能促进坐果,获得丰产。

西瓜植株不耐涝,一旦水淹后土壤水分过高时,往往由于造成根系缺氧而导致植株窒息死亡,西瓜要求空气干燥,空气相对湿度为 50%~60% 时最为适宜。较低的空气湿度有利于果实成熟,并可提高其含糖量,若空气湿度过高时,则其果实味淡、皮厚、品质差,也易感病,开花授粉时若空气湿度不足,常因花粉不能正常萌发而影响坐果。在生产上可以利用清晨相对湿度较高时进行人工授粉。

四、土壤

西瓜对土壤条件的适应性广。最适宜在土层深厚,排灌条件好的沙土或沙壤土中栽培。沙土,沙壤土通气性、透水性好,降水或灌溉后水分下渗快,干旱时地下水通过毛细管上升也比较快,同时沙土白天吸热快,增温快,春季地温回升早,夜间散热迅速,昼夜温差大,有利于根系发育和对水分、矿物质吸收,也影响到养分的运转和叶片的同化率,从而促使幼芽出土快,幼苗生长迅速而健壮。沙地西瓜不但成熟早,而且含糖量也高,品质好。但沙地较贫瘠,养分分解和消耗流失也较快,如施肥不足,瓜秧长势弱,易于衰老,发病亦早。因此合理施肥是沙地栽培增产的关键措施之一。在黏土地上种瓜,植株不易早衰,茎叶功能维持时间长,但地温低,出苗慢。西瓜的耐盐性也比较强,在土壤含盐量低于0.2%时生长发育良好。实践证明,轻微的盐碱对于西瓜植株有刺激生长,促进开花,增大西瓜果实和提高含糖量的作用。

五、营养元素

西瓜整个生育期对氮、磷、钾三要素的吸收量以钾最多,氮次之,磷最少,其比例大致为3.28:1:4.33。据测算,每生产1000kg西瓜,大约要吸收纯氮1.9kg,五氧化二磷0.92kg,氧化钾10.36kg。不同生育期对三要素的需要量和吸收比例也不同,发芽期吸收量极少,仅占总吸收量的0.01%,此期主要靠子叶内贮存的养分;幼苗期吸肥也较少,约占总吸肥量的0.54%;抽蔓期吸肥量增多,约占总吸肥量的14.67%。以上3个时期是以营养生长为主。吸收氮肥所占比例都较大,整个结果期吸肥最多,占总吸肥量的85%左右,其中吸收钾肥的量为最大,特别是果实膨大期,吸肥量最大。

第二节　栽培季节

砂田西瓜一般在4月中旬开始播种,至4月下旬结束,7月中下旬至8月中下旬采收供应市场。

第三节 适宜砂田栽培的品种

一、金城5号

属中熟抗病一代杂种,全发育期100天左右,果实发育期35天左右。植株生长旺盛,坐果力强,抗炭疽病和蔓枯病,可连作栽培。果实椭圆形,果皮厚度中等,约1.4cm,质地坚韧,耐储运,适宜外销。果皮底色浅绿,覆有墨绿色齿条带,外形美观,果肉鲜红,酥脆,细嫩,汁多,中心含糖11%左右,风味极佳。为压砂地主栽品种,单瓜重5kg以上,商品率高,亩产2500kg左右。

二、西农8号

属中熟品种,全发育期100天左右,开花至果实成熟35~38天,植株生长旺盛,抗病性较强,坐果力强。果实椭圆形,果皮底色浅绿,覆有深绿色边缘清晰条带,外形美观,果皮厚约1.2cm,较耐运输。果肉红色,质细脆,中心含糖11%,口感好,品质优。为压砂地主栽品种,单瓜重5~8kg,亩产3000kg。

三、西农10号

该品种是天津市农科院蔬菜所与西北农业大学王鸣教授合作,在西农8号的基础上选育的耐重茬(抗枯萎病),抗炭疽病的优质、大果型中熟西瓜品种。从开花到成熟32天,单瓜重9kg以上,中心含糖12%以上,瓤红,质脆,耐贮运。前期植株生长快,易坐果,亩产5000kg以上。

四、黑旋风

该品种是天津市农科院蔬菜所选育,利用美国的抗病材料与中国栽培品种选配的杂交一代,抗枯萎病,少籽,黑皮,大果型西瓜品种,平均单果重9kg以上,最大可达30kg,瓤红,质优,中心含糖12%以上。植株长势中等,抗病性强,易坐果,较台湾新红宝增产15%~27%,糖度增加1度以上,且少籽,食用方便,可重茬种植1~2年。

五、少籽黑豹

天津市农科院蔬菜所选育,为少籽,大果,中熟黑皮新品种,果实椭圆形,从开花到成熟需 32~35 天,平均单瓜重 7kg 以上,中心糖 12% 以上,大红瓤,肉质细脆,风味极佳,种子少,食用方便,且耐贮存。植株生长旺盛,易坐果,耐病毒病,亩产 5000kg 以上。

六、黑美人

台湾农友种苗公司育成的杂交一代品种。2000 年通过浙江省农作物品种审定,果实长椭圆形,果皮黑色,具不明显条带。早熟品种,坐瓜后 25 天左右成熟,果皮墨绿有不明显的黑色斑纹,皮薄坚韧,适合长途运输,果肉鲜红细嫩,多汁,中心含糖 13%,风味极佳。压砂地搭配品种。单瓜重 2.5~5kg,最大 8kg,亩产 2000kg 左右。

七、高抗冠龙

属中熟品种,全生育期 110 天左右,坐果至成熟 35 天左右,植株长势健壮,适应性强,高抗枯萎病,可连作栽培。果实椭圆形,花皮,坚韧,耐贮运,果肉大红,质细味美,中心含糖 12%,为压砂地搭配品种,单瓜重 8kg 左右,亩产 4000kg 左右。

八、郑抗 4 号

中熟品种,全生育期 110 天左右,坐果至成熟 33 天左右,植株生长旺盛,分枝性中等,中抗枯萎病,第 1 雌花着生在主蔓第 5~7 节,以后每隔 4~5 节再现雌花。果实椭圆形,翠绿色果皮上覆有 13~16 条墨绿齿条带,果面无蜡粉,瓤色大红,质脆爽口,汁多,味甜,中心含糖量 11%,皮厚 1.1cm,皮较硬,耐贮存,单瓜重 6kg 左右,亩产 4000kg 左右。

九、豫艺大果黑美人

中早熟品种,果形、皮色类似黑美人,单果重 6~7kg,大果可达 10kg,比普通黑美人产量高 30% 以上,适应性广,抗病性强,耐贮运。

十、豫艺 59

比西农 8 号早熟,大红瓤,不倒瓤,平均单瓜重 8~10kg。

十一、豫艺花冠 908

比西农 8 号色绿,瓤色好,果型大,产量高,单瓜重 8~10kg,品质好,易坐果,综合性状优秀。

十二、国凤

早熟、丰产、抗裂一代杂种。果实外圆周整,不易起棱,条窄而整齐,瓜瓤大红色,果肉脆甜,中心含糖 12%以上。皮抗裂,耐贮运,单瓜重 7kg 左右。

十三、耐重茬世纪王

台农西甜瓜研究所跨世纪新育成的一代杂种。耐重茬,3 年基本不死苗,抗枯萎病,高产稳产,是目前国内所有花皮大瓜型最有潜力的优质品种之一。大瓜型,早中熟,长势旺,易坐瓜,椭圆形,瓤色大红,质脆,中心糖 13%,单瓜重 14kg,大瓜重 23kg。

十四、泰山 1 号

黑龙江省双城市美好有限公司育成,高产,抗病,大果,皮色好,耐长途运输,不易裂果,不易空洞,平均单果重 15kg。

十五、欣抗春冠

安徽省金太阳农业科技有限公司选育,早中熟,抗热,耐寒性强,单瓜重 8~12kg,中心含糖量 14%以上,病害抗性强,可连茬种植,果皮薄而坚韧,特耐远运。

十六、航育高抗绿霸

安徽省六安市金土地种业公司航育品种。中熟,开花至果实成熟约 32 天,全生育期 95 天,茎粗壮,长势稳健,高抗病,耐重茬,坐果能力强,果实椭圆形,果皮绿色,覆有隐形网纹,大红瓤,含糖 13%以上,肉质细嫩脆甜,特耐贮运,适应性广,比同类品种增产 20%以上,单瓜一般重 10~15kg。最大瓜重 40kg,亩产7000kg。

十七、安生 3 号

中熟,长势强,不早衰,杈枝少,皮墨绿,覆盖齿形条带,长椭圆形,瓤色大红,中心含糖量 13%,瓤脆多汁,口感特佳,单瓜重 10kg,大瓜 15kg,亩产 5000kg左右,高抗枯萎病,耐重茬,耐长途运输。

十八、特大安生宝王

中熟,皮绿,椭圆形,开花至成熟 32 天,全生育期 92 天左右,高抗枯萎病、炭疽病,耐重茬。单瓜重 12~17kg,亩产 6000kg 左右,瓤红色,品质优,耐旱,耐涝性突出,易坐瓜,皮硬,耐长途运输。

十九、金雷 3 号

中早熟,大果型品种,植株长势稳健,抗病抗逆性强,耐低温,适应性广,特易坐果,开花至成熟 30~32 天,商品瓜圆形,底色艳绿,条带均匀,瓤色大红艳丽,籽黑小,中心含糖 13%~14%,汁多脆爽,皮厚 0.8cm,坚韧耐裂,耐运输,单瓜重 10~13kg,大瓜 15kg,亩产 5500kg 左右。

二十、奥甜爽

高档日本西瓜精品,早熟,约 28 天成熟,抗病、抗逆性特强,适应性广,高产,花纹美观,果重 6~8kg,品质特好,中心含糖 13%,特耐贮运。

第四节 砂田栽培应考虑的因素

一、压砂地一般 1 年生产 1 季,产品以外销为主,且一级瓜在 8kg 以上,所以宜选高产,优质,商品率高,耐贮运,大果型品种为主。

二、压砂地多在宁夏中部干旱带的塬地、坡地,无灌溉条件,地下水位较低,主要靠土壤地表水供给瓜秧生长。因此,宜选耐旱,坐瓜力强,抗病的品种,如 2005 年当地恰逢 50 年不遇的干旱,金城 5 号品种仍坐瓜力强,商品率高,单瓜重量比西农 8 号重 1kg 以上。

三、压砂瓜栽培应考虑播种期和收获期。据了解陕西大荔县每年西瓜种植面积超过 100 万亩,采收期在 6~7 月,对压砂瓜价格影响较大,因此应避免过早播种,同时也可避免晚霜对瓜苗的危害。干籽直播宜在 4 月下旬,催芽播种宜在 4 月下旬至 5 月上旬,使压砂瓜采收期控制在 8 月上旬,此时全国西瓜总量不足,压砂瓜价格有些上升。

四、应按照绿色、无公害生产技术进行生产,尽可能少施农药,不施化肥,多施有机肥,依靠品牌占领市场。

五、要两条腿走路,不能单一种植大瓜,要依据市场需求,种植品味高的小型礼品瓜,多引进名、优、特、新品种,形成多元化生产,拓宽高端市场,进入超市。

六、要集中连片,规模发展,不仅压砂地要集中连片,品种也要集中连片,通过分区域,分档次,适度规模,吸引不同层次,不同需求的客商,形成一村一品或一队(社)一品的专业化生产,有利于压砂瓜的销售。

第五节 砂田栽培技术

一、播种

压砂西瓜种植地离村舍居住地比较远,分布范围广,大户种植面积大,当地水源较缺,因此以直播栽培为主,这里重点予以介绍。

(一)播种时间

适期播种是压砂西瓜丰产稳产的基础,播种适期应根据西瓜品种的生育特性,栽培季节和消费习惯,市场销售等条件来确定,尽量把压砂西瓜的生育高峰期安排在当地气候条件最适宜生长的季节。

西瓜属于喜温耐热作物,对温度的要求较高,且比较严格,对低温反应极为敏感,遇霜即死。西瓜种子发芽的最低温度为13℃,低于此温度绝大部分品种不能萌芽。西瓜种子出苗后生育最适温度为25℃~30℃,低于12℃则生长停滞,若温度长时间低于5℃,植株就会受冷害。压砂瓜春季露地直播适期播种的温度指标是,外界日平均气温稳定在10℃以上,10cm地温稳定在15℃以上,为安全播种期。

播种期的安排还要考虑市场的需求和当地群众消费习惯以及播种方法的不同,综合考虑以上因素,压砂西瓜用50~70cm宽条状地膜覆盖,挖穴直播的可在4月10日前后进行,挖穴直播后用地膜覆盖播种穴的(穴覆膜)可在4月15日以后播种。

中卫香山地区适宜播种期为4月20日至5月5日,部分贮藏西瓜可推迟至5月上旬播种。

(二)种子与种子处理

1. 种子的结构

西瓜种子为无胚乳种子,由外种皮、内种皮、幼胚3部分组成。其形状为扁平卵圆形,一端呈钝圆,另一端较窄尖,称为喙,是种子发芽时胚根伸出的地方。种子的颜色有黑、灰、红、褐、杂色等多种。种皮又叫果壳,它的木质程度较高,因此种壳较坚硬,具有保护幼胚及子叶的功能,但它会影响水分和空气的渗入,使发芽速度减慢,在种皮外面还有一层透明的薄膜,在植物学上称为内果皮,黏在种子上不易洗掉。种子的大小因品种不同而差异很大,一般西瓜种子的千粒重在 35~80g,也有个别品种千粒重在 100g 以上,例如,籽瓜品种种子的千粒重在 250g 以上,但也有小粒种,千粒重在 15g 左右。种子的颜色、形状和大小是鉴别西瓜品种的重要依据之一。

2. 种子的贮存寿命

西瓜种子的贮存寿命随贮藏条件和种子本身的含水量不同而异,一般认为,西瓜种子的应用年限为 3 年。若将种子含水量保持在 8% 以下,贮藏温度在 10℃以下,空气相对温度保持在 50% 以下,则种子可较长时间贮存,一般为 6 年以上,若放在低温种子库或放在有干燥剂的干燥器中可存放 10 年以上。在常温条件下,若种子晒干,也可存放 3 年以上,超过 3 年发芽率降低,一般以用前 1 年生产的瓜种为佳。

3. 种子发芽的条件

(1)水分

西瓜种子发芽前必须吸收的是水分,由于其种壳坚硬,吸水时间较长,一般为 4~10 小时。据试验,在 25℃左右的水温条件下,西瓜种子浸水后约 2 小时,吸水量达到本身干重的 61%,4 小时达到 68%,6 小时达到 71%,8 小时达到 75%。因此,一般认为,西瓜种子的浸水时间以 6~8 小时为宜。

(2)温度

西瓜属喜温耐热植物,与其他作物相比,种子发芽对温度的要求较高,其发芽最低温度为 13℃,最适温度为 25℃~30℃,低于 13℃或高于 35℃时很难发芽。但是有的品种的种子经过低温锻炼,也可以在 12℃的条件下发芽,对西瓜种子进行变温处理,可以提高其发芽势。变温处理有两种方法,一种是在一天中高低温交替进行,变温范围在 15℃~30℃,20℃~30℃或 15℃~25℃,可在高温下处理 8 小时,再在低温下处理 16 小时;另一种方法是,白天以 25℃~30℃的温度处理 12~16 小时,夜晚以 15℃~18℃处理 8~12 小时。

4. 选种

种子质量的好坏与西瓜出苗及后来的生长发育关系十分密切。因此,压砂西瓜播种应按照该品种特征如种子颜色、大小、形状进行粒选,选用符合本品种特征的种子,淘汰非品种特征的种子。在所选留的种子中,还要求粒粒饱满、无虫蛀、无霉变、无机械损伤,以保证种子的纯度和质量。

播种前应进行种子发芽试验,发芽率在90%以上,最低不少于85%。西瓜种子的生产使用寿命为3年,超过3年,不宜再使用。

5. 晒种

晒种具有明显的提高西瓜种子发芽势的作用,同时阳光中的紫外线还有杀死种子表面部分细菌或虫卵的作用。晒种的方法是在播种前6~7天,选晴天,将种子摊在纸板、木板或报纸上在阳光下晒种,每隔2~3小时翻动1次,使种子受光均匀,在阳光下连晒2~3天。晒种不能摊在铁板或水泥地上,以免影响发芽率。

6. 种子消毒,灭菌

种子是传播病害的重要途径之一,因此,在播种前进行种子消毒灭菌以防止病害的传播。

(1)温汤浸种

将西瓜种子放入55℃~60℃的水中,不断搅拌,待水温降至30℃时,浸种4~6小时,55℃为病菌致死温度,浸烫15分钟后,附在种子上的病菌基本上可被杀死。

(2)高温烫种

在两个容器中分别装入等量的冷水和开水,水量为种子量的3倍,先把选好的种子倒入开水中,迅速搅拌3~5分钟,立即将另一容器中的冷水倒入,使水温下降,并不断搅拌,使水温降至30℃,在室温下浸种4~6小时。烫种时注意搅拌速度要快,不要烫的时间过长,以免影响种子发芽,可杀死种子表面的病原菌。

(3)药剂消毒

用50%的多菌灵胶悬剂配制成500倍的药液,将西瓜种子放入浸1小时,或用40%的福尔马林(甲醛)150倍液浸种0.5~1小时,或用500倍的"401"抗菌剂溶液浸种0.5小时,也可用10%的磷酸三钠溶液浸泡15~20分钟,或用50%的代森锌500倍液,在20℃~30℃的气温下浸泡1小时,当药剂处理到规定时间时,应立即取出种子,用清水冲洗3~5遍,洗去种子表面的药液。

7. 浸种

由于西瓜种子的壳比较硬,吸水速度相对较慢,因此,为了加快种子的吸水速度,缩短发芽和出苗时间,一般都应进行浸种。浸种的时间因水温、种子大小、种皮厚度而异。水温高,种子小或种皮薄时,浸种时间短;反之,浸种时间应长,一般在 4~10 小时范围内。

(1)冷水浸种

在室温下用冷水浸种,一般 6~10 小时即可,浸种期间,每隔 3 小时左右搅拌一次。

(2)恒温浸种

用 25℃~30℃的温水,在恒温条件下浸种,一般浸 4~6 小时。

(3)温汤浸种

一般浸种 4~6 小时。

浸种注意事项:

①浸种时间要适当,时间过短时种子吸水不足,发芽迟缓,时间过长则会导致吸水过多,造成裂嘴,同样影响种子发芽。用冷水浸种,时间应长些,温水浸种,时间可短些。

②利用不同消毒灭菌方法处理的种子,浸种时间应有些区别。高温烫种的,西瓜种子软化速度快,吸水速度也快,若用 25℃~30℃恒温浸种时,一般 4 小时即可达到种子发芽的适宜含水量,浸种时间再长,反而因吸水过多,影响种子发芽,药剂处理时间过长,浸种时间也应缩短。

浸种完毕,将种子在清水中洗几遍并反复搓揉,以洗去种子表面的黏质物,以利种子萌发。

8. 催芽

催芽就是在人工控制条件下,促使种子快速发芽的过程。西瓜种子催芽方法很多,下面介绍几种常见的形式。

将经过浸种的种子淘洗干净后,稍晾干倒入洁净的瓦盆内,种子上面覆盖 1 层干净潮湿的毛巾或纱布,然后将其放进恒温箱内或热炕上催芽。利用热炕催芽,盆底要垫木条或高粱秆、玉米秆以缓和炕上的热力,盆上面再覆盖 1 层麻袋或棉毯,催芽的温度控制在 25℃~30℃。

催芽应注意的事项:

(1)催芽温度要尽量稳定,且在适宜温度范围内,最高不要超过 33℃,在催芽过程中要经常观察,并经常调整温度,发现问题及时解决。

(2)种子催芽长度以刚露白为好,最长也不应该超过 3cm,过长容易折断幼芽,若出芽不整齐时,可将出芽的种子挑出来先播种或用湿纱布包好放在 15℃左右的条件下,待余下种子出齐后再一起播种。

（3）在催芽过程中，要经常翻动种子，用温水淘洗种子，否则，因温度较高而产生一种难闻的酸味，使幼芽接触变黄腐烂。

为提高种子的发芽率，加快发芽速度，可用一些药物处理种子，促进其生理活动，如 5~10mg/kg 赤霉素，或用 0.1%~0.2%的硼酸或磷酸二氢钾等，在浸种前配好药液，用其浸种。

（三）播种方法

1. 条覆膜直播

即播种后在播种行上用宽 70cm 的长条状地膜覆盖。播种方法是，按行株距画线确定播种穴位，扒开播种穴覆盖的砂石层，露出地面 15~20cm 见方，再略拍实，开 5~7cm 长，2~3cm 宽，深 1~2cm 的播种沟，或挖 15cm×15cm×15cm，深约 3~4cm 的播种穴，催芽的种子每穴播 1 粒，每亩播种 25g 左右，干籽直播每穴 2 粒，每亩播量 50g 左右。如果砂田土壤底墒不足，可在下种前在播种穴内浇水，每穴水量 1kg 左右，水下渗后，再播种。不浇水直接点播的，播种后在点播穴覆盖的细沙上面盖 1 块直径 10cm 见方的片石，在种子出苗前 1~2 天除去片石，利用片石的保墒作用，保证出苗。播种后，在种子的周围撒施防病防虫的复配农药，然后盖 1.5kg 厚的细潮沙，播后沿播种行上覆盖地膜，膜的四周和穴间用砂石压住。

2. 穴覆膜直播

按行株距画线确定播种穴位，扒开覆盖的砂石层，露出地面约 20cm 见方，用手铲松土，再略拍实，挖 15cm×15cm×15cm 的播种穴（北高南低），在穴内播种，采用催芽的每穴 1 粒，干籽直播的每穴 2 粒，种子周围撒施防病杀虫的复配农药后，穴上覆盖 1.5cm 厚的潮湿沙。用 50cm×50cm 见方的地膜覆盖。四周用砂石压住，或借鉴中卫当地籽瓜（打瓜）点种方式。方法是，先按行株距扒开砂石层露出土面约 15cm×15cm 见方，用瓜铲疏松表土层，使土壤细碎，松后稍拍实，开一长 10cm，宽 1~2cm，深 3~4cm 的播种穴，在穴内点种 1~2 粒催芽的种子，覆土，就地选 4 块 10cm 大小的砂石块，放在点种瓜子四面，上面盖 1 块片石，待西瓜出苗后，揭掉覆盖的片石，以使瓜苗受光。

3. 塑料碗直播

按行株距画线确定播种穴位，扒开覆盖的砂石层露出地面约 20cm 见方，用手铲松土，再略拍实，挖 20cm×20cm 南低北高的播种穴，每穴播催芽种子 1 粒或干种子 2 粒，播后在种子周围撒施防病杀虫的农药，然后盖 1.5cm 厚的细潮沙，再覆盖直径 12cm，深 6cm 以上的无色透明塑料碗，四周用砂石压好。

根据中卫市科技局鲁长才调查认为:在香山地区种植压砂西瓜应提倡播种后推广条覆膜、压缩穴覆膜、淘汰塑料杯(碗)扣穴。好处是,条覆膜增温快,防止土壤水分蒸发,保墒节水,抑制盐分上升和杂草发生,减少病虫害。由于条覆膜出苗早、开花、结瓜、成熟相应提前,一般比穴覆膜,扣塑料杯种植的成熟期提前10~15天,每亩产量增加200kg,亩效益增幅120%以上。塑料碗覆盖,虽然播种时省工,但出苗后通风的可操作性和安全性差,用工比穴覆膜多,投资较高。中卫市农机管理局于2007年研制成功压砂西瓜种植旋窝机,可迅速旋出鸡窝状坑穴,对于种植面积大的农户非常适宜,大大减轻劳动强度,缩短播种时间。

(四)种植密度

早熟品种每亩260~350株为宜,行株距为1.4m×1.4m或1.6m×1.6m;中晚熟品种每亩以200株为宜,行株距1.8m×1.8m或1.8m×2m。

二、田间管理

(一)苗期管理

1. 破膜放苗

压砂西瓜播种覆膜后,出苗较快,出苗后最易发生瓜苗被高温灼伤现象,因为晴天地膜下温度可高达40℃以上,因此,应注意在西瓜出苗后,及时从苗顶部破开地膜。方法是,用手指或小棒戳一直径约2cm的孔洞通风,以降低膜下的温度,随着瓜苗的生长和外界温度的升高,逐渐加大通风面积,增加瓜苗顶端通风孔的数目。通风口应扎在瓜苗的顶部以备放苗,将苗挪出穴外,当瓜苗长到瓜穴容不下时,便应及时放苗填平播种穴砂石坑,落下地膜覆盖地面,用砂石压紧,防风吹。

2. 防霜冻和沙尘暴危害

压砂西瓜生产区多处于旷野山坡地带,多大风和沙尘天气,宁夏大风多在3~4月发生,占全年的40%。中宁县、中卫城区一年四季都有大风出现,出现最多的季节是春季(3月、4月、5月)占40.7%,其中以4月最多,占14.95%。大风出现时往往伴有沙暴(水平能见度<1000m),每年3~5月北方冷空气虽然逐渐北退,但仍有较强的冷空气侵入,造成大风天气。此时正值压砂瓜春季播种出苗时期,大风常加剧土壤水分蒸发,助长旱情发展,给播种带来困难,或吹走覆盖的地膜,吹走种子,造成缺苗。

霜冻也是压砂西瓜地常见的一种自然灾害,每年都有不同程度的发生。一般以最低气温≤0℃为重霜冻。据调查,当地霜冻危害的关键时期为4月中旬至

5月中旬,中宁、中卫终霜冻日为5月5日~6日,而压砂西瓜种植带都处于旷野山地,海拔较高,终霜日可能要推迟到5月中旬,因此,此时预防大风、沙尘及霜冻的危害是十分重要的。

预防和防止霜冻和大风、沙尘暴的危害主要有以下几种方法。

(1)适当迟播,保证出苗后,晚霜过去,幼苗不受霜冻危害。

(2)盖塑料碗或泥碗,霜冻来临时于傍晚覆盖瓜苗,次日太阳出来,气温升高时揭去。

(3)延迟放苗:采用穴播覆盖地膜的根据天气和霜冻结束情况放苗。

(4)条覆膜或穴覆膜栽培,应注意地膜四周压严实,防止被风吹毁。

3. 补苗、间苗、定苗

西瓜播种后,由于地下害虫的危害,田间鼠害,或因播种时土壤墒情不好,播种过深、过浅等原因,造成出苗不齐,出现缺苗断垄。遇此情况,应及时采取补救措施,方法有以下几种。

一是催芽补种,大部分种子出苗3~4天后,发现有缺苗处,抓紧将备用的瓜种进行浸种催芽,用瓜铲开穴补种;二是就地移苗,疏密补缺,结合间苗,用瓜铲将1~2株带土、带子叶的瓜苗移到缺苗处,栽好后浇少量水;三是移栽备用苗,为防万一,可在播种时,在温室或阳畦用穴盘准备些预备苗,当瓜田出现缺苗时,可移苗补栽。

西瓜出苗后,疏除多余的幼苗称为间苗,及时间苗,可以节约养分,促进幼苗生长。一般在幼苗真叶开始显露时进行,将发育不好,或受害虫危害的幼苗剪除,选留一株无病虫危害,株体较大,发育良好的壮苗。风沙大,地下害虫多的地区定苗可适当晚些,否则可适时定苗。

图11-1　砂田西瓜子叶苗生长状况

图11-2　砂田西瓜秧苗生长状况

（二）补水、施肥

1. 补水

宁夏压砂瓜种植区主要分布在中部干旱带，包括中卫的香山地区，南山台子，中宁的丘陵山地和海原北部的黄土丘陵及其中的河谷平原及部分山地。本区深居内陆，属温带荒漠地区，大陆性气候十分典型，气候区划上属于温暖风沙干旱区，年降水量 200~300mm，年变率大，蒸发量大于降水量，干燥度 k=2.1~3.4，旱灾十分频繁，"三年两头旱，十年九不收"，旱作农业极不稳定。据中卫城区 22 年气象资料统计，香山地区平均降水量为 200mm 左右，且分布不均匀，春旱占 50%，夏旱占 55%，秋旱占 41%，春夏、夏秋连旱各占 23%，春夏秋连旱占 18%，干旱周期是：十年一大旱、五年一中旱、三年两头旱。2004 年秋天到 2005 年 7 月出现了罕见的秋、冬、春、夏四季连旱。2005 年全年降水量仅 60mm。从这一情况看，在中卫香山地区发展压砂西瓜产业，有 50% 的年头要遭受春旱的威胁，有 55% 的年份要遭受夏旱的威胁，有 23% 的年份受到冬、春、夏三季连旱的威胁。因此，在中部干旱带发展压砂西瓜产业，必须把补水和抗旱保苗放在首位，砂田补水设施主要有以下几种。

（1）兴建水利设施

①甘肃省靖远县已将黄河水引至距中卫香山高峰子不远的地方，中卫水务局为了解决压砂地干旱缺水问题，扶持投资 5559.4 万元，在中卫香山地区共建设一二期补水灌溉工程 13 处，共完成新开砌护渠道 5 条 14.2km。新建泵站 10 座，新打机井 3 眼，新建 5 万 m³~12 万 m³ 蓄水池 10 座，建 1.5 万 m³~3 万 m³ 蓄水池 10 座，建 200~6000m³ 蓄水池 113 座，铺设输水管道 325.37km，架设高低压电线路 15.8km，补灌工程一次蓄水能力达 86 万 m³，工程控制补灌面积 41 万亩，对压砂西瓜抗旱保苗起到重要作用。

除香山地区外，中宁县的天景山地区，中卫的南山台子等地区也铺设了补水管道、蓄水池等设施。

②田头建蓄水池。在交通便利的田头建蓄水池，一般容量为 60m³ 为适宜，建好后，农闲时将水质较好的水拉运入水池储蓄，当旱情发生时，进行浇灌、补水抗旱。

③打井抗旱。在中卫香山干旱带打井，可根据砂田附近具体情况进行。一是在山洪沟拐弯处打大口井，当山洪来临时，引入井内蓄水；二是打深井，在打井

之前先探明水质,当矿化度小于 3g 的地方才可打井,否则不打。

④修筑拦洪坝。中卫香山地区秋季降水主要分布在 7、8、9 三个月,占降水量的 65.3%,经常引起山洪,使山旱区珍贵淡水资源白白流失掉,修筑拦洪坝,将雨水拦截储蓄利用。

⑤利用集流窖贮水。中卫城区、海原县、中宁县近年来建设了 12.1 万口雨水集流窖。这些窖在雨季可以拦截雨水,干旱年集不上水时,可在农闲时,拉水储蓄在旱年使用。

(2)利用废旧塑料瓶滴渗补水

据中卫市农技推广中心 2001 年在中卫市城区香山乡红圈子村试验,在 6 月 20 日(西瓜伸蔓期),7 月 2 日(西瓜开花期),7 月 14 日(西瓜膨大期)分别用 1 个容量为 2.5L 的塑料瓶装满混配营养液(叶面肥 1 袋 10g+1 袋磷酸二氢钾 200g+坐水剂)在下午 5 时摆放在瓜秧根部,放置时在瓶口以下部分扎 2 个针眼,滴灌了 1 昼夜,第 2 天用同样方法又滴灌了 1 瓶。据观察,西瓜根际周围保湿 3~7 天;而对照(不加坐水剂,只用等量清水,用桶浇灌的)西瓜根际周围仅保湿 2 天。因此,根据此方法可利用废旧塑料瓶进行补灌。

以上所介绍的蓄水设施和补灌方法,可在压砂西瓜播种时,苗期、伸蔓期、现蕾开花期、果实膨大期进行补水灌溉。

2. 施肥

首先分析一下宁夏压砂西瓜产区土壤类型及其养分含量情况。压砂西瓜分布区的土壤主要为灰钙土、淡灰钙土和黄绵土。其中灰钙土主要分布于海原县北部及中卫香山以南,地形以缓坡丘陵为主,部分处于丘陵平地或山间盆地,灰钙土的剖面自上而下,分为 3 个层段:有机质层、钙积层和母质层。有机质层厚 20~40cm,呈灰棕或浅灰棕色,有机质平均含量为 0.89%,比全土类平均值(0.78%)相对高 14%,比淡灰钙土平均值(0.63%)相对高出 41%,全盐量较低,平均为 0.04%。土壤质地以轻壤土为主,少部分为沙壤土或中壤土。中卫香山等地灰钙土发育于岩石,风化残积物上,剖面含有较多的风化岩石碎片。灰钙土有机质厚 0~26cm,含量平均为 0.85%,在速效养分中,钾含量丰富为 140mg/kg,氮次之,为 44.6mg/kg,土壤贫瘠见表 11-1。

表 11-1　灰钙土不同剖面有机质及养分含量表

层次 (cm)	有机质 (%)	pH	全盐 (%)	CaCO$_3$	CaSO$_4$ 2H$_2$O (%)	阳离子交换量 (me/100 g 土)	全量%			速效 mg/kg			SiO$_2$ (%)	FeO$_2$ (%)	Al$_2$O$_3$ (%)	SiO$_2$ / R$_2$O$_2$
							N	P	K	碱解氮	P	K				
0~12	0.96	8.3	0.05	11.13	0.011	7.37	0.07	0.11	3.04	44.6	9.3	140.0	64.21	3.99	9.85	8.8
12~26	0.74	8.3	0.05	13.98	0.035	7.78	0.07	0.12	3.26	37.8	4.4	74.5	63.22	3.70	10.11	8.6
26~55	0.47	8.4	0.06	12.85	0.031	7.17							63.04	4.02	10.11	8.4
55~79	0.39	8.5	0.06	14.16	0.072	6.26							63.02	3.78	9.78	8.8
79~100	0.19	8.8	0.06	20.70	0.078	8.15							58.06	3.72	9.34	8.4
100~138		8.8	0.06	20.99	0.64	4.44							57.69	3.56	9.29	8.5
138~168		8.9	0.05	14.56	0.66	5.56							61.17	3.99	10.04	8.3

　　淡灰钙土主要分布于中卫香山以北，以及黄河两侧的高阶地和洪积扇上，如中卫的南山台子，中宁天景山的压砂西瓜基地等。淡灰钙土的成土母质主要是洪积冲积物，地下水位很深。淡灰钙土剖面分为有机质层、钙积层和母质层。有机质积累比灰钙土减少，钙积层更为明显，有机质层较薄，厚 20cm 左右，有机质平均含量为 0.63%，比灰钙土的有机质低。钙积层一般出现在地表下 30cm 左右，厚 30~50cm，碳酸钙呈灰白色斑块状沉淀，坚实或很紧实，平均含量为 22.13%。母质层位于钙积层之下，有机质含量很低，平均仅 0.30%，全盐量平均值为 0.25%，淡灰钙土质较粗，一般为沙壤土或紧沙土，少数为轻壤土。灰钙土和淡灰钙土是压砂瓜主要分布区，占 90% 以上，这类土壤速效养分很低，土壤贫瘠。另有少量分布在黄绵土上，主要分布在海原城关的武塬，西安堡的薛套等地。黄绵土土壤干旱，肥力很低，表土有机质含量为 1.01%，全氮为 0.07%，碱解氮为 41mg/kg，速效磷为 4.7mg/kg，全钾为 1.8%，速效钾为 160mg/kg（见表 11-2、表 11-3、表 11-4）。

表 11-2　淡灰钙土不同剖面有机质及营养含量表

层次	有机质 (%)	全量 (%)			速效 (mg/kg)			阳离子交换量 (me/100g 土)	全盐 (%)	CaCO$_3$
		N	P	K	碱解氮	P	K			
表土层	0.63	0.04	0.051	1.98	27.9	7.1	131.8	0.65	0.04	8.32
钙积层	0.42	0.04	0.042	1.94	25.5	3.3	70.9	10.04	0.25	22.13
母质层	0.30	0.04	0.05	1.47				5.05	0.25	13.36

表 11-3　黄绵土不同剖面有机质及养分含量

层次 （cm）	有机质 （%）	全量（%）			速效（mg/kg）			阳离子交换量 （me/100g 土）
		N	P	K	碱解氮	P	K	
0~12	1.51	0.09	0.06	1.72	34	1.8	180	12.01
12~40	0.73	0.05	0.05					
40~70	0.62	0.04	0.05					
70~100	0.54	0.04	0.05					

表 11-4　黄绵土不同剖面各类盐分含量

层次 （cm）	$CaCO_3$ （%）	$CaCO_4$ $2H_2O$ （%）	pH	全盐 （%）	阳离子组成 （me/100g 土）					阳离子组成 （me/100g 土）		
					CO_3^-	HCO_3^-	Cl^-	SO_4^-	总量	Ca^{++}	Mg^{++}	$K^+ + Na^+$
0~12	13.78	0.029	8.7	0.02	0.05	0.32	0.08	0.08	0.53	0.32	0.11	0.1
12~40	12.67	0.039	8.7	0.03	0.05	0.32	0.16	0.06	0.59	0.24	0.32	0.03
40~70	13.17	0.038	8.5	0.07	0.09	0.36	0.72	0.36	1.53	0.27	0.48	0.94
70~100	12.32	0.036	8.4	0.11	0.09	0.29	0.68	1.16	2.22	0.48	0.48	1.42

　　鉴于压砂瓜产地多数处于灰钙土和淡灰钙土地区，土壤肥力低，土壤贫瘠，因此压砂地种植西瓜应重视施用有机肥。

　　目前在中卫地区砂田西瓜栽培面积发展很快，有的种植大户种植面积达数百亩，上千亩，少的也有数十亩，群众以为只要压上砂，不要投入水肥，就可以收获西瓜，这种思想是错误的。前已述及，灰钙土、黄绵土本身就比较贫瘠，压砂的头几年，不施肥，能获得一定产量，但随着土壤肥力的下降，产量会越来越低，品质也逐渐变差，因此，要种好压砂西瓜，保持较高的产量和优良的品质，一定要重视施基肥。

　　压砂西瓜生长期短，产量较高，在短时间要吸收大量养分，同时对营养的要求比较全面，如果营养不足或养分比例不当，会严重影响品质。西瓜对氮、磷、钾的吸收量以钾最多，氮次之，磷最少。

　　据分析，每生产 1000kg 西瓜果实，其三要素的吸收量大体为氮 1.84kg，磷 0.39kg，钾 1.98kg。

　　西瓜不同生育期对肥料吸收量是不同的，发芽期吸收量很少，占全期吸收量的 0.54%；伸蔓期植株干重迅速增长，吸收量增加，占总吸收量的 14.66%；坐果期和果实生长期是西瓜一生中吸肥的高峰期，吸收量占总吸收量的 84.80%。

砂田西瓜施肥与普通栽培有很大的不同,应根据砂田压砂年限,区别施肥。

(1)施基肥

新砂田在先一年压砂前可施入基肥,每亩施入腐熟农家肥 4000~5000kg,油饼 100~150kg,翻入土中再压砂。中砂田或老砂田可用耧施,也可用机施,春施或秋施都可以,最好是秋施。家禽家畜粪便要充分发酵后晒干碾碎施用,也可用中卫宣和镇生产的烘干颗粒鸡粪,或施用镇罗镇生产的生物有机肥,不施用化肥。施肥时先将有机肥装入耧箱,用耖耧播 20cm 深,每亩施农家肥 1000~1500kg,干鸡粪 150~200kg,生物有机肥 200~300kg,也可在拉秧后结合松砂用木栌或机械播施有机肥。这是施肥的最佳时机,由于距下年种瓜时间长,肥料易分解,有利于下年西瓜吸收。或是播种前结合耙地施入有机肥。

(2)提苗期

在西瓜幼苗显露真叶至“团棵”的一段时期为幼苗期,这一时期经过 1 个月左右,此时幼苗有叶 5~6 片,排列成盘状,此时植株含氮、磷、钾的比例为 3.8:1:2.76。此时,植株在幼苗时期完成了幼苗时期的生长,光合作用和吸收面积有了较大扩展,而生长锥和各叶腋中又有叶原基和侧蔓等器官的分化,这都给植株进入一个新的茎叶旺盛生长准备了条件,因此,幼苗期要注意追施“提苗肥”。在西瓜 4~5 片真叶时,在西瓜瓜穴距植株 15~20cm 处扒开砂石挖穴,深 10~15cm,每亩追施生物有机肥 40~50kg,或每亩施 10kg 粉碎的油饼、豆粕,或每亩追施沼肥 100kg,施后覆土,将砂石放回原处。

(3)伸蔓肥

西瓜伸蔓以后,生长速度加快,对营养的需要量增加,此期追肥可促进瓜蔓迅速生长,故称“伸蔓肥”。西瓜植株从“团棵”(即主蔓展开 5~6 片叶)开始,经过“甩龙头”,到坐果节位的第 1 朵雌花开放所经历的时间,称为伸蔓期,进入伸蔓期后,茎蔓就由直立生长状态变为匍匐生长(即爬地生长)。同时根、茎、叶生长速度也显著加快,尤其是根的生长速度达到高峰。吸水吸肥能力加大,茎蔓伸长迅速,叶面积增大极快,雌雄花相继孕蕾并有开放。因此在伸蔓期要及时供应水肥,为结好瓜,结大瓜打好基础。追肥方法是在距主蔓 30cm 远处扒开砂石层露出地面挖穴深 15~20cm,每亩施入腐熟的农家肥 250~500kg,每穴 1~2kg。施后覆土将砂石覆盖原处。

(4)膨瓜肥

西瓜膨大期又称膨瓜期,结瓜中期是指西瓜幼瓜褪毛至果实基本定型所经历的时间,此期一般要经历 16~26 天,生育特点是果实体积迅速膨大,重量剧增,吸水吸肥最多,因此,此时要最大限度满足西瓜对肥水的需求。当西瓜有鸡蛋大小时,在距瓜根 40cm 处扒开砂石层,露出地面,用铁锹挖穴深施追肥。可用腐熟有机肥每穴 2~3kg,每亩 300kg,追施后覆土,将砂石放回原处。

喷施叶面肥:用沼液兑水按 1:1 的浓度喷施,也可以喷施 0.1%磷酸二氢钾+0.1%尿素混合液在伸蔓期、膨瓜期各喷施 2 次。

在坐瓜期和膨瓜期要求增施钾肥,因为钾素营养可提高西瓜中糖分的合成,运转积累,对提高西瓜品质起到重要作用,因此要增施有机钾肥。在压砂地不能施用无机钾肥的情况下,将苦豆子、黄花苜蓿、紫花苜蓿等含钾高的作物晒干碾碎后穴施。

3. 整枝、压蔓

(1)整枝

多年来中宁、中卫压砂西瓜种植区瓜农因种瓜面积大,劳动力紧缺,习惯上不整枝,不压蔓粗放经营。但是要提高压砂西瓜产量和砂地压砂西瓜产业的持续发展,应提倡整枝进行规范化栽培。整枝目的是对西瓜的秧蔓进行适当整理,使其有合理的营养体,并在田间分布均匀,改善通风透光条件,控制茎叶过旺生长,减少营养消耗,促进坐果和果实发育。

压砂西瓜每亩种植密度较稀,早熟种株行距为 1.4m×1.4m 或 1.6m×1.6m,每亩 260~350 株,中晚熟种 1.8m×1.8m 或 1.8m×2m,每亩 200 株,比一般土地栽培减少一半以上,可采用三蔓整枝,多蔓整枝和不整枝栽培。

①三蔓整枝:除保留主蔓外,还要在主蔓基部 3~5 节处选留 2 条生长健壮,生长势基本相同的侧蔓,其余侧蔓及早摘除。三蔓整枝又分为老三蔓,两面拉等形式。老三蔓是在植株基部选留 2 条健壮侧蔓,与主蔓同向延伸。两面拉即 2 条侧蔓与主蔓反向延伸,一般在主蔓长 50~60cm,基部侧蔓长约 15cm 时进行整枝,将侧蔓基部保留 3cm 长剪去,注意勿伤主蔓。坐果后不再整枝,三蔓整枝法坐果率高,单株叶面积大,容易获得高产。

②多蔓整枝:对部分 3~5 年的压砂地,或是施了基肥的压砂地可采用多蔓整枝。当主蔓 5~6 片叶时,对主蔓进行打顶,促侧蔓发生,留 4~5 条子蔓,利用侧蔓结瓜,对侧蔓上的孙蔓要剪除。

③不整枝:对部分地力差,面积大,种的又是常规品种的,可放任生长,不整枝。西瓜整枝的最佳时间是在侧蔓发生后到坐果前进行。若整枝过早,会影响

扩大蔓叶营养体,对西瓜早熟和结大瓜不利;若整枝过晚,不仅浪费了营养物质,还易刺激大量的无效小侧蔓发生,造成坐瓜困难。因此在西瓜坐稳果后,不再进行整枝剪蔓。

(2)压蔓

压蔓的目的是为了固定瓜蔓,避免风吹摆动损伤幼瓜和藤叶,并将秧蔓均匀地固定在地面上合理利用营养面积。压蔓方法是,在幼苗伸蔓以后,结合选留副蔓将主蔓沿南向妥善推倒,在第5~6节处用一片石压住,此后每隔4~5叶压一片石,在着瓜部位的前后2片叶处各压一片石,以免瓜蔓被风刮坏及擦伤幼瓜皮部。

4. 选瓜、定瓜及垫瓜、翻瓜

(1)留瓜节位

留瓜节位的选择正确与否,对于果实的大小,产量的高低以及商品性的好坏关系极大。留瓜节位过低或者过高,都会影响西瓜的产量和品质。因此,应根据不同的品种,栽培方式,整枝方式等来确定适宜的留瓜部位。总的原则是,早熟品种为了早上市,留瓜部位应低些,晚熟品种出现雌花晚,为了结大瓜,结瓜部位宜远些,最佳留瓜部位,通常是主蔓上早熟种留第2朵雌花,中晚熟种留第2或第3朵雌花,即在距西瓜根部1~1.6m的地方坐果,在侧蔓上则选留第1或第2朵雌花作后备瓜,主蔓瓜如未能坐住,就以侧蔓瓜代替。

(2)人工授粉

西瓜属虫媒异花授粉作物,若遇授粉昆虫较少或不利天气条件影响授粉时,则自然授粉不良,难以坐果,因此人工授粉是提高西瓜坐果率的重要措施。

①雌花的选择:雌花素质对果实发育有很大影响。雌花花蕾发育好,个体大,生长旺盛,授粉后就容易坐果并长成优质大瓜。其主要特征是柄粗,子房肥大,外形正常(符合本品种的形态特征),颜色嫩绿而有光亮,密生茸毛。子房细长瘦弱,茸毛稀少的雌花,授粉后不易坐果,或即使坐果也难以长成大瓜。因此,授粉时应选择主蔓和侧蔓上发育良好的雌花。

②授粉时间:西瓜授粉多在雌花开放后2小时进行。一般来说,西瓜的花在清晨5~6点开始松动,6时后逐渐开放,7~10时生理活动最旺盛,是最佳授粉时机。10时以后,雌花柱头上分泌出黏液,花冠开始褪色,授粉效果下降,因此,适宜授粉时间晴天为7~10时,阴天为8~11时。

③授粉方法:生产上常用的授粉方法有花对花法和毛笔蘸花粉法两种。

花对花:将当天开放且已散粉的新鲜雄花采下,将花瓣向花柄方向一捋,用手捏住,然后将雄花的雄蕊对准雌花的柱头,轻轻沾几下,看到柱头上有明显的黄色花粉即可。一朵雄花可授2~3朵雌花。

毛笔蘸花粉:摘下当日开放的雄花,把花粉集中到一个干净的容器中(培养皿、碗等)混合,然后用软毛笔或小毛刷蘸取花粉,涂抹于雌花柱头上即可。

(3)选瓜定瓜

西瓜坐瓜后,应将第1雌花坐的瓜、畸形瓜、受病虫危害及发育不良的瓜除去,选留子房肥大,茸毛密,外形正常,发育正常,颜色嫩绿而有光泽的幼瓜。

(4)垫瓜

西瓜开花时,雌花子房大多是朝上的,授粉受精以后,随着子房的膨大,瓜柄逐渐扭转向下,幼瓜落入地面,砂田地面为砂砾覆盖,凹凸不平,坑坑洼洼,幼瓜易受机械损伤,或因受力不均匀而长成畸形瓜而使商品性降低。防止办法是垫瓜,即在西瓜有鸡蛋大小时,在坐瓜后15~20天用碎草、废纸箱、草圈等垫在幼瓜下面。

(5)整形、镶字

对部分有特殊要求的方形瓜,镶字瓜,可在雌花开花后12~15天,幼瓜进入快速生长膨大期,用4mm厚的有机玻璃做成带有所需字样的框子罩在西瓜上即可。框子纵向两头要打孔,以利透气,温度过高时,框子上要盖瓜秧或草遮阴,防止高温受害。

(6)翻瓜

西瓜果实着地的一面,常因得不到阳光照射而使瓜皮呈现黄色或黄白色,而且背阴面瓜瓤较硬,含糖量较低,品质较差,商品价值降低。为使瓜面受光均匀,皮色一致,瓜瓤熟度均匀,在西瓜膨大中后期进行翻瓜,每6~7天翻1次,可翻2~3次。翻瓜时应注意以下几点:第一,翻瓜时间以晴天午后为宜,在16时至17时进行,切忌早晨翻瓜以免折伤果柄和茎叶;第二,每次翻瓜沿着同一方向轻轻转动,一次翻转角度不可太大,以转出原着地面即可;第三,翻瓜时双手操作,一手扶住果尾,一手扶住果顶,双手同时轻轻扭转;第四,翻瓜要看果柄上的纹路(维管束),通常称瓜脉,要顺着纹路而转,不可强扭。

三、收获

西瓜的成熟期与品种,播种期以及坐果后的积温有密切关系,因此,压砂西瓜的收获时间,应随品种及栽培方式而异。采收过早,果实含糖量低,风味不佳,商品价值低;收获过晚,空心倒瓤,绵软无味,成熟适度的瓜味甜,瓤色好,柔软多汁,风味佳,品质好,因此必须在采前正确判断西瓜成熟度,适时采收。目前判断西瓜成熟的主要方式有以下几种:

（一）计算坐果日数(标记法)

不同品种从雌花开放到果实成熟的天数也不相同。在一般情况下,早熟品种的成熟期是 25~30 天,中熟品种是 30~35 天,中晚熟品种是 35~40 天,因此,只要知道该品种的特性根据开花后天数,就能准确无误地采收到适熟西瓜。方法是在西瓜开花授粉后进行单瓜标记,按各个品种成熟所需积温和日数,推算出成熟期并在瓜旁插一高 50cm 的树枝或竹竿作标记,端部涂上不同颜色的油漆标明不同的成熟期,譬如 6 月 25 日开花授粉的插上红色标杆,6 月 27 日开花授粉的插上黄色标杆等等。

（二）目测法

不同的西瓜品种在成熟时,都会出现本品种固有的皮色,网纹或条纹。成熟的瓜纹路清晰,浓淡分明,果实脐部和果蒂部向内收缩,凹陷,表皮具有光泽,表面微现凹凸不平,瓜面茸毛消失,用手指压花萼部有弹性感,坐果节和以下节位的卷须枯萎以及瓜底部不见阳光处变成枯黄色等均可作为成熟的参考。

（三）手摸或拍打法

西瓜成熟后,在用手触摸瓜皮时,有滑感的多为熟瓜,反之发涩的多为生瓜。一手托瓜,一手在瓜上边轻轻拍打,如托瓜的手心微感颤动,瓜发出砰砰的浊音时,多为熟瓜;如果托瓜的手不感到颤动,并且瓜发出噔噔的声音时,多为生瓜。这是因为,西瓜成熟后,果实内的空隙度增大,瓜瓤部分与中胶层分离,间隙处为空气填充所致。

第十二章　砂田无籽西瓜无公害栽培技术

中卫市农业技术推广中心在砂田试种无籽西瓜获得成功，表现出耐旱，丰产，品质好，经济效益比普通砂田西瓜好等优点，适宜在砂田西瓜生产中大面积推广应用。现将其栽培技术介绍如下：

第一节　概　　述

无籽西瓜是用普通二倍体西瓜与经过诱变形成的四倍体西瓜进行杂交，产生出三倍体西瓜种子，次年将这些三倍体西瓜种子种在田里，并间种一些普通二倍体西瓜，借助这种方式所结的瓜，只能形成小而嫩的白色种皮，而没有种仁，所以叫无籽西瓜。

普通西瓜的细胞中有 22 条染色体，基数为 11、倍数是 2，所以叫做二倍体西瓜。用普通西瓜的种子或幼苗经过秋水仙碱溶液浸种，滴苗等处理，使其染色体加倍，细胞中就有 44 条染色体，这种由人工诱变而育成的西瓜就是我们所说的四倍体西瓜。再用四倍体西瓜作母本，普通二倍体西瓜作父本进行杂交所产生的西瓜，体细胞的染色体是 33 条，所以叫做三倍体西瓜。其33 条染色体分为 3 组。2 组来自母本四倍体西瓜，1 组来自父本二倍体西瓜，在生殖细胞减数分裂时，3 组染色体中的 2 组各分 1 组，另一组染色体自由行动，有的全部向一方，他方 1 条没有。有的 10 条向一方，一条向他方等。种子植物只有在雌雄生殖细胞具备完整的染色体组的情况下，才能形成正常的种子，11 条染色体是西瓜的一个完整的染色体组，少于 11 条染色体的，都是不完整的染色体组。因为三倍体西瓜绝大多数不能形成完整的染色体组,花粉的生活力显著衰退,胚珠高度不孕,这就是三倍体西瓜没有种子的原因。

无籽西瓜以其优良的品质和食用方便日益受到消费者的喜爱。但无籽西瓜生产技术性较强,种子少,价格贵限制了无籽西瓜的扩大生产。近年来,随着新品种的选育和新技术的推广,无籽西瓜的生产有了一个较大的发展。

无籽西瓜含糖量高,抗病性、耐湿性均强,丰产稳产,耐贮运,常温下室内可贮藏30~40天,价格高出普通西瓜1/3~1/2,使得无籽西瓜近年内有了较大的发展。

无籽西瓜的生长发育规律基本上与普通西瓜相同。但是无籽西瓜在形态和生理上具有一些特点,因此栽培时应参照普通西瓜的栽培技术,并针对其生理特点,采取相应措施,以期得到更好的栽培效果。

无籽西瓜的生育过程、形态、生理特点大致可以归纳为:种皮较厚,种胚发育不完全,从而影响种子发芽,出土和成苗;幼苗生长较慢,需要较高的温度,前期生长较慢,中后期生长旺盛,坐果比较困难,坐果率低;后期生长旺盛,增产的潜力较普通西瓜大。

三倍体无籽西瓜的种子较大,种子千粒重为52~62g(二倍体为37~48g),种胚发育不完全,胚重仅占种子重的38.5%(二倍体普通西瓜种子胚重占种子重的50%),种胚体积占种壳内腔的60%~70%,同时还有相当比重的畸形胚,如大小胚和折叠胚等。种皮较厚,特别是喙部。由于上述原因,种子出苗困难,因此育苗的技术性较强。

三倍体无籽西瓜种胚子叶折叠、出苗后子叶较小,大小不对称,生长对温度的要求较高,因而幼苗生长缓慢。

前期秧苗生长较弱,根系发育不良,当幼苗有3~6片真叶开始伸蔓时生长逐渐转旺,伸蔓的速度和侧蔓的出现均较普通西瓜强。

无籽西瓜的生长势较强,更易出现徒长现象,影响及时坐果。无籽西瓜雄花上的花粉败育,因此不能正常授粉,果实开始膨大较慢,授粉4~6天进入迅速膨大期,且较普通西瓜快。

无籽西瓜的栽培基本上和普通西瓜栽培相同,对土壤要求不太严格,一般栽培管理技术也和普通西瓜栽培管理技术相同。

第二节 栽培季节

三倍体西瓜生长比普通西瓜要求较高的温度,耐寒性较差,特别是幼苗生长发育要求较高的温度,不耐低温,因此播种期应适当推迟,宜在4月中下旬至5月上旬播种为宜,7月下旬至8月上旬上市。

第三节 适宜砂田栽培的品种

一、津蜜1号

天津市农科院蔬菜所育成。花皮,高产,优质出口型,中熟无籽西瓜新品种。果实圆形,平均单瓜重7kg以上,瓤红色,肉质细脆,品质优,秕籽很少,剖面诱人,中心含糖量12%以上,耐低温性强,易坐果,抗病性好,一般亩产5000kg以上。

二、鲁青1号B

中熟品种,果实圆形,果皮坚韧,耐长途运输。果肉鲜红细脆,多汁,中心含糖量12%,风味极佳,植株前期生长一般,中后期生长旺盛,可作为砂田搭配品种。单瓜重7kg左右,亩产2500kg。

三、津蜜2号

天津市农科院蔬菜所育成,生长旺盛,易坐果,果实圆形,黑皮,暗条带,平均单果重7kg以上。中心含糖量11.5%以上,瓤红色,肉细汁多爽口。果实特耐贮运,产量高,平均亩产5000kg以上。

四、豫艺926无籽

中早熟,抗病性强,易坐瓜,膨瓜快,瓜肉鲜红脆甜,含糖量高达13%,品质特佳,个大均匀,单瓜重8~10kg。

五、优选特大黑霸无籽

台农西甜瓜研究所育成。三倍体中熟优质品种,全生育期 95 天左右,坐瓜后 33 天左右成熟,单瓜重 10kg 左右,高圆形,无暗条纹,瓤肉大红,肉质细脆多汁,中心含糖量 13%左右,耐贮运,耐高温高湿,适宜砂田种植。

六、瓜满田无籽

中熟大果型优质品种,生育期 105 天左右,果实开花至成熟 33 天,抗病性强,耐重茬,三倍体,果皮纯黑色,生长健壮,易坐果,果实圆球形,蜡粉重,大红瓤,肉脆多汁,中心含糖量 13%,平均瓜重 10~12kg,大的可达25kg 以上,亩产4600~5500kg,商品性好,特耐贮运。

七、京玲

国家蔬菜工程技术研究中心育成。新育成小型无籽西瓜,早熟,果实发育26天左右,全生育期 85 天左右,长势中等,易坐果,耐裂,无籽性能好,皮薄,单瓜重 1.5~2kg,一株可结果 2~3 个。

第四节　砂田栽培应考虑的因素

一、无籽西瓜产品以外销为主,应注意选择适合当地种植的品种,除选择优质大果型品种外,应注意选择一些小型礼品西瓜。

二、无籽西瓜的雄花,绝大多数发育不良,几乎无生活力,如果将无籽西瓜单独种植,就会只长蔓、开花不结果。因此,在种植无籽西瓜时,还必须间种一定数量的普通有籽西瓜,借助有籽西瓜的花粉,使无籽西瓜的子房发育成果实。

三、在一般情况下,无籽西瓜的开花期较有籽西瓜稍迟,通常要迟 5~7 天,因此,授粉用的有籽西瓜应比无籽西瓜晚播 5~7 天,以利二者花期相遇,促进坐果。

四、在人工授粉时,一般 1 朵普通西瓜的雄花授 1 朵无籽西瓜的雌花,并且注意柱头要全部授粉,这样结的瓜外形端正,皮薄,瓜形周正。反之,授粉不足,瓜形不正,瓤质粗硬,品质低劣。

五、无籽西瓜苗期生长需要较高的温度,因此,砂田播种不宜过早。

六、无籽西瓜种皮坚硬而厚，种胚发育不良，发芽比较困难，不能像普通西瓜种子那样直接播种，必须进行破壳处理，帮助它发芽，否则其发芽率仅有20%~30%，采取破壳催芽后播种，其发芽率可以提高到80%以上。同时，播种出苗后种壳还会卡在子叶上出现脱壳困难，应注意人工辅助去壳。

七、砂田种植无籽西瓜，其密度应较普通西瓜稀些，控制在每亩200株为宜。

八、无籽西瓜种子由于发芽率低，砂田直播栽培每亩播种量应不少于200g。

第五节　砂田栽培技术

一、播种

（一）浸种破壳

将无籽西瓜种子先放在55℃~60℃温水中浸泡7~8小时，使种壳吸水膨胀，同时搓去种皮上的胶黏物质及杂物，以利种子发芽，再用干净的干布擦去表面的水分，在室内稍晾一会儿，以手捏种子不光滑为准，然后破壳，破壳可用牙齿磕开，或用钢丝钳轻轻夹开种子脐部的"缝合线"，或用指甲刀夹开，破开的大小以不超过种子的1/3为宜。

（二）催芽

无籽西瓜种子发芽的最适宜温度为32℃左右，较普通西瓜催芽温度略高，但不宜超过35℃、无籽西瓜发芽力弱，湿度大易引起烂籽，因此控制湿度增加通气条件，是无籽西瓜发芽的关键。种子破壳后，取一块白布浸湿拧干，在布上放一层种子，把布的四边叠起，卷成卷，放在32℃~35℃条件下催芽，经24~36小时，种子发芽率可达70%，当胚根长到0.5cm时，即可播种。

（三）播种时间

催出芽的种子播种后，仍有相当数量的种子不能出土，或者出苗很迟，最后死亡，成苗率一般在60%~70%，关键是，种子播种后地温不高，是造成出苗困难的主要原因，因此，无籽西瓜的播种期宜选在4月底或5月初进行。

（四）播种方式

无籽西瓜的播种方法与普通砂田西瓜播种方式相同。但无籽西瓜幼苗的顶土力弱，根的生长差，因此，播种的底土要松，播种不宜过深，覆土厚度以0.5cm为宜，浅覆土的结果是种壳不易脱落，"戴帽"出土，影响子叶正常发育，胚根易裸露,故应在出苗后适时多次覆过筛湿土,保护根系。种壳则应在晴天午后气温高时小心摘除。

（五）种植密度

无籽西瓜是一代杂种,具有杂种优势,苗期生长虽然缓慢,但中后期植株生长旺盛,结瓜节位偏远,成熟较晚,故栽植密度宜比普通西瓜稀些,每亩200株左右,行距2m,株距1.6m。

二、间种普通西瓜,配置授粉品种,人工辅助授粉

由于无籽西瓜的花粉没有生育能力,不能起授粉作用,单独种植坐不住果,所以无籽西瓜田必须间种普通西瓜品种,砂田一般种3~4行无籽西瓜间种1行普通西瓜作为授粉株,选用的普通西瓜品种的果皮,应与无籽西瓜品种的果皮有明显的不同特征,以便在采摘时与无籽西瓜区别开来。无籽西瓜与间种的有籽西瓜花期能否相遇,对无籽西瓜坐果影响极大,在一般情况下,无籽西瓜的开花期较有籽西瓜稍迟,通常要迟5~7天,因此,授粉用的有籽西瓜应比无籽西瓜晚播5~7天,以利二者花期相遇,促进坐果。

三、田间管理

根据无籽西瓜的生长特点,前期应进行以促根、保苗为主的管理,注意预防大风和低温霜冻危害。无籽西瓜伸蔓以后生长势增强,因此要及时追施"伸蔓肥",在离主蔓30cm处,刨开砂砾露出地面,挖穴,深15~20cm,每穴施腐熟有机肥1~2kg,施后覆土盖砂石,每亩300~500kg,以促进无籽西瓜的营养生长。另一方面要及时进行整枝和压蔓,植株开花后要进行人工辅助授粉,在人工辅助授粉时,一般用1朵普通西瓜的雄花授1朵无籽西瓜的雌花,并且注意柱头要全部授粉。这样结的瓜外形端正,瓜皮薄,瓤质松爽,品质优良。反之,授粉量不足,所结瓜易成畸形,瓤质粗硬,品质低劣。人工辅助授粉后可用 KT-30(5~10)×10^{-6} 羊毛脂乳剂涂抹果柄两侧,促进坐瓜率提高。

无籽西瓜坐瓜节位不宜过近或过远。留瓜节位过近易形成畸形瓜,且品质差,节位过远,瓜形不整齐,瓜小,品质亦差。因此,适宜的坐瓜节位以主蔓第2雌花或15片叶后坐瓜为宜。

无籽西瓜坐果以后,植株的生长开始由营养生长转变为营养生长和生殖生长并进,已无徒长危险,可适时施用"坐瓜肥",当西瓜有鸡蛋大时,在距瓜根

40cm 处刨开砂石层,露出地面,挖穴深施有机肥,每穴 1.5~2kg,每亩施腐熟有机肥 250~300kg。再配合施用叶面肥,用沼液兑水按 1:1 的浓度进行叶面喷施,也可用 0.1%尿素和 0.1%磷酸二氢钾作根外追肥。总之,无籽西瓜用肥量应比普通西瓜高 10%~20%。

综上所述,三倍体无籽西瓜有"口紧""苗弱""坐果难""后劲大"四个生育特点,针对这些特点,栽培上相应的采取"促苗""抓坐瓜""后促"等综合措施,无籽西瓜的增产效果就能充分的发挥出来。田间管理的其他措施和采收技术可参考第十一章砂田西瓜无公害栽培技术。

第十三章　砂田小拱棚西瓜无公害栽培技术

中卫市农业技术推广中心 2001 年在中卫市城区香山乡红圈子村瓜农刘占华的压砂地采用小拱棚覆盖育苗定植试种压砂西瓜，就得到成功，比露地压砂西瓜提早上市 25 天，2006 年采用催芽点种示范 300 亩，效果良好。现将小拱棚覆盖栽培压砂西瓜技术介绍如下：

第一节　小拱棚的结构和建棚方法

小拱棚由拱棚架和覆盖的塑料薄膜组成。拱架材料为竹片，竹竿，紫穗槐条或树枝条、荆条，φ6~8mm 钢筋，窄型扁钢等作支架材料。扣棚用的薄膜为厚度 0.04~0.08mm 的聚乙烯或聚氯乙烯农用膜。小拱棚的造型多为拱圆形。一般小拱棚的高度为 45~60cm，跨度为 1.5~1.6m，长度为 15~30m，或依地块长度而定，拱棚间距 1.4m。

建棚方法：采用长 2.1m，宽 4~6cm 的竹片，将两端削尖，每隔 1m 插 1 拱架，跨度 1.6m（畦面宽度）。每栋小拱棚的拱架要插深 20~30cm，左右整齐一致，砂田地区常有大风和沙尘袭击，为使拱架坚固，还应用细绳把所有拱架顶部连接起来，两端系在固定的木桩上。定植或直播前 7~10 天搭棚盖棚膜。以提高地温，扣棚膜时要注意拉紧，绷平，随扣棚膜，随用砂石将四周薄膜压紧封严，再在棚膜上每隔 2~3 个拱架插 1 道压膜拱架，或用细绳（绑扎带）在棚膜上边呈"之"字形勒紧，两侧拴在木桩上，以防薄膜被风吹起而损坏。

第二节 小拱棚覆盖塑料薄膜的效应

小拱棚覆盖栽培,是用普通农用塑料薄膜覆盖为主要保护设施,在春季低温季节促进西瓜生育的一种简易早熟栽培方式。如果再加地膜覆盖,则称为双膜覆盖栽培。

小拱棚覆盖可以提高棚内气温和地温,从而提早定植期或播种期,避免晚霜危害和春季风害达到早熟,增产和稳产的效果。

小拱棚棚内的空间小,气温随外界气温的升高而增高,下降而减低,升温快,降温也快,棚内气温和地温都表现两侧低中间高。3月下旬至4月初在白天晴天情况下,小拱棚不通风,中午气温可升至40℃以上,夜晚可降至10℃以下,0℃以上,而阴天气温变化较小。3月下旬10cm地温可升至11℃~18℃,4月上中旬可升至18℃~22℃。

无色塑料薄膜有很好的透光性,最好的薄膜透光率与玻璃相近,可达90%,一般在80%以上,较差的为70%左右。聚氯乙烯薄膜透光率仅次于玻璃(85%~90%),但紫外线和红外线的透过率比玻璃多得多。聚乙烯的紫外线透过率更高一些,小拱棚内光照强度相对较高,但不同部位的光照强度分布不均,高处较强,向下逐渐递减,近地面处最弱。

塑料薄膜不透气,也不透水,因此土壤水分蒸发和植株蒸腾的水汽不易逸出棚外,造成棚内高湿状况。如不进行通风,棚内相对湿度可达100%。一般规律是,棚温越高,相对湿度越低,棚温越低,相对湿度越高。

第三节 适宜砂田小拱棚栽培的品种

小拱棚砂田栽培的目的是提早成熟,提高西瓜品质和增加经济效益,因此宜选择早熟、优质、礼品西瓜。

一、京欣二号

北京市农科院蔬菜中心育成。"京欣二号"是换代国审品种,率先获西瓜新品种保护权。在低温弱光下坐果早、膨瓜期快、高产、耐裂、不起棱、品质优良。

二、京欣三号

突出优点是,嫁接栽培后仍能保持皮薄,口感酥嫩,糖度高,具有小瓜的品质,大瓜的产量,适合作为高档礼品瓜的销售,深受消费者喜爱。

三、航育太空花宝

安徽省六安市金土地种业育成。极早熟,生长稳健,高抗病,开花至果实成熟 25 天左右,在低温等恶劣条件下也能够坐瓜整齐,果实正圆形,大小均匀一致,绿皮覆深绿色清晰条纹,花纹美观,果面亮丽,抗裂果,特耐贮运,单瓜重 5~7kg,最大瓜重可达 12kg,瓜瓤大红,中心含糖 14%左右,梯度小,细密脆甜,品质特佳,适应性广,亩产7000kg 左右。

四、航育绿美人

极早熟大果黑美人类型新品种。生长健壮,适应性广,连续坐瓜能力强,果实呈长扁圆形,果皮翠绿色,有不明显黑丝条带,果型优美,一般单瓜重 3~4kg,合理稀植或嫁接栽培可达 6kg,比普通黑美人增产 30%~40%,成熟比普通黑美人晚 1~2 天,肉色深红艳丽,中心含糖 14%,果皮薄而坚硬,不裂瓜,特耐贮运,产量稳定,是目前理想高档礼品西瓜品种。

五、金雷一号

吉林省德惠市环球种业有限公司育成。早熟一代杂种,开花至采收为 28~30天,坐果能力强,果实圆形,果皮鲜绿,条带清晰,花纹美丽,籽小瓤红,口感好,不裂果,耐贮运,有腊粉,抗疫病能力强,不阴皮,含汁量高,比同等果实重,单果重 8~15kg,亩产 5000kg 以上。

六、豫艺黄肉京欣(金花二号)

早熟,花皮黄肉,皮薄而韧,不易裂果,肉质酥脆,甜而多汁,品质特佳,被誉为"奶油西瓜",比普通京欣西瓜市场售价高。

七、99-2 大果红瓤

早熟一代杂种,是目前北京的优质品种,抗裂易贮运,皮色比京欣偏绿,植株幼苗子叶肥大,真叶期以后生产稳健,开花至成熟 26~28 天,高圆形,底色浅绿,14~16 条齿状墨绿条纹,沙瓤,中心含糖 13%,单瓜重 7~10kg。

八、京秀

北京市农科院蔬菜中心育成。该品种获得 2007 年北京大兴西瓜擂台赛小型西瓜王第 1 名。果实底色绿,椭圆形,纵向有深绿色条纹,纹路清晰美观,肉色正红,少籽,口感酥嫩,含糖量高。

九、京阑

北京市农科院蔬菜中心育成。极早熟黄瓤小型瓜,单瓜重 2kg 左右,中心含糖量 12%以上,与一般主栽品种相比生长势更强健,多茬瓜坐瓜性更强,不易早衰,产量高,已成为黄肉小型瓜换代品种。

十、甜王双抗

合肥庞氏种子进出口有限公司育成。早熟,优质,高产,圆形果,红瓤,单瓜重 8~10kg,耐低温,高抗枯萎病,炭疽病,耐重茬,易坐瓜,皮坚韧,耐长途运输。嫁接栽培更能发挥增产效益。且品质不受影响。

十一、京欣四号

在保留了"京欣一号"外形美观,口感好,糖度高的优点同时,耐裂性和耐贮运性强,适合春季小拱棚栽培。

十二、精品甜王七号

早熟,开花至成熟 30 天左右,果实近圆形,瓜皮深绿色有墨绿条带,外观光滑周正,瓤肉大红,中心含糖 13%,梯度小,质脆,甘甜爽口,瓜皮较硬,不易裂果,不易空心,耐运输,丰产性好,单瓜重 10kg 左右,亩产 5000kg 左右,生长健壮,抗病,易坐瓜,适应性广。

第四节　砂田小拱棚栽培应考虑的因素

一、砂田小拱棚易提早成熟,提前上市为目的,故宜选择早熟,品质好,耐贮运的品种。

二、小拱棚栽培西瓜,一次性投入较高(每亩约 600 元),但拱架可以多年使用,棚膜保管得好,可以重复使用 5~6 年。但小拱棚防风,防霜冻效果好,管理方便,一般亩产量比露地砂田西瓜要高 1 倍以上,因此,当年或两年就可收回成本而盈利。

三、小拱棚砂田栽培西瓜宜在播种前 6~7 天插拱架、扣棚膜提早暖地,待10cm 地温稳定升至 15℃以上时播种,种子应先催芽,芽长 0.5cm 左右播种,土壤墒气不足应补水点种,保证全苗。

四、砂田地区都处在空旷地带,春季多风害,特别是沙尘暴天气时有发生,因此,用小拱棚栽培西瓜要注意拱架要插牢固,覆盖的农膜不能用地膜而要采用抗风性能好的农膜,要覆严,四周要压实,要用压膜拱架或压膜绳勒紧压实,防止棚膜被风吹毁。

五、5月下旬晚霜过后,应及时拔出拱架,揭去覆膜,清洗干净折叠好,放在阴凉通风处贮藏以备来年再用。

六、小拱棚西瓜由于早熟,生长期较短,收获期较早,因此,只要肥力允许,每秧可以留 2 瓜或 3 瓜,头茬瓜收获后还可通过加强管理结二茬瓜,进行延后生产。

第五节　砂田小拱棚西瓜栽培技术

一、育苗

原中卫县农业技术推广中心鲁长才等于 2001 年开始在中卫城区香山乡红圈子村瓜农刘占华压砂地利用小拱棚覆盖育苗移栽种植西瓜获得成功。砂地育苗栽培西瓜宜采用穴盘基质育苗,幼苗便于运输,成活率高,缓苗快、生长旺,适宜大面积发展,现将西瓜穴盘基质育苗方法介绍如下:

(一)穴盘育苗技术

1. 育苗设施

(1)育苗穴盘

穴盘有多种规格，不同规格的穴盘对种苗生长的影响差异很大。实验证明，种苗的生长主要受穴格容积的影响，而与穴格形状的关系不密切。穴格大，有利种苗生长，而生产成本高；穴格小，则不利种苗生长，但生产成本低。因此，在生产中应根据所需种苗的大小，生长速度等因素来选择适当的穴盘，以兼顾生产效能与种苗质量，西瓜穴盘育苗通常采用50孔、72孔两种。

(2)育苗基质

由于穴盘的穴格小，所以穴盘育苗对栽培基质的理化性状要求很高，要求基质有保肥，保水力强，透气性好，不易分解，能支撑种苗等特点。因此，基质多采用泥炭，珍珠岩，蛭石，海沙及少许有机质，复合肥料配比而成，配好的栽培基质 pH 要求为 5.4~6.0。

生产中常用基质配方有草炭与蛭石，体积比为 2∶1；泥炭、珍珠岩、沙体积比为 2∶1∶1；泥炭、蛭石、菇渣体积比为 1∶1∶1；炭化谷壳、沙体积比为 1∶1 四种。也可采用市售的配比好的西瓜专用育苗基质。

(3)催芽室

催芽室是专供西瓜种子催芽和出苗用的。具有良好的保温保湿性能，催芽室的大小可依据育苗数量决定，一般要求靠近绿化室，操作方便。其主要设备有育苗盘架、育苗盘，育苗盘架用来放置育苗盘，可用 2~2.5cm 的角铁焊接而成，其大小要与催芽室的容积相配套，一般高 1.8cm。长宽可依据育苗盘的大小和催芽室的宽度来决定，育苗架可分 10 层，加热装置可用电炉或其他电加热器，催芽室的温度和湿度要由控温控湿仪自动控制，其感应探头，应放在催芽室内最有代表的位置，可根据西瓜种子催芽温湿度需要进行调节。

(4)绿化室

绿化室也叫培苗室，是培育瓜苗的主要场地。一般采用栽培管理方便，透光良好，保温性能好的日光温室。将催芽出苗后的育苗盘放入日光温室接受阳光进行绿化。

2. 育苗方法

(1)育苗盘、基质及用具消毒

基质消毒可提前 7~10 天进行。每方旧基质用 40%甲醛 40~100ml 兑水稀释后喷洒拌湿、拌透基质,覆膜堆闷 3~5 天,摊晾,甲醛味散失后使用。新基质每方用 50%多菌灵可湿性粉剂 150g 或 50%苯菌灵可湿性粉剂 75g 与基质拌匀,覆膜堆闷 2~3 天,摊晾,药味挥发后用。穴盘及用具用高锰酸钾 1000 倍液或 40%甲醛 100 倍液浸泡 30 分钟后用清水洗净晾干后待用。

(2)种子消毒、处理和催芽

穴盘育苗采用精量播种。种子萌发速度快,发芽率高,整齐度好,高活力的洁净无病种子,是培育优质穴盘苗的基础。因此,在播种前,要进行种子处理和消毒。采用精选、晒种、温汤浸种、药剂处理、变温催芽等措施,针对不同种子采用不同的处理方法。(具体方法参考第十一章西瓜砂田栽培技术播种一节)

(3)基质装盘、打孔、播种、覆盖基质

将处理好的基质装入穴盘中,基质的量要充足,装均匀,否则将出现穴盘内的基质干湿不一致,造成种子发芽时间不一及种苗生长不整齐。基质装好后,在基质中间打穴孔播种。播种前用 72.2%普力克 500 倍液和农用链霉素 400 万单位进行基质消毒,浇透底水。每孔播 1 粒,将种子平放,芽尖朝下,播种后用 95%绿亨 1 号可湿性粉剂 3000~4000 倍液喷洒苗床,覆盖基质。

(4)苗期管理

①温度管理:出苗前将白天温度控制在 28℃~30℃,夜间控制在 20℃~22℃,出苗 50%~70%时再用 95%绿亨 1 号可湿性粉剂 3000~4000 倍液喷洒第 2 次,齐苗后喷洒第 3 次,防止苗期病害,并及时脱帽,加强通风透光,将白天温度控制在 20℃~25℃,夜间 13℃~15℃。以防下胚轴徒长。

②肥水管理:种子出苗前,保持基质适宜的水分,以利快速出苗。在幼苗顶出基质时,轻浇 1 次水,使基质湿润,以防幼苗干枯或"戴帽",并能防止基质表面生长青苔。应该注意不能用流量大的喷头,避免将幼苗冲倒。心叶伸长后可采用"一轻一重"的浇水方法,即基质表面完全干燥后,浇 1 次透水,待穴盘边缘或因基质装填量不均匀而出现局部变干后轻浇 1 次水,等到基质水分干燥后再浇透水。这样既有利于幼苗对水分的吸收,也能使基质中有较多的氧气供幼苗根系吸收。

一般幼苗基质的肥料能供给幼苗正常生长时,无需追肥。如供肥不足可用每千克水加 50~100mg 的尿素或氮、磷、钾肥喷灌,或用配制好的专用肥。一般每 7~8 天追肥 1 次。

③炼苗:出苗后应降温控水,加强通风,促使幼苗生长健壮。

(二)嫁接育苗技术

西瓜嫁接育苗栽培可以预防西瓜土壤枯萎病,同时,由于砧木的根系强大,吸肥吸水力强,耐低温性好,耐旱,还可以提高西瓜对不良条件的适应性,促进西瓜发育,减少肥料(特别是氮肥)用量,从而有利于西瓜早熟增产和提高栽培的经济效益。

1.砧木选择应考虑的因素

西瓜嫁接栽培中首先要解决砧木问题,砧木的好坏对西瓜嫁接栽培起到决定性作用,否则将会造成损失。砧木选择依据主要从以下四方面考虑。

(1)砧木与西瓜的亲和力

亲和力,包括嫁接亲和力和共生亲和力两方面。嫁接亲和力是指嫁接后砧木与接穗(西瓜)愈合的程度。嫁接后砧木很快与接穗愈合,成活率高,则表明该砧木与西瓜的嫁接亲和力高,反之则低;共生亲和力是指嫁接成活后两者的共生状况,如嫁接苗的生长速度,结果后的负载能力等。

(2)砧木的抗枯萎病能力

导致西瓜发生枯萎病的病原菌中,西瓜菌和葫芦菌最重要。因此,所有的砧木必须同时能抗这两种病原菌。但葫芦不抗西瓜菌,因而不是绝对抗病的砧木,而南瓜则表现兼抗这两种病原菌。因此南瓜是可靠的抗病砧木,选用的抗病砧木应能达到100%的植株不发生枯萎病。

(3)砧木对西瓜品质的影响

不同的砧木对西瓜的品质有不同的影响。不同的西瓜品种,对同一种砧木的嫁接反应也不完全一样,西瓜嫁接栽培,必须选择对西瓜品质基本无影响的砧木或选择适宜的砧—穗组合。一般南瓜砧有使西瓜果实的果皮增厚,果肉纤维增多,肉质变硬的作用,而西瓜共砧或葫芦砧较少有此现象。

(4)砧木对不良条件的适应能力

在嫁接栽培情况下,西瓜植株在低温环境中的生长能力(低温伸长性),雌花出现早晚和在低温下稳定坐果能力(低温坐果性),以及根系的扩展和吸肥能力,耐寒性和对土壤的适应性等,都受砧木固有特性的影响,不同砧木的特性及其影响也不相同。因此,要根据需要来选用适宜的砧木,这是获得西瓜早熟丰产和优质的关键之一。砂田栽培西瓜应选择耐旱、吸肥能力强,耐低温和低温坐果性好,对不良环境条件适应性强的砧木。

2. 适宜的砧木品种

(1)京欣砧 1 号

葫芦与瓠瓜杂交的西瓜砧木一代杂种。与其他一般砧木品种相比,下胚轴粗且硬,不易徒长,嫁接苗植株根系发达,生长旺盛,吸肥力强,表现出更强的抗枯萎病能力,耐病毒,后期抗早衰,生理性急性凋萎病发生少,对果实品质无明显影响。

(2)京欣砧 2 号

印度南瓜与中国南瓜杂交的西瓜砧木一代杂种。与其他一般砧木相比,嫁接苗在低温弱光下生长强健,根系发达,能大大提高产量。高抗枯萎病,后期耐高温抗早衰,生理性急性凋萎病发生少,不易出现娄瓜,对果实品质影响少,适宜春季栽培。

(3)黑籽南瓜

黑籽南瓜是西瓜嫁接主要砧木品种之一。生长强健,根系发达,吸收肥水能力强,耐低温,抗枯萎病能力强,对果实品质影响小。

(4)圆葫芦

属大葫芦变种。其果实圆或扁圆,生长势强,根系深,耐旱性强。适于作高温期西瓜嫁接栽培的砧木。

(5)相生

由日本引进的西瓜专用嫁接砧木,是葫芦的杂交一代。嫁接亲和力强,生长健壮,较耐瘠薄,低温下生长性好,坐果稳定,是适于西瓜早熟栽培的砧木品种。

(6)新土佐

由日本引进,是南瓜中较好的西瓜砧木,为印度南瓜与中国南瓜的杂交一代。此品种与西瓜亲和力强,较耐低温,生长势强,抗病,早熟,丰产。

(7)超丰 F_1

中国农科院郑州果树研究所培育的西瓜嫁接专用砧木。此品种为葫芦杂交种,种子灰白色,种皮光滑,籽粒稍大。其杂种优势突出,不仅高抗枯萎病耐重茬,叶部病害也明显减轻,植株生长健壮,根系发达,吸收肥水能力强,与西瓜亲和力强,共生性好,具有易移栽、耐低温、耐湿、耐热、耐干旱等特点,嫁接苗在低温下生长快,坐果早而稳,对西瓜品质无不良影响。

(8)勇士

属杂交一代野生西瓜。此品种具有发达的根系和旺盛的生长势,耐湿耐旱性好,耐寒耐热性强,幼苗下胚轴不易空心。用它来作西瓜砧木,嫁接亲和力好,共生亲和性强,成活率高。嫁接苗生长快,坐果早而稳,与瓠瓜、南瓜等砧木相比,对品质的影响小,不仅能抗枯萎病,耐重茬,而且可减轻叶面病害。其植株生长强健,根系发达,对肥水吸收能力强,能促进西瓜早熟,并能多茬结瓜,可提高商品瓜的品质和产量。既可作大果型二倍体西瓜和三倍体无籽西瓜的嫁接砧木,也可作小型西瓜嫁接专用砧木;既可作早春拱棚栽培西瓜嫁接砧木,也可作夏秋西瓜嫁接专用砧木。

(9)砧王

淄博市农业科学研究所蔬菜研究中心选育而成的南瓜杂交种。经过在西瓜高度重茬区多年的推广应用,表现出亲和力强,对枯萎病免疫,早熟、丰产等特点,其不仅下胚轴粗壮,十分有利于嫁接,而且耐低温能力明显强于葫芦砧木,前期生长速度快。因此,特别适合作西瓜保护地栽培及露地早熟栽培的砧木。此品种的砧木根系庞大,低温条件下吸收肥水能力强,可节省肥料。

(10)青研砧木一号

山东省青岛市农业科学研究所研制的一代杂种。此品种抗枯萎病的效果达100%,在同一地块上利用该砧木嫁接育苗栽培,连续多年不发病,与西瓜有较强的嫁接亲和力和共生亲和力,成活率95%以上。该砧木较耐低温,嫁接苗定植后前期生长快,有较好的低温伸长性和低温坐果性,具有促进生长、提高产量的效果,并且对西瓜品质无影响。该砧木不仅是优良的西瓜嫁接砧木,而且还适于嫁接甜瓜及黄瓜。

(11)庆发西瓜砧木 1 号

黑龙江省大庆市庆农西瓜研究所最新选育的优良西瓜砧木。此品种的嫁接亲和力和共生亲和力强,嫁接后愈伤组织形成块,成活率高。其植株长势强,根系发达。嫁接幼苗在低温下生长快,坐果早且稳。它高抗枯萎病,耐重茬,叶部病害也明显减轻。该砧木根系发达,生长旺盛,吸肥力强,它的种子灰白色,种皮光滑,籽粒稍大,千粒重 125g。

(12)抗重 1 号瓠瓜

山东省潍坊市农业科学院选育成的一代杂种。种子为长方形,顶端尖嘴状,褐白色,外壳坚硬,千粒重 142g。它的根系发达,胚茎粗壮,枝叶不易徒长,有利于嫁接作业。此品种的嫁接亲和力强,嫁接苗粗壮,伸蔓迅速,比西瓜自根苗坐瓜节位低 2~3 节,坐瓜后果实膨大快,单瓜重明显增加,对西瓜品质无不良影响,能耐土壤中多种病害。

（13）圣砧 2 号

由美国引进的西瓜专用砧木，属葫芦杂交种。此品种高抗枯萎病、炭疽病和根结线虫病，与西瓜亲和力高，共生性好。它克服了由其他砧木带来的皮厚、瓜形不正、变味等缺点，对西瓜品质无不良影响。

（14）GKY

甘肃省农业科学院育成的西瓜嫁接砧木—代杂种，属于野生西瓜类型。此品种生长旺盛，分枝能力强，抗逆性强，耐旱、耐瘠薄、耐寒，抗枯萎病，对炭疽病和疫病有较强的抗性。它的嫁接亲和力强，嫁接果实无异味。嫁接时若采用靠接法可同期播种。GKY 种皮坚硬，发芽慢，出苗慢。因此，插接时须等砧木出苗后再播接穗西瓜种子。

（15）圣奥力克

由美国引进的西瓜专用砧木。此品种为野生西瓜的杂交种，与西瓜亲和力强，共生性好。它抗枯萎病、炭疽病，耐低温弱光，耐瘠薄，对西瓜品质无不良影响。

3. 西瓜嫁接场所、用具及操作技术要领

（1）嫁接场所

冬春季育苗多以温室为嫁接场所。在温室内可以用塑料薄膜隔出 1~2 间作为操作间。嫁接前几天，适当浇水，密闭不放风，以提高其空气湿度。嫁接时，将温室外部操作间上的草苫放下，进行遮阳。另外，春季 4 月也可在大中棚内嫁接。

①温度适宜：适宜的温度不仅便于操作，也有利于伤口愈合。一般嫁接场所的温度以 20℃~25℃为宜。

②空气湿度大：为防止切削过程中幼苗失水萎蔫，空气湿度要大，以达到饱和状态为宜。

③适当遮光：为防止强光直晒秧苗而导致秧苗萎蔫，嫁接场所应具备遮光物进行遮光。

④整洁无风：整洁无风的场所，不仅便于操作，也利于提高嫁接质量和嫁接效率。

（2）嫁接用具

①切削及插孔工具：切削工具多用刮须的双面刀片，为便于操作，将刀片沿中线纵向折成两半。每片刀片可嫁接 200 株左右，刀片切削发钝时要及时更换，

以免切口不齐影响秧苗的成活。用于除去砧木生长点和插接法插孔用的竹签可自制,竹签的粗细应与接穗幼苗胚茎粗细相仿,一端削成长 1cm 的双楔面,使其横切面为扁圆形,尖端稍钝。操作时使插孔的大小正好与接穗双楔面的大小相吻合。

②接口固定物:嫁接后,为使砧木和接穗切面紧密结合,应使用固定物固定接口。塑料嫁接夹是嫁接专用固定夹,河北、北京等地大批量生产。塑料嫁接夹小巧灵便,可提高嫁接效率,虽需一定投资,但可多次使用,是目前最理想的接口固定物。塑料薄膜条是将塑料薄膜剪成 0.3~0.5cm 宽的小条捆扎接口,也可将塑料薄膜剪成宽 1.0~1.5cm、长 5~6cm 的小条,在接口绕两圈后,用回形针卡住两端。

③消毒用具:使用旧嫁接夹时,应事先用福尔马林 200 倍液浸泡 8 小时消毒。嫁接时手指、刀片和竹签应用棉球蘸 75% 的酒精消毒,以免将病菌从接口带入植物体。

④其他用具:为便于嫁接,提高工效,嫁接时,一般用长条凳或木板作嫁接台,专人嫁接,专人取苗运苗。砧木与接穗幼苗相似的应作出标记,以防砧木、接穗颠倒。

(3)嫁接操作技术要领

①砧木、接穗的切削:西瓜嫁接过程中,砧木、接穗的切面多削成楔面形。楔面主要有以下 3 种形式。舌形楔主要用于西瓜的靠接法。在幼苗一定位置上,用刀片斜切入茎,形成舌形楔面。砧木与接穗切口方向相反。

单楔面主要用于西瓜的贴接法或腹插接法。斜面长 1cm 左右。

双楔面主要用于劈接法、顶插接法嫁接的接穗。砧木事先用刀片劈好或用双楔面竹签插孔,接穗削成斜面长 1cm 左右的双楔面。

②砧木、接穗切削要点:一是刀片要锋利,动作要迅速准确,避免重复下刀。楔面长度要适宜,下刀时,掌握刀片与茎轴角度呈 30°。斜角太大,则楔面短,切口接触面小,且不稳定,不利于愈合成活;斜面小,楔面长而薄,不利于插入砧木切口。瓜类一般斜面长为 0.7~1.0cm。

二是砧木、接穗切面要平齐,角度长短相匹配,能使两者伤口紧密吻合,否则切口不平,切口不能完全吻合,中间留有空隙,不利于愈合成活。

三是接穗双楔面的两个斜面长度应相等,否则插入砧木切口后,有一侧切面过长或过短,影响愈合和成活。

（4）嫁接注意事项

①冬春寒冷季节嫁接最好选晴天早晨嫁接。早晨空气湿度大，不易萎蔫，嫁接后幼苗经历中午的温暖条件，有利于接口愈合。千万不要在阴冷天气或冷空气到来之前嫁接，否则温度低，会影响成活率。冬天嫁接，也可进行人工补温；夏天嫁接，最好选阴天或傍晚嫁接，以免幼苗萎蔫死亡。

②嫁接时手指及刀片、竹签、夹子等用具要洗净消毒。秧苗应小心轻放，特别是切口部分不要沾上泥土，若切口部位有泥土，应提前1~2天用清水洗净后再切削。

③嫁接过程中，应专人取苗，专人嫁接，专人运苗，实行流水作业。对于西瓜等砧木与接穗幼苗无明显特征区别的，最好作标记，严防错乱，出现砧木、接穗颠倒现象。

④嫁接后应及时将嫁接苗移入充分浇水（冬天浇温水）的苗畦内，上扣塑料拱棚保温保湿，棚上用报纸、草帘等遮光，低温期应铺设地热线，以利于增温。

4. 西瓜嫁接育苗的砧木种子处理技术与方法

有些砧木的种子由于休眠性强或种皮厚，透气透水性差，发芽困难，发芽率低，需采取一些特殊处理以提高发芽率。

（1）黑籽南瓜

黑籽南瓜种子休眠性很强，当年的种子发芽率只有40%左右，需用赤霉素或双氧水打破其休眠。具体做法：先用温水浸泡种子1~2小时，搓洗除去杂物，用150mg/kg~200mg/kg的赤霉素浸种24小时，或用25%双氧水浸种20分钟后再用温水浸泡24小时。若用陈籽，则可直接浸种，但浸种时间不宜过长，以6~12小时为宜。浸种结束后，应进行晾种，时间一般为18小时。经晾种后再催芽，发芽率可显著提高。

（2）瓠瓜

瓠瓜种皮厚，吸水困难，种子萌发慢，出芽不整齐，发芽势、发芽率均低，可用激素处理促进种子萌动。其方法：先用清水浸1~2小时后，用100mg/kg赤霉素或爱多收1000倍液浸1~2小时，稍晾干，再用清水浸30小时。也可采用高温烫种的方法，或者充分浸种，待种皮变软后，进行人工破壳催芽，即将种喙嗑开小口后催芽。催芽期间应严格控制温度，以25℃~30℃为宜，温度过高发芽率反而降低。常用西瓜砧木种子发芽特性、浸种时间及催芽温度、出芽时间可参见表13-1。

表13-1　常用西瓜砧木种子发芽特性、浸种时间及催芽温度、出芽时间

砧木种类	种子类型	浸种时间(小时)	催芽温度(℃)	出芽时间(天)
黑籽南瓜	种子表面黏液多,种子休眠性强,当年的种子不易发芽	12~24(新种子) 6~8(陈种子)	30~35	3~5
瓠瓜	种皮较厚,吸水困难,发芽慢,不整齐	24~36	25~30	3~5
南瓜	种皮较薄,易吸水,易发芽	8~12	25~30	2~3

5. 西瓜嫁接育苗接穗、砧木的播种和播种后的管理

(1)播种

①播种期的确定:常规育苗播种期的确定,首先根据西瓜种类,栽培形式确定定植期,然后再依据育苗季节、育苗设施确定苗龄。定植期减去苗龄,即为适宜播种期。

嫁接育苗时,由于嫁接后要有一定的愈合缓苗时间,一般嫁接后7~10天才开始恢复生长,并且刚刚成活的幼苗生长缓慢。所以嫁接育苗苗龄比常规育苗苗龄要长一些,播期也应适当提前,一般接穗播期应比常规育苗期提前1~2周。接穗播期确定后,再根据砧木幼苗生长速度及嫁接方法对苗龄的要求,确定砧木的播种期,使砧木、接穗的适宜嫁接时期相遇。不同嫁接方法砧木与接穗播种期可参见表13-2。

13-2　不同嫁接方法砧木与接穗播种期

接穗	砧木	砧木的播种期(与接穗比较)						
		靠接	顶插接	劈接	贴接	芽接	大苗生长点直插	针接
西瓜	南瓜	晚播	早播	早播	早播	早播	晚播	
		3~4天	3~4天	3~4天	3~4天	5~6天	2~3天	
	瓠瓜	晚播	早播	早播	早播			
		5~7天	5~7天	5~7天	5~7天			

②播种方法:冬春季温室育苗一般选晴天上午播种,不要在冷空气到来之前播种。若遇阴雪天气,应人工增温,可炉火加热或电热线加温,也可将催好芽的种子放在5℃~10℃条件下蹲芽,待天气转晴后再播种。穴盘育苗应点播。播后立即覆湿润的基质,厚度为0.5~1.5cm,为增温保温和防止土壤板结,上面覆盖塑料薄膜。寒冷季节,苗床可铺地热线,上架小拱棚覆盖薄膜保温。

(2)播种后的管理

从播种至嫁接前是培育适龄嫁接用苗的关键时期,播后应根据幼苗不同生

长发育阶段采取相应的管理措施。

①播种至出苗:播前苗床或育苗盘应浇足水。播后苗床应注意保温保湿,白天床温保持在 25℃~30℃,夜间保持在 20℃,土温保持在 18℃以上为宜。种子发芽拱土时,揭去覆在苗床表面的薄膜,为防止"带帽出土",可覆湿基质。若苗床干燥,可适当喷水。

②出苗至破心(第 1 片真叶微露):此期幼苗易徒长,应适当通风降温,尤其要降低夜间温度,适当控制水分,增强光照。白天苗床温度保持在 25℃左右,夜间保持在 15℃~16℃,草苫早揭晚盖。用育苗盘育苗的,可将育苗盘移到光照好的地方。西瓜嫁接期中,一般破心前后是瓜类蔬菜嫁接苗培育的关键时期。

③破心至分苗前:从破心到分苗前,应创造适宜的温度、水分和充足的光照条件,促进幼苗生长。白天以 25℃~28℃,夜间以 15℃~17℃为宜。草苫要早揭晚盖,以增加光照。

④嫁接前:嫁接前 1~2 天,适当通风降温,以提高幼苗适应性,为防止病害,可喷百菌清可湿性粉剂 800~1000 倍液或甲基托布津可湿性粉剂 1000~1500 倍液。砧木苗嫁接前要适当控水,以防嫁接时胚轴脆嫩劈裂。

6. 嫁接方法

西瓜嫁接方法较多,主要有顶端插接、靠接、劈接、二段接、断根接等方法,现介绍如下:

(1)顶插接

顶插接是西瓜嫁接普遍采用的方法,它具有操作简单的优点,但对湿度和光照要求较严格。

砧木种子播于穴盘或塑料钵中。当瓠瓜砧木第 1 片真叶展开时为嫁接适期。嫁接时,先用刀片或竹签削除砧木的真叶及生长点,然后用与接穗下胚轴粗细相同、尖端削成楔形的竹签,由砧木一侧子叶的主脉向另一侧子叶方向朝下斜插深约 1cm,以不划破外表皮、隐约可见竹签为宜。

接穗一般比砧木晚播 7~10 天,一般在砧木出苗后接穗浸种催芽。当接穗 2 片子叶展开时,用刀片在子叶节下 1.0~1.5cm 处削成斜面长约 1cm 的楔形面。将插在砧木上的竹签拔出,随即将削好的接穗插入孔中,接穗子叶与砧木子叶呈"十"字状。

(2)大芽大砧顶插接法

此方法克服了普通插接法插接时由于葫芦幼茎已空心,插接后西瓜苗易在葫芦茎内扎根或造成葫芦茎裂开的缺点。大芽大砧顶插接法可延长砧木苗龄，使嫁接适期拉长，操作简单，工效高，嫁接成活率高。砧木比西瓜提早播种 20 天左右，即砧木具有 2 片真叶时再播西瓜种。西瓜播后 7~10 天，当砧木 2 叶 1 心、接穗 2 片子叶刚展开时嫁接。距邱学荣等报道，葫芦 2 片子叶时，茎为空心，嫁接易失败，2 叶 1 心时，茎上端为实心，嫁接成活率高。

（3）大苗带根顶插法

此方法使嫁接苗的成活率高，成苗快，不需用嫁接夹，易操作，克服了顶插接对湿度要求严格、接穗易失水干枯，以及由于接穗小、成苗慢、弱苗多的缺点，也克服了靠接法每株必须用嫁接夹固定，操作麻烦，以及由于嫁接口在子叶以上，防病效果不如顶插接好等缺点。

大苗带根顶插法要求瓜苗高度比砧木高度稍高或同等。所以砧木要稀播，第 1 片真叶长出后摘掉，使苗茎矮壮，子叶厚实。瓜苗适当密播，促使其长成较细高的苗茎，以利于嫁接。

当瓜苗第 1 片真叶长至充分展开后即可嫁接。嫁接时，取砧木，去除生长点，用长 10cm、前端削成长 0.7cm 扁而尖的竹签，在 2 片子叶中间由一侧向另一侧，以 30°角向下斜插 0.7cm，深度达苗茎断面的 2/3，接穗苗在子叶下 0.8cm 处，用刀片自下而上以 30°角斜切 0.7cm，深度达苗茎断面的 2/3。拔出竹签，将瓜苗切口插进砧木插孔，砧木和瓜苗的子叶呈"十"字形，不需固定包扎。8~10 天成活后，齐插口剪断接穗根系。

（4）靠接法

靠接法要求砧木和接穗大小相近，砧木应比接穗晚播 5~10 天，即西瓜苗出土后再播砧木。砧木子叶平展、真叶露心时去除生长点，在子叶下 0.5~1.0cm 处，用刀片作 45°角向下斜削一刀，深度达茎粗度的 2/5~1/2，切口长约 1cm。

接穗比砧木早播 5~10 天，子叶平展、真叶露心时在其相应部位向上呈 45°角斜削，深度达茎粗度的 1/2~2/3，切口长度与砧木切口相同。

将接穗切口嵌插入砧木茎的切口，使两者切口紧密结合在一起，用嫁接夹固定接口。嫁接后，把砧木、接穗同时栽入营养钵内，相距约 1cm，接口距土面约 3cm。7 天后接口愈合，切断接穗根部，10~15 天后去除嫁接夹。

（5）劈接法

劈接法要求砧木具有 1 片真叶、接穗子叶展开时为嫁接适宜时期。嫁接时先去掉砧木真叶和生长点，再从 2 片子叶中间将幼茎向下劈开，长度 1~1.5cm。

接穗一般比砧木晚播 7~10 天,将接穗胚轴削成楔形,削面长 1~1.5cm。将削好的接穗插入劈口,使砧木与接穗表面平整,用嫁接夹固定。

(6)贴接法

贴接法又叫单叶切接法,这种方法不受接穗苗龄限制,尤其是在顶插接适期已过或其他原因造成砧木和接穗茎粗度不相称时可采用此法。采用子叶期的砧木,用刀片从砧木子叶一侧呈 75°角斜切,去掉生长点及另 1 片子叶,切口长 0.7cm 左右。将削好的接穗贴在砧木上,使两切口结合,用嫁接夹夹好。

(7)芯长接法

芯长接法是利用整枝剪掉的子蔓、孙蔓切段作接穗,嫁接在子叶期的砧木上。利用 1 片叶就能得到 1 株苗,1 粒种子可获得几十株甚至上百株小嫁接苗,可用于无籽西瓜或珍贵品种的快速繁殖。

培育下胚轴粗壮的砧木是嫁接成败的关键。砧木苗龄,葫芦 20 天、南瓜 15 天,以子叶展开为宜。砧木的切削方法同贴接法。

接穗提前 1~2 个月播种,或利用早熟栽培摘除的侧枝,选充实且叶柄茎部具白毛、叶腋具有侧芽的发育枝,午后或傍晚切取,傍晚或夜间嫁接,如果当天不能嫁接,接穗应贮存于保温箱中。嫁接时,将枝条按贴接法削段,每段 1 片叶。按贴接法将削好的单叶小段与削好的砧木嫁接在一起,嫩梢则可用顶插接法嫁接。

(8)二段接

二段接又叫双重接,是以南瓜作基砧,以瓠瓜作中间砧的一种嫁接方法。它既克服了瓠瓜抗病性弱的缺点,又解决了南瓜砧亲和力差,对西瓜品质有不良影响的问题,它总和了 2 种砧木的优点。

瓠瓜比南瓜早播 5~7 天,嫁接的适宜苗龄,瓠瓜 20 天左右,南瓜 15 天左右。苗期应控温控水,以使砧木胚轴粗短。嫁接前挖出中间砧瓠瓜苗,削去根部,保留上部 3~5cm,放入保温箱中临时密封保存,温度控制在 15℃左右。

接穗可采用西瓜的子叶苗,也可利用发育充实的枝条切段作芯心接。嫁接时用插接法或芯心接法将西瓜接穗嫁接在瓠瓜砧上,而将中间砧用贴接法或插接法嫁接在基砧南瓜上。

(9)断根接

断根接是将砧木在胚轴适当位置切断,用顶插法或劈接法进行嫁接,然后栽入苗钵。砧木断根后,胚轴失水,操作时不易破裂,以后胚轴发生新的不定根,发达且不易老化,有利于收棵。在西瓜大量育苗嫁接时,往往由于各种原因砧木发生黑根病,这时可采用断根嫁接法,将砧木发病部分剪去,栽植到营养钵中。应注意南瓜砧胚轴易发生不定根,断根嫁接后一般不影响成活;瓠瓜砧不易发生不定根,断根嫁接后,如果管理不善往往会导致嫁接失败。

一般来说,断根嫁接苗比传统插接法嫁接苗闭棚时间要长 1~2 天。另外,砧木子叶可能会出现轻度萎蔫,但只要温湿度合适,嫁接 5~6 天后即可诱导出新根。

7. 西瓜嫁接后的苗期管理

嫁接苗接口愈合的好坏、成活率的高低,以及能否发挥抗病增产的效果,除与砧木、接穗亲和力以及嫁接方法和技术熟练程度有关以外,与嫁接后的环境条件及管理也有直接关系,特别是接口愈合期的环境条件及管理对嫁接苗的成活具有决定性的作用。因此,嫁接后应精心管理,创造良好的环境条件,促进接口愈合,提高嫁接苗的成活率。

(1)接口愈合期的管理

①所需设施

为给嫁接苗创造良好的环境条件,冬春季苗床应设置在日光温室、塑料薄膜拱棚等保护设施内,苗床上还应架设塑料小拱棚,并备有苇席、草帘、遮阳网等覆盖遮光物。若地温低,苗床还应铺设地热线,以提高地温。

②温度

嫁接后适宜的温度有利于愈合组织的形成和接口快速愈合。多数研究认为,嫁接苗愈合的适宜温度,西瓜白天为 25℃~28℃,夜间为 18℃~22℃。嫁接时温度过高或过低,均不利于接口愈合,并影响成活率。因此,早春低温期嫁接,应采取增温保温措施。一般嫁接后 8~10 天,幼苗成活后,恢复常规育苗的温度管理。若采用靠接法嫁接,幼苗成活后,需对接穗断根。断根后,温度适当提高,促进伤口愈合,2~3 天后恢复常规温度管理。

③湿度

砧木和接穗的维管束连通前,接穗水分来源被切断,接穗仅靠与砧木切面间细胞的渗透,供水量很少,若环境空气湿度低,接穗因蒸腾作用强烈,容易发生萎蔫,严重影响成活率。因此,嫁接成活前,应保持较高的空气湿度,防止接穗萎蔫,这是关系到嫁接成功的关键。一般嫁接后 1 周内,空气湿度应保持在95%以上,可采取如下措施:嫁接后立即向苗钵内浇水,并移入充分浇水的小拱棚内,注意冬天浇温水,夏天浇凉水,并向拱棚内喷雾,然后密闭拱棚,使棚内空气湿度接近于饱和状态。接口基本愈合后,每天向棚内喷雾 2~3 次。

④ 光照

嫁接苗一般要经 7~10 天的遮光,遮光实质上是为了防止高温以及保持苗床湿度。一般在前 3 天要遮住全部阳光,但要保持小拱棚内有散射亮光,可利用清晨太阳出来前或傍晚太阳下山后的一段时间,揭去覆盖物,让嫁接苗接受弱光,避免瓠瓜砧木因光饥饿而黄化,继而引起病害的暴发。3 天后,早晚除去遮阳物,让嫁接苗接受弱光照射约 1 小时,以后逐渐延长光照时间。7 天后,只在中午强光下短时遮阴。待接穗第 1 片真叶全部长出,可彻底揭去遮阳物,对嫁接苗进行常规光照管理。

(2)接口愈合后的管理

此阶段是培育幼苗的关键时期,苗床的管理与常规育苗基本相同,但要注意以下环节。

①分级管理:西瓜嫁接苗在适宜的温度、湿度、光照条件下,一般经 7~12 天接口完全愈合,嫁接苗开始生长,但由于嫁接时砧木的粗细、大小以及接穗大小不一致,成活后秧苗的质量有一定的差别,需进行分级管理。在分级管理时,应将接口愈合牢固、恢复生长快的大苗放在一起;接口愈合稍差、生长缓慢的小苗放在温度、光照条件好的位置集中管理,创造良好的条件,使其逐渐赶上大苗;对于接口愈合不良,难以恢复生长的苗子,则予以淘汰。

②断根:采用靠接法嫁接,嫁接苗成活后,需对接穗及时断根,使其完全依靠砧木生长。断根时间一般在嫁接后 10~12 天。方法:在接口下适当位置用刀片和小剪刀将接穗下胚轴切断或剪断,往下 0.5cm 处再剪一刀,使下胚轴下留有空隙,避免自身愈合,也可剪断后将接穗的根拔除。断根后,应适当提高温度、湿度,并进行遮光,以促使伤口愈合,防止接穗萎蔫。

③去固定物:多数嫁接方法需要固定物来固定接口,嫁接苗成活后,接口固定物应及时解除。但解除太早,易使嫁接苗特别是靠接法的嫁接苗在定植时因搬动从接口处折断;解除太晚,固定物的存在会影响根茎的生长发育。所以,应根据具体情况适时去除固定物。采用劈接法和顶插接法的一般成活后 1 周去除固定物;靠接法的可适当推迟,甚至定植后再去除,但应以不影响幼苗生长为前提,否则,应及早去除。

④除萌芽:由于嫁接时切除了砧木生长点,根系吸收的养分和子叶同化的产物大量输送到侧轴,从而促进了腋芽的萌发,砧木萌发的腋芽与接穗争夺养分,直接影响接穗的成活和发育。因此,必须及时除去砧木腋芽。这项工作在嫁

接 5~7 天后进行,注意除去萌芽时不要切断砧木的子叶。

⑤低温锻炼:嫁接苗成活后,光照、温度、水分管理同常规育苗。定植前 7~10 天,应进行低温锻炼,逐渐增加通风、降低苗床温度,以提高嫁接苗的抗逆性,使其定植后易成活。

二、播种或种植

(一)播种

1. 播种时间

播种前 7~10 天扣棚膜,以提高地温,提早播种,当棚内最低气温稳定在 5℃以上,地温在 12℃以上时,大约在 3 月底或 4 月初即可播种。

2. 种子处理

首先要精选种子,除去杂质,秕籽,废籽和其他杂物,然后晒种 1~2 天,可对种子进行阳光消毒,促进发芽。为防止种子带病,可用药物进行种子消毒,或进行温汤浸种,再进行催芽,待芽露白,或长 2~3mm 时播种(具体方法可参考第十一章砂田西瓜无公害栽培技术)

3. 播种方式

选晴朗无风天气,揭去一侧的棚膜采用条覆地膜直播、穴覆地膜直播或直播播种。(具体方法可参考第十一章砂田西瓜无公害栽培技术)

4. 种植密度

小拱棚双膜覆盖早熟栽培应当合理密植,以获得高产,特别是早期产量,提高经济效益,砂田栽培一般采用早熟品种,每畦播种 2 行,株距 1.4~1.6m。

(二)定植

1. 定植时间

定植前 10 天扣棚膜,以提高地温,提早定植,当地温稳定通过 15℃以后即为安全定植期。在中卫市压砂田地区,春季自然灾害频繁,霜冻时有发生,因此定植不宜过早,宜在 4 月上中旬定植为宜。

2. 定植方式

选晴朗无风天气,揭去一侧棚膜,将定植穴地表覆盖砂砾扒开,露出 15~20cm 见方的地面,根据穴盘苗的大小挖穴,将苗栽入,浇水覆土,覆盖棚膜。

3. 种植密度

每棚定植 2 行,株距 1.4~1.6m,每亩栽植 260~350 株,注意不要将土混入砂砾中。

三、播种或定植后的田间管理

（一）棚内温度调节

由于当时外界气温尚低，所以定植后或播种后至出苗前闷棚不放风，以提高气温和地温，促进缓苗和种子出苗，待定植苗缓苗后或播种出苗后根据天气情况及棚内的温度进行放风。晴天棚内气温控制在 35℃以下，阴天棚温控制在 30℃以下。通风方法有 2 种。一是揭膜通风，当拱棚长度达 20m 以上时，初期通风可在小拱棚两头揭开，开始可从一头揭开换气，天暖温度升高后两头一齐通风，每日通风应掌握由小到大原则，否则易"闪苗"，当两头通风仍不能降下棚内温度时可揭开拱棚南侧底边薄膜放风，二是小拱棚内一般中部气温较高，所以应采取顶部通风为好，方法是用两幅薄膜覆盖，顶部预留通风孔，平时不通风时薄膜相互覆盖，通风时拉开。当外界气温达 18℃以上，晚霜已过，外界气温已适合西瓜生长后，可以撤去棚膜。

（二）补水施肥、整枝压蔓等田间管理及采收方法

可参考第十一章砂田西瓜栽培技术。

第十四章　砂田甜瓜无公害栽培技术

第一节　对环境条件的要求

一、温度

甜瓜是喜温作物,当气温低于14℃~15℃时,生长发育受到抑制,10℃时同化作用停止,3℃~6℃时植株停止生长,并受冻变黄,当气温在1℃时,持续2~3小时,植株受冻致死。

甜瓜的生长发育最适宜的温度为25℃~30℃。但不同生育阶段对温度的要求有些不同,种子吸水后,在25℃~30℃的温度条件下发芽最快,48小时就可萌发,但高于40℃时,萌发明显受抑制,迟缓不萌发;幼苗期在30℃~40℃时,同化作用显著增强,成株对高温有较强的忍耐性,在40℃时仍能维持较强的同化作用,开花授粉期的适宜温度为25℃左右,此时授粉坐瓜率最高,果实生长期最适宜的温度为30℃~35℃。

甜瓜的整个生育期要求一定的积温。早熟品种要求大于15℃以上有效积温为1500℃~2000℃,中熟品种要求2000℃~2700℃,晚熟品种要求2700℃以上。积温不能满足的地方,虽然能种出甜瓜,唯其品质大为逊色。

二、光照

甜瓜是喜光作物。生长发育过程中需要充足的光照条件。生长发育前期,对光照特别敏感,当光照不足时,幼苗长得细弱,发育迟缓,开花时光照不足或多雨阴天,易引起受精不良,出现落花落果,果实成熟期若光照不足,会因光合作用受损而导致糖分转化积累不良,降低品质。甜瓜的整个生育期内所需要的总日照时数因品种、熟性而异，早熟品种要求总日照时数为1100~1300小时，中熟品种要求为1300~1500小时，晚熟品种要求为1500小时以上。果实成熟阶段遇烈日暴晒果实时，极易发生日灼危害，因此，要注意适当遮盖和翻瓜。

三、湿度和水分

甜瓜要求干燥的空气环境，在整个生育期中，各阶段对水分要求不一。种子萌发出土时，要求土壤10~15cm处的土壤含水量在15%左右，方可保证幼苗出土，幼苗植株小，需水较少，土壤湿度不宜大，否则于幼苗生长不利，还会导致猝倒病发生。拉蔓、开花结果和果实膨大期，地上部生长发育极快，蒸腾量加大，天气又热，所以要求较高的水分供给。果实成熟期，主要是果实内糖分的转化和积累，只要求保证正常供给，而不需要过多水分，否则会降低糖分和造成烂瓜，甜瓜是耐旱植物，除具有发达根系和较强的根毛细胞吸收力外，还有较强的叶片渗透压（10.3~12.7个大气压）。

四、土壤

甜瓜要求疏松而肥沃的沙壤土，土壤含有微量盐分时，对甜瓜植株的生长发育有一定的促进作用，能促进开花结果，增进果实的含糖量。甜瓜耐盐性极强，耐盐极限为0.8%~1%，当土壤含盐量在0.8%以下时，甜瓜可正常生长发育，据观察，甜瓜对不同盐离子的反应不一。耐硫酸钠的极限为0.5%，耐氯化钠为0.09%，耐碳酸钠为0.016%。其耐盐极限为总盐量1.52%和氯化物0.235%。成株较幼苗耐盐碱能力强，在各种离子中，甜瓜对氯离子忍耐力弱，对碳酸根离子、硫酸根离子忍耐力较强。

五、矿质营养

甜瓜是以含糖量高，生理成熟的果实为产品，因此对矿质元素的需求不同于其他以营养器官为产品的作物，对氮、磷、钾三要素的吸收比例约为30:15:55，每生产1kg甜瓜果实所需元素量为氮3.5g，五氧化二磷1.72g，氧化钾6.88g，氧化钙4.95g，氧化镁1.5g。可见，甜瓜需氮、磷、钾、钙的比例很大，而甜瓜吸收的氮、磷、钾一半以上用于果实的发育。

第二节　适宜砂田栽培的甜瓜品种

一、类型

我国甜瓜的栽培品种按生态学分类可分为薄皮甜瓜与厚度甜瓜两大生态类型。

（一）薄皮西瓜

又称普通甜瓜，东方甜瓜，中国甜瓜，香瓜。属东亚生态型，原产我国，适于温暖湿润气候，抗病性较强，适应范围广，全国各地均有种植，东北、华北、江淮流域是主产区。这类甜瓜的植株矮小，生长势中等，叶色深绿，叶片、花、果实、种子均比较小，果实圆筒形、倒卵圆形或椭圆形等。果面光滑、皮薄，肉厚 1~2cm，脆嫩多汁或面而少汁，可溶性固形物含量为 8%~12%，皮瓤均可食用，不耐贮运。我国的薄皮甜瓜品种中，绝大部分属普通甜瓜（香瓜）变种。根据皮色可分为下列几个品种群：

1. 白皮香瓜品种群

果皮白色，乳白色或白绿色。成熟时常转变成黄白色。主要品种有：梨瓜、雪梨瓜、苹果瓜、大银瓜、小银瓜、白糖罐、站秧瓜、白线瓜等。

2. 黄皮香瓜品种群

瓜成熟时，皮色明显变黄。主要品种有：十棱黄金瓜、八方瓜、黄金醉、南阳黄、喇嘛黄、荆农 4 号、春香、金太郎、太阳红等。

3. 绿皮香瓜品种群

瓜皮绿色或墨绿色，有深绿色条纹或白色条沟。主要品种有：铁把青、海冬青、十道子、羊角密、青皮青肉等。

4. 花皮香瓜品种群

瓜皮底色黄白，上有绿色斑纹或条纹，俗称花皮。主要品种有：红到边、王海、小花道、蛤蟆酥、大香水、小香水等。

5. 小籽香瓜品种群

种子极小，形似米粒，如甘肃的金塔寺甜瓜，山东的芝麻粒，麦仁子甜瓜等。

6. 绵瓜品种群

果肉多淀粉，质绵不甜。如河南、山东一带的极早熟品种楼瓜、老头乐、老来黄等。

（二）厚皮甜瓜

厚皮甜瓜类型属中非生态型,原产非洲,适于高温干旱气候,极不耐湿,要求有较大的昼夜温差和充足光照,抗病性较弱,适应范围窄。我国主要分布在新疆、甘肃一带干旱少雨的典型大陆性气候带种植。厚皮甜瓜植株生长势强或中等,茎粗、叶大、色浅,叶面平展,果实圆形、长圆形或椭圆形、纺锤形,有或无网纹,有或无棱沟,瓜皮厚0.3~0.5cm,果皮厚硬不可食。果肉厚2.5~4cm,细软或松脆多汁,芳香、醇香或无香味。可溶性固形物含量为11%~15%,最高可达20%。一般单果重1.5~5kg,大者可达25kg,种子较大,耐贮运。我国栽培品种可分为下列几类:

1. 瓜蛋品种群

本品种果实呈圆形,或高圆形,果型小而成熟早,果面灰黄绿色,果肉有白、绿、红三色,肉质软,香味浓。如新疆的卡拉奇里甘、卡尔其里甘、黄蛋子、兰州的铁蛋子、兰甜5号以及冀蜜1号、伊丽莎白等均属此品种。

2. 白兰瓜品种群

该品种有小暑绿瓤白兰瓜、小暑红瓤白兰瓜、大暑白兰瓜3种。果皮光滑白色,成熟时转黄白色、浅绿肉、清甜味美无香味,耐运输。其中大暑白兰瓜等,为外贸出口的重要果品之一。

3. 粗皮甜瓜品种群

果面有粗裂网纹。如甘肃的具特殊浓香味著称的麻醉瓜。

4. 哈密夏瓜品种群

为哈密瓜中夏季成熟的中熟种,全生育期100~120天。果型中等大小,品质优良,7~8月成熟。其代表品种有:纳西干、波斯皮牙孜、伯克扎德、白皮脆、花皮金棒子、红心脆、香梨黄、黄金龙、炮弹瓜等。

5. 哈密冬瓜品种群

为哈密瓜中的晚熟品种,全生育期120天以上。果型大,产量高,经贮藏后品质转好,可贮存到次年3~4月,主要品种有:

（1）可口奇冬瓜品种群

果实阔椭圆形或卵圆形,果皮黄绿或绿色,果肉绿或红色,有或无网纹。主要品种有青麻皮、小青皮、炮台红、炮弹瓜、桔可口奇、卡拉克赛等。

（2）密极甘冬瓜品种群

长椭圆或卵圆形,果皮绿色或黄绿色,覆有多道墨绿色条带。主要品种有:

黑眉毛密极甘、塔尔密极甘,和田皮极甘等。

二、品种

(一)厚皮甜瓜

宁夏中部干旱带砂田西甜瓜种植地区气候条件与甘肃兰州、新疆乌鲁木齐、石河子、昌吉等地相似,兰州、乌鲁木齐、昌吉等地均为我国厚皮甜瓜主要产地,其中兰州砂地产的白兰瓜,享誉海内外,因此,我区砂田种植甜瓜应以厚皮甜瓜为主。厚皮甜瓜耐贮运,适合砂田栽培。

1. 大暑白兰瓜(大暑瓜)

分布面积最广,系兰州当地主栽品种,品质最优,产量高,皮厚,耐贮运,是内、外销的优良品种。果实较大,多呈球形,横径14.5~15cm,高16cm,果顶平或隆起,平均单瓜重1.5~2kg,大者达2.5~3kg,果肉浅绿色,厚3~4cm,皮较硬,厚0.4~0.5cm,幼瓜绿色,完熟期果面向阳部呈橙黄色或深黄色,肉质柔软,芳香味甘,一般含糖量12%,最高达13.8%,品质佳,种子淡褐色,形大。

生育期长,生长健壮,孙蔓坐瓜,成熟晚,耐贮藏,开花至果实成熟约50天。由播种至采收120~150天。故名大暑瓜。采收期可延续30天。一般亩产1500~2000kg。

2. 小暑绿瓤白兰瓜

瓜形较小,呈卵形,横径11.9~12cm,高14~15.5cm,单瓜平均重1kg左右,充分成熟后果皮阳面呈淡黄色,果肉绿白色,厚2.5~3cm,香气较浓,味较甜,含糖量约9%,瓤白色,皮厚0.3cm,不耐贮运。早熟,子蔓坐瓜,开花至果实成熟约40天,普通于小暑节前后开始采收,全生育期110天,亩产1000~1250kg。

3. 小暑红瓤白兰瓜

瓜形较小,呈卵圆形或扁圆形,横径13cm,高约15cm,单瓜重1kg左右,充分成熟后瓜阳面呈红黄色,果肉呈淡橘红色、瓤部亦为淡橘红色、近皮部呈浅绿色,肉厚3cm左右,味稍甘,含糖量约8.2%,果皮较薄,厚0.3~0.4cm,不耐贮运。成熟早,子蔓坐瓜,生育期100~110天,采收期30~40天,小暑节前后采收,亩产1000~1250kg。

4. 甜6号

天津市农科院蔬菜所与台湾省元合一种苗公司共同研究开发的状元型甜瓜,属中早熟品种,开花至采收需40天左右。植株生长势强,果实椭圆形,果皮黄色,白果肉,平均单瓜重 2kg,最大 3kg,果肉厚 3.5cm 以上,中心含糖量 15%,香味浓郁,品质优,易坐果,不易脱柄。每亩产量 3500kg 以上。

5. 蜜龙

天津市农科院蔬菜所育成,植株生长健壮,对温度的适应性广,春季栽培开花坐果好,高抗白粉病,对其他叶部病害也有较强抗性。果实成熟 50 天左右,单瓜重 1.5~2kg,果实高圆形,果皮灰绿,成熟后略转黄,果面覆有均匀规则网纹,且有稀疏暗绿色斑块,果肉橘黄色,中心含糖量 16% 左右,最高可达 18%,肉质较脆,口感好,果皮硬,耐贮运,本品种外观漂亮,品质极优,抗性好,是国内网纹甜瓜中的优良品种。

6. 翠露

天津市农科院蔬菜所育成。中早熟品种。果实发育期 43 天,植株生长势强,抗病性好,果实近圆形,白绿色果皮。

7. 黄河蜜瓜

甘肃农业大学瓜类研究所育成。有 3 个品系,全发育期在不同地区或不同年份略有差异,一般比普通白兰瓜早熟 10 天左右。果皮橙黄色,果肉分翠绿、绿和黄白 3 种,肉质较紧。中心含糖平均 14.5%,最高 18.2%,每亩产量2000~4000kg,平均单瓜重 2.16kg。

8. 河套蜜瓜

内蒙古自治区巴彦淖尔盟地方品种。果实阔卵圆形,果皮橙黄色,果面光滑,果顶部密生横向细网纹,较粗糙。平均单瓜重 790g,每亩产量 2000kg,果实皮厚约 0.34cm,肉厚 2.5~3.0cm,可食率 54.7% 左右,果肉浅绿或乳白色,肉质酥脆,过熟软绵,浓香甘甜多汁,中心含糖 14.16%。果实较耐贮运。

9. 西班牙蜜王

由香港力昌农业有限公司引进的一代杂交种,属世界著名的西班牙大型洋香瓜。果实圆球形,单瓜重 1.25~1.75kg。成熟时果皮金黄色,果肉玉白,汁多,清甜爽口,香味浓厚,风味特别,可溶性固形物含量为 15%~16%,该品种抗枯萎病,白粉病,生长强健,开花后 50 天可采收。

10. 蜜世界

台湾省农友种苗公司育成的一代杂种,全生育期 100 天左右,果实发育期为 45~55 天。低温下坐果能力强,果实短椭圆形,果皮乳白光美,果肉淡绿,肉质柔软细腻,口感好。中心含糖量为 14%~16%,果肉不易发酵,果蒂不易脱落,耐贮性好,适于内外销。单瓜重 1.75kg。

（二）薄皮甜瓜

1. 甘黄金

甘肃省农科院蔬菜所育成的一代杂种。果实长椭圆形,黄皮白肉,质脆多汁味甜,单瓜重 500~700g,中心含糖 14%,品质上等。子、孙蔓结瓜,适应性强,每亩产量 2000kg。

2. 龙甜 1 号

黑龙江省农科院园艺所育成的品种,生育期 70~80 天。果实近圆形,幼果呈绿色,成熟时转为黄白色,果面光滑有光泽,有 10 条纵沟,单瓜重 500g,果肉黄白色,肉厚 2~2.5cm,质地细脆,味香甜。中心含糖 12%,最高达 17%,品质上等,单株结瓜 3~5 个,每亩产量 2000~2500kg。

3. 上海十棱黄金瓜

果实卵圆形,黄金瓜有 10 条白线,外形美观,脐小而平,白肉,质脆味甜,中心含糖 19%以上,单瓜重 250~500g,全生育期 80 天左右。

4. 海冬青

上海郊区优良品种。果实卵形,单瓜重 500~950g。果皮灰绿色,有深绿细条,皮脆,绿肉,果顶稍大,果脐突出,肉质脆,微香,味极甜,中心含糖 13%~14%。易坐瓜,产量高,全生育期 80 天左右。

5. 广州蜜瓜

广州市果树研究所育成。果实扁球形,单瓜重 400~500g,皮白色,成熟时呈橙黄色,色艳,香味浓郁。果肉淡绿色,脆沙适中,中心含糖 13%以上。全生育期 85 天左右,果实 25 天即可采收。子蔓结瓜,每亩产量 1000~1500kg。

6. 台农特大太金郎

早熟,全生育期 80 天左右,坐瓜 26~28 天果实成熟,抗病性强,适应性广,果实椭圆形,成熟前有绿斑,成熟果面金黄色,覆白沟,瓤肉白色,细脆,品质佳,中心含糖量为 15%,单瓜重 1~1.5kg,每亩产量 2500kg 左右。

第三节　砂田甜瓜栽培应考虑的因素

一、砂田栽培甜瓜应选择厚皮甜瓜品种,不宜选择薄皮甜瓜品种,由于厚皮甜瓜喜充足的光照和较大的昼夜温差及较干燥的气候条件, 特别适宜在砂田栽培,且厚皮甜瓜耐贮运,品质好,适于大面积种植,易形成当地品牌品种。如甘肃省兰州市的白兰瓜就是砂田种植的厚皮甜瓜,由于其品质好,耐贮运,享誉海内外。

二、厚皮甜瓜主要分布在我国西北的甘肃、新疆等省(区),为当地乡土品种。我区自有砂田以来除种植西瓜外,就有厚皮甜瓜种植,如海原关桥乡、西安乡等地种植的铁蛋瓜、黄蛋子,即是厚皮甜瓜品种,因种植厚皮甜瓜适宜砂田当地气候条件,也是当地群众喜种的瓜类品种。

三、选择品质优良,耐贮运,早中熟,抗病性强的品种。如天津市农科院蔬菜所育成的蜜龙、翠露、甜 6 号、兰州的大暑白兰瓜,内蒙的河套蜜瓜,甘肃农业大学瓜类所育成的黄河蜜瓜、甘肃省金塔县的绿皮可口奇、新疆的纳西甘、网纹香等。

四、要集中连片,规模发展,形成一村一品的专业化生产,有利于压砂甜瓜的品牌形成和对外销售。

五、应按照绿色,无公害生产技术进行生产,尽量不施农药,不施化肥,多施有机肥,走有机食品生产的路子。

第四节 砂田甜瓜栽培技术

一、播种

(一)播种时间

甜瓜是耐热植物,种子发芽的最低温度为 15℃,最适宜温度为 32℃~35℃,厚皮甜瓜的适宜温度范围比薄皮甜瓜略高一些,因此,播种期不能太早,压砂地甜瓜露地适宜播种的温度指标是,外界日平均气温稳定在 12℃以上,10cm 地温稳定在 15℃以上,为安全适播期。根据以上要求和中卫、中宁、海原等地气象条件,压砂甜瓜的适宜播期为"谷雨"前后,据试验,在露地条件下,甜瓜早熟品种播种后 10~12 天出苗,中熟品种 14~16 天出苗,晚熟品种 16~18 天出苗。根据这一试验资料可以推断出什么时间播种,什么时间出苗在当地较适宜。

(二)种子处理

1. 种子的结构和形态

甜瓜种子为无胚乳种子。一粒发育正常的完好种子,从外表和解剖结构上可分为种皮、子叶、种胚(包括胚芽和胚根)3 部分。甜瓜种子的形态有披针形、长扁圆形和椭圆形等多种不同形态,平直或波曲,种子大小,厚皮类甜瓜一般为1~1.5cm×0.2~0.3cm,千粒重 35~80g,薄皮甜瓜种子中等或小,一般为 0.5cm×0.2~0.3cm。千粒重 15~30g。种子颜色有橙黄、土黄、浅褐或灰白等,因品种和类型不同而有差异。

2. 种子的贮藏寿命

甜瓜种子的寿命,在一般室内条件下,可维持 5 年左右,一般应用年限为3 年。

3. 晒种

播种前晒种可以提高种子的发芽势和促进种子后熟。方法是,在播种前2~3天选晴朗无风晴天,将种子摊在纸板、木板或报纸上放在阳光下晒种,每隔2~3小时翻动 1 次,以使种子受光均匀,一般晒 1~2 天就可以了。

4. 种子发芽的条件

(1)水分

甜瓜种子发芽前必须吸足水分。由于其种皮较薄、吸水快,时间短,一般在适温条件下,浸种 5~6 小时即可吸足水分,当种子吸收的水分相当于种子自重的 60%时即可发芽。

(2)温度

甜瓜属喜温耐热植物,从表 14-1 可以看出,其发芽最低温度为 15℃,最适宜温度为 35℃,最高为 40℃。

表 14-1　甜瓜种子发芽与温度和时间的关系

温度(℃)	10	15	20	25	30	35	40
发芽率(%)	0	42	97	100	98	100	99
平均发芽天数		7.5	4.0	2.0	2.0	2.0	2.0

甜瓜种子发芽的最适宜温度,厚皮甜瓜为 25℃~33℃,薄皮甜瓜为 25℃~30℃,温度越低,出芽时间越长,种子常在土中屈曲难以出土,当耕层地温达到15℃时即可播种。

5. 选种

饱满的种子能促进植株的生长发育,有利于高产,因此,播种前应进行选种,最好进行粒选,除去秕籽,虫蛀,霉烂的种子,选符合本品种特征,淘汰非品种特征的种子,以保证种子的质量和纯度。

6. 种子消毒、灭菌

(1)温汤浸种

将甜瓜种子放入 55℃~60℃(2 份开水兑 1 份凉水)的水中,不断搅拌,待水温降至 30℃时进行浸种。

(2)药剂消毒

先将甜瓜种子用温水浸种 2~3 小时后,放入 1000 倍升汞(二氯化汞)溶液中消毒 10 分钟,或 1000 倍福尔马林溶液中消毒 30 分钟,而后取出洗净置于温水中浸种。

(3)干热消毒

将干燥的种子放在 70℃的干热条件下处理 72 小时,然后浸种催芽。这种方法可消灭侵入种子内部的病毒,具有防止病毒病的作用。处理时,种子含水量要低,温度不能过高,否则,影响种子的生活力。

7. 浸种

种子经上述处理后,可用温水浸种 4~6 小时。

8. 催芽

将浸种后的种子用洁净的纱布包好后,放入洁净的瓦盆中,覆盖湿毛巾,置于 28℃~30℃的温度下催芽,待种子露白即可播种。

(三)播种方法

1. 覆膜直播

(1)条覆膜直播

即播种后,在播种行上用宽 50~70cm,长条形地膜覆盖。播种方法是,宜选晴朗无风天气播种,播时,将发芽的种子放入干净的碗内用洁净的湿布盖好,边播边取,以防干燥伤芽。先扒开播种穴砂石 15~20cm 见方,用瓜铲掘松土壤,打碎坷垃拍细拍实,用瓜铲开 5~7cm 长,2~3cm 宽,深 1~2cm 的短沟,点播种子 1~2 粒,芽尖朝下,播后盖细土厚 0.5cm,其上再盖细砂厚 1.5~3cm,呈圆锥形或脊梁形,弄光土面,防盖砂漏入覆土缝隙,使嫩芽受旱,周围填压砂石,以利保墒。同时在种子周围撒施防病治虫的复配农药。播后沿播种行覆盖地膜,膜的四周和穴间用砂石压住。

旱年土壤墒情不足,则应补水点种,方法是将播种穴表面砂石清除后,挖 10cm×10cm 见方、深 3~4cm 的播种穴,在穴内浇水约 1kg,水下渗后播种、盖细土、覆砂,四周填压砂石后,覆盖地膜。

（2）穴覆膜直播

播种方式与条覆膜直播方法相同,播后用 50cm×50cm 的地膜覆盖,膜的四周用砂石压严。

2. 种植密度

厚皮甜瓜一般行距 1.5m,株距 1~1.2m,每亩 370~440 株。甘肃省兰州市旱砂田种白兰瓜的经验是,行距 1.5~1.6m,株距土壤肥力稍差地块为 0.83m,每亩535~502 株,土壤肥沃地块,株距可加大至 1~1.2m。每亩 444~347 株。

二、田间管理

（一）苗期管理

1. 破膜放苗

压砂甜瓜播种后覆盖地膜由于种子种皮薄,出苗比西瓜快。因此,同时播种的甜瓜和西瓜种子,通常甜瓜幼苗比西瓜早出苗 1~3 天,这一原理导致甜瓜苗期发育远比西瓜快。因此,幼苗出土后气温升高时要注意在幼苗上方将地膜划一"十"字形洞口通风,以防止高温灼伤幼苗。5 月中旬晚霜结束后,瓜苗已顶膜时,将地膜开口把秧苗挪出膜外,填平播种穴砂石,落下地膜覆盖地面用砂石压紧防止风吹。

2. 防霜冻和沙尘暴危害

压砂甜瓜播种出苗多在 4 月下旬至 5 月上旬,此时正值宁夏多风季节,有的年份还常伴有沙尘暴天气发生,晚霜冻危害时有发生,因此,要注意做好防风和防霜冻工作,可采用以下几种方法:

（1）播种前,咨询气象部门,了解当地 4 月中下旬至 5 月上旬晚霜冻发生情况及发生时间等,如有重霜冻发生并伴有大风天气,可适当延迟播种,但不应迟于 5 月上旬。

（2）采用地膜覆盖栽培,由于地温、气温提高,不但能促进甜瓜出芽,而且也有预防霜冻的作用,因此可以延迟放苗,可以保证苗在膜穴下不会受冻。

（3）可以借鉴兰州市砂田种白兰瓜采用"盖瓜房防霜冻"的办法来防霜冻。方法是,在甜瓜苗出土后,就地用 3 块片石竖立在瓜苗东西北三面,开口向南,若有霜冻出现,可在夜间覆盖约 9cm²,厚 0.3cm 的旧棉絮。白天太阳出来后去除。霜冻过后拆除"瓜房子"。

(4)盖泥碗防霜冻。霜冻来临前于傍晚用泥碗覆盖瓜苗,次日太阳出来,气温升高后揭去。

3. 填砂与间苗、补苗

小苗根系弱小,植株不稳固,易被风吹摇动损伤。通常在第1片真叶展开时于幼苗周围填砂,高达子叶处,以稳定幼苗。同时进行第1次间苗,每穴留苗1~2株,间拔时,一手压住苗根际,以防带动。然后用铲填平苗周围的砂石,以免瓜秧延伸时碰伤嫩尖,3~5片真叶时定苗,每穴留健壮而纯正苗1株,如有缺苗,在原穴近旁扒开砂石用催芽种子补种。

(二)补水、施肥

1. 补水

可参考第十一章砂田西瓜栽培补水一节。

2. 施肥

宁夏砂田甜瓜种植带多分布在灰钙土或淡灰钙土地区,土壤瘠薄,因此砂田种植甜瓜应重视增施有机肥。

(1)施基肥

①新砂田:在第1年压砂前施入基肥,每亩施入腐熟牛粪、或羊粪、或猪粪4000~5000kg,油饼100kg或干鸡粪300~400kg,施入基肥后,翻入土中再铺砂,次年春季种瓜。

②中砂田、老砂田:可用中卫市农机局于2006年研制的2FX-14型耖砂施肥机播施有机肥,将有机肥碾碎后装入耧箱播施,一般播深20cm左右,每亩土粪2000~2500kg,或大粪干750kg,或烘干鸡粪200~300kg,或有机复合肥400~500kg,也可用耧施,基肥可春施也可秋施,一般秋施的比春施好。

③甘肃省兰州市生产白兰瓜施基肥的经验是,施基肥前,先按一定距离拉行,行宽1.5~1.6m,将行间分成大行(白行),宽0.83~1m和小行(粪行子)。宽0.66~0.83m,在小行施基肥。施肥方法是,用铁刮子先将小行砂石刮于大行内,再用刮板子把遗留的细砂扒净刮分两旁。使小行土面露出,然后在土面施基肥、均匀撒施,一般施肥宽度0.53cm左右,施后翻入土中,深20cm左右,尤其注意将小行两边的肥料全部翻入土中。土壤翻耕后,用榔头律平土面,再用墩板把土面打紧打光,以防砂和土混合,最后覆盖原砂,同时1人在后面用石子在粪行中央立标,以作播种时的标记。

(2)追肥

一般在瓜苗长至4~5片,即在"伸蔓前"进行。方法是,在距瓜苗15~20cm

处,扒开砂砾,扫净地面细沙,挖穴深 15~20cm,每穴施腐熟有机肥 0.5kg 加腐熟油饼 100g,充分与土混合均匀,然后盖土压实,再将扒除的砂砾复原。有条件的还可在坐果后,开始膨大时再追 1 次"膨瓜肥",方法、肥料种类与用量与第 1 次相同。

(三)整枝、压蔓

1. 整枝

厚皮甜瓜分枝性很强,如放任生长,则成密集杂乱的株丛,影响坐果和产量,故需整枝。厚皮甜瓜的营养生长与结瓜有密切的关系。只有较大的营养生长量,即较多的茎、叶,才能制造出足够的营养供给果实的生长和发育,获得较高的产量。但过旺的营养生长,会延迟结瓜,降低产量,因此调节营养生长与结瓜的关系是非常重要的,不同的品种因结瓜习性不同需要通过整枝摘心促进开花结果,对以孙蔓结瓜为主的品种,主蔓、子蔓早摘心,可使孙蔓早发生,早坐果,对以子蔓结瓜为主的品种,主蔓早摘心,可促进子蔓早发生、早显蕾、早开花坐果。甜瓜整枝有单蔓整枝、双蔓整枝、三蔓整枝、四蔓整枝和多蔓整枝等五种方法,但砂田栽培甜瓜,由于砂田日照强,早晚温差大,果实易为日光灼伤,因此多采用四蔓整枝。兰州砂田白兰瓜整枝有盐场区整蔓法和安宁区整蔓法两种,现分别介绍如下:

(1)四蔓整枝

瓜苗长到 3~4 片真叶时,对子蔓进行摘心,选留 2 条子蔓,当子蔓长到 3~4 片真叶时,再对子蔓摘心,并在每条子蔓上选留 2 条孙蔓,形成 4 条孙蔓即四蔓骨架。待孙蔓上抽生出分枝(重孙蔓),若抽生的分枝或孙蔓出现雌花蕾时,再选留 1~2 片叶摘心。

(2)盐场区整枝法

主蔓有 10 片叶时,留 8 片叶摘心,俗称 8 叶齐打头尖,秧苗柔弱,可多留 1~2 片叶。主蔓上留 4 条子蔓(俗称四大杈),留 4~5 片叶打尖,节间短者多留 1 叶,长者少留 1 叶,使 4 子蔓约等长,匀置四方为瓜秧骨干。主蔓上部留 2 条子蔓,俗称浮杈,一般留 4~5 叶打尖,天旱多留,雨多少留。浮蔓主要为果实遮阴,以免烈日晒灼果实,故又叫"棚秧子"。主蔓梢部 1~2 叶腋的幼芽,及早除去,免秧过旺。主蔓上部的叶片,通称"天棚叶子"。

子蔓上的孙蔓向两旁引申,等各孙蔓与子蔓约长齐时则打尖,子蔓基部的 2 个孙蔓留 3~4 叶打尖,梢部孙蔓留 2~3 片叶掐尖。孙蔓的瓜胎前留 1 叶打尖,同时抹去坐瓜节的腋芽。总之,株形以掐圆为原则。

曾孙蔓多放任生长,使植株有足够数量的同化器官,以利瓜充分膨大,汁饱味佳。一般约掐 4 次即可掐圆。

(3)安宁区整枝法

主蔓有 7~8 片叶时打尖,主蔓基部留 4 条子蔓(俗称底秧),子蔓留 3 叶打尖,每子蔓留 2 条孙蔓(俗称拐),每条孙蔓留 2 叶打尖。主蔓上部仍留 2 条子蔓,其上留 2~3 片叶。主蔓梢部的腋芽全部抹去。除底秧外,其上部的叶子都叫天棚叶子,用于果实(瓜)的遮阴。这种整蔓方法简称:"四批八拐六天棚"。

摘心整蔓,宜在朝露干了,日光大晒时进行,这时植株组织质地不脆,可免碰伤茎叶。

2. 压蔓

当 4 条子蔓摘心后,选用长形石块压在蔓前端的节间,以防止大风卷秧。在风多地区应注意压牢固,以免被风刮翻瓜秧。压蔓工作一般在晴天午后进行,避免损伤瓜蔓,压蔓和整枝工作同时进行。

(四)中耕除草

新旱砂田草少,可用手或铁钩拔除,中砂田或老砂田草多时可用手扶拖拉机牵引耙砂机耙松行间铺砂,不可过深,以防土壤混入砂层,然后再用铲草机铲除杂草,一般进行 1~2 次。

(五)人工授粉、留瓜、垫瓜

1. 人工授粉

(1)人工授粉的好处

厚皮甜瓜品种的花型,大多为两性雌雄花同株型、花为虫媒花。在自然条件下,授粉昆虫主要有花峰、蜜蜂、花虻、蝇及蝴蝶等,甜瓜的花药位于柱头的周围,花药在柱头的外侧开裂,加之花粉本身有粘着性,如果访花昆虫少,依靠自花授粉比较困难,所以要保证优质丰产,人工授粉是必要的,人工辅助授粉有以下好处。

①人为控制坐瓜节位:在正常的条件下,依靠昆虫传粉或两性花的自然授粉,能有一定的坐瓜率,但却不能按照生产者的意志控制在一定节位上坐瓜。往往出现下部或高节位上坐了瓜,而预定结果部位却未能坐瓜,因此,人工授粉,可避免坐瓜的盲目性,控制在理想的节位坐瓜。

②提高坐瓜率:人工授粉较昆虫和自然授粉可显著提高坐瓜率,防止空秧。

③增加单瓜重和结实率:栽培实践证明,人工授粉的甜瓜种子数量多,籽粒饱满,瓜的发育大,较自然授粉的明显增产。

④减少畸形瓜发生率。

（2）人工授粉的温度和时间

甜瓜的开花时间与温度、光照条件有关。其最适宜开花的气温为20℃~21℃，最低18℃，雄花在低于15℃时，花药不能开裂，花粉不能散出，雌花在低于18℃下，花冠不能开放。授粉期的最适宜温度为20℃~21℃，甜瓜开花后2小时内柱头、花粉的生活力最强，授粉结实率最高。中午13时后，雌雄花器的生活力迅速下降，花粉发芽的最适宜温度为32℃~38℃，32℃以下，花粉管生长最快，但生长适宜温度为25℃，授粉36小时后，已有90%的花粉管到达胚珠而受精。一般上午8时~10时是雌花柱头和雄花花粉生理活动最旺时期，因此是人工授粉最适宜的时间。

（3）雌雄花的选择和授粉方法

雌花选择标准是雌花的子房的两端圆但整个形状略显椭圆，子房的颜色，应选颜色稍淡的。要选择花朵大，花冠开放正常的雌花。雄花因是在各节间簇生，为了保证雄花的质量，可在开花之前将簇生的雄花留下中间的1朵，去掉其他雄花。

授粉方法：甜瓜的雌花和雄花都以当天开放的花坐果率最高，在以生产商品瓜为目的的栽培中，即使发生不同品种的杂交，也不会影响果实的商品性状，所以雄花不用隔离让其自然开放。将当日开放的雄花，去掉花冠，将雄花轻轻地涂在雌花的柱头上即可。也可在授粉前将雄花大量取下，轻轻将花冠除去，然后用干净毛笔将花粉扫落在干净的培养皿或小碗中，再用毛笔蘸取花粉，轻轻涂抹在雌花柱头上。

2. 留瓜

厚皮甜瓜留瓜个数应根据品种、密度、肥水条件、整枝方式而定。一般情况下，单株留果多，会导致果实小，含糖量下降，风味差，畸形瓜多，植株早衰等问题，甚至诱发急性凋萎病、叶枯病等生理病害。一般大果型品种，1株留1瓜，小果型品种每株留1~3个。

利用孙蔓结瓜时，以子蔓中部3~5节上的孙蔓结瓜为佳，留瓜节位过高，果实偏长，果肉薄，含糖量低，坐瓜节位过低，果实产量低，果实小。留瓜时间以幼瓜鸡蛋大小，开始迅速膨大时选留为宜。选留幼瓜的标准是：颜色鲜嫩，对称，完好，两端稍长，果柄长而粗壮，花脐小，无病虫害的。如子蔓、孙蔓都有瓜，而子蔓瓜稍大时，留子蔓瓜，以利早熟；如子蔓瓜与孙蔓瓜大小相近时，则留孙蔓瓜以利高产。留2~3个瓜时，应分别留在不同的子蔓或孙蔓上，留瓜后，其他瓜全部摘除。

3. 盖瓜、垫瓜

甜瓜果实生长前期果面幼嫩，应放在瓜秧叶片下遮阴，以免日灼，开花后

20~30 天,瓜有 6~7 成熟时,把瓜由叶荫下移出,让瓜见光,使果面色泽鲜亮,提高品质。

幼瓜膨大时,可在瓜下垫草或 3 块石子支起,防止染病,使阴面空气流通,减少阴阳面品质的差异。

三、采收

甜瓜采收过早,果实含糖量低,香味不足;采收过晚,风味变劣,品质下降,不耐贮运。在当地销售的,可在十分成熟时采收。外销甜瓜,应于成熟前 3~4 天,成熟度 8~9 成时采收。甜瓜适宜采收期是,糖分达到最高点,但果肉尚未变软时进行。其判断标准如下:

(一)充分表现出该品种的特征特性

甜瓜的种皮表现该品种固有的皮色、花纹、条带和网纹,有的品种还能散发出香气,有棱沟的品种成熟时,棱沟明显即标志成熟。

(二)瓜柄、瓜顶的变化

果实成熟后,瓜柄附近的茸毛脱落,瓜顶脐部开始变软,果蒂周围形成离层,产生裂纹等。

(三)植株衰老

整株的叶片老化,结果蔓上的叶片,尤其是果实前边的叶片出现黄化现象,似缺镁症状,即叶片中叶脉间失绿。标志果实成熟。

(四)计算成熟日期

甜瓜每个品种,在一定的气候和栽培管理条件下,生育期基本是一定的,一般甜瓜的全生育期早熟品种为 75~95 天,中熟品种 95~110 天,晚熟品种 110~150 天(播种至成熟)。可在开花授粉时挂牌作标记。

(五)抽样解剖

在商品瓜的成熟度鉴定中,目前普遍采用的方法是抽样解剖观察。这种方法可以观察种子的饱满度,果实的瓤色(肉色),用折光仪测定含糖量,可食率,品评瓤(肉)质和风味等。只要抽样合理,此法最为准确可靠。

甜瓜采收,最好在清晨果实温度较低时进行。收后置于阴凉的场所,以减少果实的呼吸作用和田间热。采收时用剪刀把果柄与侧蔓剪成"T"字形。带果柄以示该果实新鲜无病,厚皮甜瓜有后熟作用,采收后在室温下放置 2~3 天后品质最好,放置时间过长,糖度降低。

第十五章　砂田小拱棚甜瓜无公害栽培技术

春季利用小拱棚在砂田进行甜瓜早熟栽培,上市早,品质好,产量高,而且上市期正值冬春果品日渐减少的供应淡季,因此,经济效益、社会效益显著,应在有条件地区适当发展,现将其栽培技术介绍如下。

第一节　小拱棚的结构、建棚方法及效应

参考第十三章第一节、第二节。

第二节　栽培季节

一般4月上中旬播种或定植,6月下旬至7月上旬收获。

第三节　适宜砂田小拱棚栽培的品种

在春季砂田小拱棚栽培甜瓜,前期气温较低,应选对低温适应性较强的品种。为了提早上市,获得较高的经济效益,最好选早熟,含糖量高,品质好的小果型品种,目前常用的品种有:

一、伊丽莎白

从日本引进的特早熟品种。果实圆球形,果皮黄艳光滑。果肉白色,肉厚

2.5cm,肉软质细,多汁微香,含糖量13%~15%,瓤色微黄,种子黄白色。果形整齐,坐瓜一致,单株结瓜2~3个。果实发育期30天,单瓜重500~600g。

二、状元

由台湾农友种苗公司引进的一代杂种。成熟时果面呈金黄色,果实橄榄形,脐小,果肉白色,含糖量14%~16%,肉质细嫩,品质优良。果皮坚硬,不易裂果,耐贮运。早熟,易结果,开花后40天左右成熟,单瓜重约1.5kg。本品种株型小,适宜密植,低温下果实膨大良好。

三、冀蜜瓜1号

由河北农业大学育成。果实圆形,果皮金黄,有稀疏网纹,果肉浅绿,厚3cm,松软多汁,香气浓郁,口感好,平均含糖量13.2%,最高达16%。耐运输,耐旱,耐瘠薄,抗病,适应性强,坐果稳定。早熟,生育期86~90天,果实发育期30~32天,单瓜重1~1.5kg。

四、京玉2号

由国家蔬菜工程技术研究中心育成。2003年通过农业部专家审定。果实高圆形,果皮洁白,有透明感。果肉浅橙色,肉质酥脆爽口。含糖量15%~17%,最高可达18%。成熟后不变黄,不落蒂。耐低温弱光,抗白粉病,耐霜霉病,果实发育期40天左右,单瓜重1.1~1.6kg,特别适于春季小拱棚栽培。

五、迷冠

河北农业大学育成的一代杂种。果实椭圆形,果皮黄色,有稀疏网纹。果肉白色,果肉厚3.5cm,果肉松脆,爽口多汁,芳香浓郁,含糖量13%~16%。耐贮运,生长势强,耐低温,早熟,生育期90天,开花至果实成熟38天左右,单瓜重1.5~2kg。

六、瑞美

薄厚皮甜瓜杂种一代。极早熟,开花后22~25天成熟,生长健壮,果实高圆形,皮亮白色,白肉,单瓜重500~800g,一般中心含糖量14%~16%。具有清香味,口感脆甜清爽,不落蒂,不裂瓜,耐贮运,货架期长。适宜小拱棚双膜覆盖栽培。

七、瑞丽

早熟,全发育期85天,从开花到果实成熟24~26天,果形高圆,亮白色,优质,抗病,高产,结果集中,果肉白色,质脆香甜,果形美观,耐贮运。

第四节　砂田小拱棚栽培甜瓜应考虑的因素

一、砂田小拱棚栽培甜瓜以提早成熟,提早上市为主,宜选用早熟、品质好,耐贮运的品种。

二、小拱棚栽培甜瓜,一次性投入较高,但拱架、薄膜可多年使用,且早熟甜瓜收益较高很快可收回成本。

其余方面可参考第十三章砂田小拱棚西瓜栽培技术第四节。

第五节　砂田甜瓜小拱棚栽培技术

一、育苗

(一)穴盘育苗技术

1. 育苗场所

春季育苗宜在日光温室内选光照条件好、温暖处,作为育苗场所。

2. 营养基质

营养基质可选用泥炭:珍珠岩体积比为3:1,或用泥炭、珍珠岩、蛭石体积比为3:1:1,也可选用市售配制好的专用基质,每立方米基质中加入氮、磷、钾复合肥(15-15-15)1kg,另加腐熟的有机肥1kg,以增加基质的保水保肥和通气性。肥料先用水溶解,后与基质混拌均匀,一般在大量肥料拌后,再用水勾兑微肥,如锌肥、硼肥先溶成0.1%~0.2%的硫酸锌和0.1%~0.15%的硼酸钠溶液,然后喷淋拌匀,最后用石灰或碳酸钙调节pH值到7.2~7.5,按基质总量的0.5%投入25%多菌灵可湿性粉剂,拌匀后喷水,基质含水量为最大持水量的55%~65%,基质手握有水印且无滴水即可,堆置2~3小时使基质充分吸足水分。

3. 穴盘

应用育苗穴盘,一般宜用 PS 脱毒塑料穴盘或 PVC 专用塑料育苗盘。采用规格为 50 孔或 72 孔穴盘。

4. 消毒

穴盘及其他用具均用 40%甲醛 50 倍液喷雾消毒,用药剂量为 30ml/m²,然后封闭 48 小时,待甲醛蒸发干净后使用。

5. 基质装盘

将选配好的基质装在穴盘中刮平,使每个孔穴都装满基质,装盘后各个格室应能清晰可见,松紧程度以装盘后左右摇晃基质不下陷为宜并用木板刮平,多备 10%的穴盘作为机动。

6. 播种

(1)播期

小拱棚甜瓜一般在 3 月下旬至 4 月上旬浸种催芽播种(具体方法参考第十四章砂田甜瓜栽培技术)。

(2)播种方法

①压穴:将装好基质的穴盘垂直码放在一起,4~5 盘 1 摞,上面放 1 只空盘,两手平放在盘上均匀下压,至穴深 1cm 左右为止,或用自制的穴板每盘压穴至要求深度。

②播种:将种子平放或斜放在穴孔内,芽朝下,播种后用基质覆盖,用刮板刮去多余基质,使基质与穴盘格相平。种子盖好后,浇 1 次透水,以水刚好从盘底流出为宜,穴盘表面覆盖 1 层地膜保湿。

7. 穴盘放置及覆盖小拱棚

在温室内整好的地面上铺 1 层黑色园艺地布,起透水透气、防止杂草生长的作用。将播好的穴盘整齐的摆放在经特殊化学材料抗氧化剂及抗紫外线处理后编织而成的黑色塑料布料上。穴盘摆好后覆盖小拱棚保温保湿。

8. 苗床管理

(1)温度调控

从播种到出苗,穴盘基质白天控制在 28℃~32℃,夜间 17℃~20℃,幼苗出土后撤除地膜,在小拱棚中生长,出苗后至抽生第 1 片真叶时撤去小拱棚,白天控制在 25℃~28℃,夜晚 20℃左右,真叶抽生后,白天控制在 25℃,夜晚 18℃,出棚运苗定植前进行炼苗,白天控制在 20℃~25℃,夜晚 15℃。

（2）水分管理

一般应保持上下层潮湿,表层基质干燥,当叶片出现轻度萎蔫时浇水。

（3）病虫害防治

苗期病害以防为主,每5~6天用霜疫净粉尘剂防病1次,用75%百菌清800倍液或50%多菌灵500~600倍液每7~10天喷雾1次,交替用药。

（4）追肥

幼苗出现叶片黄化、僵苗症状时可结合浇水进行追肥,前期可用进口氮磷钾复合肥,浓度为0.2%~0.3%,中期用0.1%尿素加0.2%磷酸二氢钾进行叶面追肥。

当幼苗有2~3片真叶时选叶色深绿,茎秆粗壮,节间短而不徒长的壮苗移植。

（二）嫁接育苗技术

甜瓜栽培,一般以自根苗栽培为主,但经多年栽培后,土壤中枯萎病、立枯病等土传病害增加,一旦发病,蔓延很快,砂田土壤消毒非常困难,且作为绿色食品栽培,土壤用药受到限制,因此,最佳解决办法就是选择嫁接育苗,其特点是:

①可以有效的抵抗和预防枯萎病、蔓枯病、根结线虫等其他土壤病虫害。

②嫁接苗能耐低温,在早春的低温条件下,嫁接后的幼苗根系和茎叶在生长发育上均优于自根幼苗。生长发育快,可以早熟丰产。

③嫁接苗的根系比厚皮甜瓜的根系强大,吸水能力强,更耐瘠薄、干旱,据研究得知,以南瓜为砧木的嫁接苗,可以减少施肥量的1/3,而且更耐盐碱。

④嫁接后的甜瓜果实较大,但成熟期稍晚。

1. 砧木品种选择

甜瓜的嫁接砧木应具备抗枯萎病,与接穗的亲和力强,嫁接苗能正常生长,正常结果,嫁接后结出的果实对品质无明显不良影响,嫁接时操作方便等特点。甜瓜嫁接以南瓜为主,也可用适于作砧木的甜瓜品种,即共砧。

在南瓜品种中,亲和力较高的有日本的强力新土佐二号、改良新土佐一号、白菊座南瓜等,共砧有超丰2号甜瓜专用砧,世纪星甜瓜专用砧及日本的大井、磐石、健脚、金刚、强荣、新尤等。

2. 嫁接场所

嫁接一般在日光温室北侧光线较弱的地方进行,要求室温在20℃左右,相对湿度较大,在温室的中后部作平畦苗床,平畦宽1.3m,长4~5m,平畦上架设小拱棚并覆盖薄膜。

3. 甜瓜嫁接必备的工具

（1）刀片

刮脸刀片，用于切削接穗与砧木。使用时，将刀片纵向分成 2 片，去掉毛刺，每片接 200 株左右。

（2）竹签

用于剥离砧木生长点和砧木插孔。其粗度要求与接穗下胚轴粗度相近。将竹签一端削成长 1~1.5cm 的马耳形斜面，使其横断面呈半圆形，尖端稍钝。

（3）捆扎工具

塑料夹或 0.3~0.5cm 宽的塑料带，用以捆扎固定嫁接后的接穗，此外，还要准备托盘，干净的毛巾或白布毛巾，手持小型喷雾器和酒精灯等。

4. 培育砧木

（1）确定播种期

砧木的适宜播期，因嫁接方法和栽培方式不同而异，日光温室冬春季育苗，苗令为 40~50 天，早熟栽培苗令 35 天。切接和插接时因厚皮甜瓜（接穗）生长较慢，胚轴细小，所以砧木应适当晚播，一般南瓜砧晚 3~5 天，甜瓜砧（共砧）晚 2~3 天。

早熟栽培以南瓜作砧木进行靠接，砧木要比接穗晚播 8~10 天，插接砧木应比接穗早播 2~3 天，切接和劈接砧木应早播 5~7 天。

（2）确定播种量

考虑嫁接苗的成活率，可适当增加砧木播种量。

（3）砧木播种

作为砧木的南瓜种子先用 50℃热水烫种，消毒 10~15 分钟，然后在 25℃左右的凉水中浸泡 8~10 小时。浸种结束前将种子搓净，淘洗干净，再用洁净的湿布包好，在 25℃条件下催芽，每天淘洗 1 次，2~3 天即可发芽。然后用 128 孔穴盘育苗。

（4）播种后管理

播种后保持 24℃~25℃床温，4~5 天即可出苗，幼苗出土后要立即除去覆盖物，白天气温保持 20℃，夜晚 10℃~15℃，播种后 10 天时为嫁接适宜期。

5. 培育接穗

培育接穗最好用育苗盘（长度 60cm，宽度 30cm，高度 6cm），装入培养基质（也可用浸透水的蛭石或河沙）后浇足底水，渗下后再按 6cm×3cm 距离摆放种子,种子的胚根或脐部的方向要保持一致,播后覆湿润基质厚约 1cm,播种后保持盘温 28℃~30℃,出苗后降温,白天 25℃~30℃,夜晚 18℃,最低温为 13℃,为防止徒长,应充分见光和控水。

6. 嫁接技术

(1)靠接

①砧木与接穗的播期:用南瓜作砧木进行靠接时在接穗播种后第 18 天进行。砧木要比接穗晚播 8~10 天。即南瓜播种后第 10 天左右嫁接成活率最高。

②嫁接方法:嫁接时,将砧木和接穗苗从苗床起出,少带基质,少伤根,分别放在托盘中,用干净的湿毛巾覆盖防萎蔫。起出的砧木幼苗,用刀片将心叶(真叶)去掉,然后在子叶下面 0.5~1cm 处呈 45°角向下斜削,深达茎粗度的 1/2~2/3。取接穗苗,用刀片在子叶下 1~1.5cm 处 45°角向上斜切,深度达茎粗度的 1/2。将砧木和接穗的切口相互嵌合,用嫁接夹固定接口部位即完成嫁接。

③嫁接后的管理:嫁接后将砧木、接穗同时栽入苗钵,两者根部保持一定距离,以便断根,白天保持 30℃,夜晚不低于 17℃,嫁接后 7~10 天,切断接穗的根部,白天气温降至 25℃,夜晚 20℃~22℃,另外要适当控水,一般在接穗断茎后20 天即可定植。

(2)顶插接法

①嫁接方法:砧木提前 5~7 天播种,砧木真叶露出,接穗子叶刚展开时为嫁接适宜期。嫁接时,用刀片或竹签去掉砧木真叶和生长点。用与接穗下胚轴粗细相同,尖端削成楔形的竹签,靠砧木一侧子叶,朝着对侧下方斜插一深约 1cm 的斜孔,以不划破外表皮,隐约可见竹签为宜。将接穗下胚轴削成楔形面,长1cm左右,将插入砧木中的竹签拔出,将削好的接穗插入砧木的插孔中,并使接穗子叶与砧木子叶呈"十"字形状。

②嫁接后的管理:防止萎蔫是提高顶插接成活率的关键。故嫁接后应用小拱棚覆盖保温保湿,遮阴 3~4 天,棚内气温白天 25℃~27℃,夜晚 20℃,3~4 天后棚温降至 23℃~25℃,夜晚 18℃~20℃。

(3)劈接(切接)

①嫁接方法:砧木比接穗早播 5~7 天,砧木真叶显露,接穗子叶展开时为嫁接适宜期,先用刀片去掉砧木真叶和生长点,再从 2 片子叶中间将幼茎劈开,深约 1cm,以不切到髓部(空心)为宜。取接穗,将接穗胚轴削成楔形,削面长约 1cm,将削好的接穗插入砧木劈口中,使接穗与砧木表面平整对齐,用嫁接夹固定即可。

②嫁接后的管理:嫁接后放置在温室内用小拱棚覆盖保温保湿,中午要遮阴降温,使气温控制在 25℃左右,夜间 18℃~20℃,一般 5 天以后即可成活,可充分见光,撤去小拱棚。

二、定植

(一)定植时间

厚皮甜瓜的根系发育的最低界限温度是 8℃,根毛发生的最低温度为 14℃,故在早春小拱棚栽培时,要求地温稳定在 15℃左右,方能定植,因此,定植前 10~12 天提前覆盖薄膜提高地温,在中卫压砂瓜生产地区,由于春季多风,自然灾害频发,因此,定植不宜过早,以在 4 月中旬定植为宜。

(二)定植密度

每棚定植 2 行,一般行距 1.2~1.5m,株距 0.8~1m,每亩 444~694 株。

(三)定植方法

选晴朗无风天气,将背风一侧薄膜揭开,按行株距,将定植穴表面覆盖的砂砾扒开,露出 15~20cm 的土面,根据嫁接苗的大小挖穴,将苗栽入,浇水覆土,注意不要将土混到砂砾中,然后覆盖棚膜。

三、田间管理

(一)棚内温、湿度调节

定植后 7~10 天一般不通风,至缓苗前需要较高的温度,此时外界气温低,管理要以增温保温为主。晴天中午温度达到 32℃以上时打开小拱棚顶部通风,使气温稳定在 28℃~30℃,夜间保持在 12℃~15℃,土壤温度保持在 20℃。气温下降要立即停止通风,覆膜保温。

缓苗结束后,随着外界气温回升,应增加通风次数和通风量,当露地气温达到 18℃以上,晚霜已过,已适合甜瓜生长时,可撤去小拱棚,使其在露地生长。

(二)定植穴回砂砾

嫁接苗缓苗成活后,可掀开背风侧的棚膜将定植时扒开的砂砾覆盖到嫁接苗的四周。

(三)补水、追肥、整枝、压蔓等田间管理及收获技术

可参考第十四章砂田甜瓜栽培技术。

第十六章　砂田籽用西瓜无公害栽培技术

第一节　概　述

红瓜子是宁夏的传统特产,当地称"打瓜"。栽培历史悠久,过去一直远销国外、港、澳以及国内各大城市。宁夏红瓜子因其颜色红艳,被寓为"福星齐点"之意,因其籽多,被寓为"人丁兴旺"之喜,为馈赠宾友之佳品。宁夏红瓜子富含蛋白质、脂肪、钙和多种维生素,营养极为丰富。近年来国外医药界研究,红瓜子含有荷尔蒙素和抗癌素等,可加工成咸、甜、奶油、五香红瓜子,可谓色、香、味俱全。

20世纪60年代,宁夏红瓜子外销兴旺,60年代末,70年代初,由于各种原因,面积有所下降,只有少量出口。70年代末,80年代初发展迅速,据1985年调查,宁夏红瓜子面积约有3万亩,多分布在平罗县、陶乐县、贺兰县等地,中卫香山压砂籽瓜种植历史悠久,种植面积2万多亩,最多时3万多亩。

子用西瓜属葫芦科,西瓜属,西瓜种,是以采收种子为目的的子用西瓜,为一年生草本植物,植株分枝较多,有侧蔓4~11条,孙蔓10~30条,叶羽状深裂,绿色,花冠黄色或淡黄色,雌雄同株异花。瓜圆形,果皮绿色,每株可结瓜2~5个,单瓜重1~2.5kg,瓤白色,皮薄,汁多,味酸,种子大而多,有红色、黑色等,子粒长1~1.2cm,单瓜有种子500~600粒,千粒重150~200g,每亩产子50~75kg。

第二节　栽培季节

籽用西瓜以采收种子为主,无需进行早熟栽培,所以,一般4月下旬播种,8月上旬成熟采收种子。

第三节　适宜砂田栽培的品种

一、宁夏红瓜子

植株长势较弱,分枝较多,叶羽状深裂,浓绿色,花淡黄色,雌雄同株异花,瓜圆形,果皮浅绿色,花条带,每株结瓜 2~5 个,单瓜重 0.5~2.5kg,瓤白色、红色或粉色,皮薄,汁多,味酸,种子大而多,种皮呈鲜红色,干后色泽不减,种脐和边缘色略深,子粒长 1~1.2cm,单瓜种子数 500~600 粒,千粒重 140~170g,每亩产瓜子 50~75kg,红瓜子品种还有河南省开封市蔬菜所选育的红子打瓜。

二、花皮籽瓜

晚熟品种,生育期 120 天左右,从雌花开放到种子成熟约 40 天。该品种主根较长,侧根多,叶片大,缺刻深,裂片窄。花冠浅黄色,主蔓上 11~13 节开始出现第 1 朵雌花,以后每隔 7~8 节着生 1 朵雌花,果实短椭圆形,单瓜重 3~4kg,果皮底色浅绿,果面上间有 10 余条黑色条带,果皮厚 1~1.2cm,瓜瓤分红或浅黄色,肉质较硬,味清淡,含糖量 6%左右,种子黑色,大而厚,单瓜种子数平均为418 粒,千粒重 206g,每亩产籽量 50~60kg。植株生长旺盛,分枝力强,抗病,耐旱,耐瘠薄,侧蔓比主蔓易坐果,种子大,种仁饱满,适宜砂田种植。

三、黑皮籽瓜

生育期 110 天左右。从雌花开放到种子成熟 35~38 天。瓜蔓粗 0.5~0.6cm,节间长,侧蔓多,种子较小,叶柄较长。花冠黄色。主蔓上 9~10 节着生 1 朵雌花,以后每隔 6~7 节着生 1 朵雌花。果实圆球形,单瓜重 3kg 左右,果皮墨绿色,果面发暗,果皮较薄,平均厚度 0.8~1cm,坚硬而富有弹性,瓜瓤淡红或橘黄色,味淡,含糖量 6%~7%。种子棕褐色,大而厚,单瓜种子数 427 粒,千粒重 198g,每亩产籽量 40~50kg。植株生长势强,分枝多,抗干旱能力强。对蔓枯病、炭疽病抗性较弱。适宜砂田种植。

除以上 3 个品种外,适宜品种还有甜籽一号,兰州大板瓜子,甘肃省兰州市农科所选出的 8345-6A,酒泉市黄花农场选育的 84-A-3,靖远县农业技术推广中心选育的85-2 等。

第四节　砂田栽培应考虑的因素

一、宁夏目前无籽瓜生产面积很小，但作为当地传统作物，或因为轮作倒茬需要，或因为市场需求，籽瓜生产都有可能得到一定发展。

二、发展籽瓜生产应选择优良品种，要求籽粒产量高，籽粒大，粒饱仁大，或选择优良的红瓜子品种。

三、发展籽瓜生产一定要和市场对接，按市场需求生产。

四、要集中连片，规模发展，有利于形成专业化生产和对外销售。

第五节　砂田栽培技术

一、选地

籽瓜耐干旱而忌潮湿，宜选择地势高，排水好，无盐碱危害的砂质壤土。最好选 2~3 年的新沙地，5 年以上中沙地不宜选用。

二、播种

(一)播种时间

籽瓜种子的发芽温度和果用西瓜相近，一般在 15℃以上即发芽，10cm 地温稳定在 12℃以上即可播种。在中宁县、中卫城区、海原县砂田地带宜在 4 月下旬至 5 月初播种。适播期播种可保证出苗、长壮苗，免受晚霜危害，早抽蔓、早坐瓜、多坐瓜、产量高。

(二)选种、浸种催芽

播种前将种子进行精选，放在太阳下晒种 1~2 天，然后进行浸种催芽，方法是，将 50℃~55℃的热水倒入洁净的瓦盆内，把种子倒入水中用木棒搅拌，当水温降至 30℃时浸种 8 小时，浸种后将种子表面黏液搓洗干净，用清水淘洗 1 遍，倒入瓦盆内，上面覆盖 1 层干净潮湿的毛巾，置于 25℃~30℃的环境下催芽，每天淘洗 1 次，芽长 0.5cm 时即可播种。

(三)播种方法

先将播种穴上的砂砾扒开 15~20cm 见方的土面，用瓜铲铲松土壤并略拍实,然后用瓜铲切缝,长 2~3cm,将瓜子的胚根放入,子叶露在切缝外,用手指将切缝轻轻捏合,用细湿沙覆盖。如用催芽种子,每穴 1 粒,干种 2 粒,如土壤墒气较差可挖穴,穴内浇水,水下渗后播种,种子周围撒施防病杀虫的农药,然后在穴上覆盖细潮沙 1.5cm 厚,播种后在穴上覆盖 0.012mm 厚的地膜,幅宽为 70cm,沿播种行覆盖,四周用砂石埋严,防止风害。

（四）播种密度

籽用西瓜秧小,瓜秧长势较弱,每亩种植密度应较果用西瓜大,一般采用 1.8m×1.8m,每亩 200 株或 1.8m×1.2m,每亩 308 株。

三、田间管理

（一）苗期管理及补水

参考第十一章砂田西瓜栽培技术。

（二）施肥

种植籽瓜的砂地一定要基施有机肥,春秋施均可,以秋施为好,施肥方法是,在田边按行距打桩拉线,按株距 1.8m 或 1.2m 扒开砂层挖穴,将有机肥施入,穴深 15~20cm,每亩 500kg,春季用耧播施,每亩 500~800kg。籽用西瓜追肥与果用西瓜追肥不同的是,籽用西瓜可在苗期追一次"提苗肥",以促进秧苗的生长,第 2 次在"膨瓜期"追肥以促瓜的生长和籽的发育。具体方法可参考第十一章砂田西瓜栽培技术。

（三）植株管理

籽瓜一般不需要整枝,但仍需固定瓜蔓,防止风吹滚秧,可用石砾将蔓压住,留瓜以自然坐瓜为主,每株留瓜 2~4 个,以孙蔓结瓜为主。

四、采收及瓜子干制

（一）采收

籽瓜一般在 8 月中旬以后陆续成熟,应根据成熟度分批采收。采收标准是以瓜熟皮软而烂时收获的种子质量最好。采收时间不宜过早。

（二）瓜子干制

宁夏红瓜子的处理方法是,采收后用竹刀切开（或打烂）,连瓤一起发酵,按成熟程度,籽粒大小分别装缸发酵（必须用陶缸）,后熟发酵是提高瓜子质量的重要措施之一。在陶缸内一般发酵 1 昼夜,发酵的最佳程度是瓜子呈鲜红色,表面明亮,光滑,色泽一致,发酵后瓜瓤浮起,捞去秕籽和瓜瓤(用竹漏或柳编筐,无论是切瓜、发酵,或捞籽都不能用金属器具),沥去瓜水(不可用水淘洗),摊在芦席上晾晒,在早晨10时前,下午4时后晾晒,不可在烈日下暴晒,以防翘、变、麻、裂和褪色,晾晒时经常翻动,晒到瓜子不黏手时即可放到晾棚下阴干。晾晒可脱水、杀菌,阴干可脱水、保色,阴干后用布袋或麻袋包装贮藏。

　　一般黑瓜子处理方法是:采收后,先用刀剖开,将瓜子、瓜瓤一齐挤入陶缸或其他容器内,自然浸泡8~12小时,忌用铁、铝等容器浸泡,以防瓜子变色,待稍稍发酵,籽瓤分离后再捞出淘净,然后摊在干净的芦苇席上晾晒。摊晾的厚度为0.5~1cm,在上午10时前或下午4时后的弱光下晾晒到瓜子不黏手时,移至通风阴凉处晾干。切忌在中午强光下暴晒,以防瓜子发生翘、变、裂、麻等变形及变色。晾晒时要经常翻动,并注意防风沙、尘土、杂质黏在瓜子上。芦席用过1次后,应用清水洗刷干净后再使用。如遇阴雨天气,可以把瓜子摊在室内的炕席上,席要支起来,然后烧炕烘干。

　　晾晒干燥后的瓜子,剔除秕、霉、翘、杂籽及破损子,然后按大小和色泽分级包装,存放于干燥的库房内。

第十七章 砂田南瓜无公害栽培技术

第一节 概　述

　　南瓜是葫芦科南瓜属中的一个种,为一年生蔓性草本植物。南瓜的根系发达,种子发芽长出直根,入土深度达 2m 左右,一级侧根有 20 余条,一般长 50cm 左右,最长可达 140cm,并可分生出三四级侧根,形成强大的根群。主要分布在 10~40cm 的耕层中,南瓜根系强大,适应性广,适宜在砂田栽培。

　　南瓜耐运输和贮藏,老熟南瓜营养丰富,含水量为 81.9%,碳水化合物含量为 15.5g,南瓜中的胡萝卜素,钾和磷的含量丰富,较其他瓜类为高,它可与含胡萝卜素的番茄,胡萝卜相媲美,老熟南瓜中含胡萝卜素达 120mg,钾 181mg,磷 40mg,此外,南瓜还含有瓜氨酸、精氨酸、天门冬素、胡芦巴碱、腺嘌呤、戊聚糖和甘露醇,以及果胶及酶等,其果胶含量为南瓜干物质的 7%~17%。

　　老熟南瓜可做南瓜饭,或将其煮熟后捣烂,拌以面粉制成糕、饼、面条等。亦可切块蒸熟,又能入药,因此颇受消费者欢迎。南瓜还可加工成南瓜粉,南瓜营养液可作为食品添加剂或食疗品应用。

　　南瓜味甜适口,性甘温,主要有补中益气作用,它所含的一些成分可以中和食物中残留的农药成分以及亚硝酸盐等有害物质,促进人体胰岛素的分泌,还能帮助肝、肾功能减弱的患者增加肝、肾细胞的再生能力。南瓜中所含的瓜氨酸可以驱除寄生虫,所含的果胶物质除具有杀菌、止痢作用外,并能减低血液中胆固醇的含量,使血液中胰岛素消失迟缓、血糖浓度比控制水平低。所以食用南瓜,能饱腹,排泄物增多,既可防饥饿,又可防止发胖和糖分增加,可有效地防治糖尿病和高血压。鲜南瓜瓤可治火烫伤和跌打损伤;南瓜子可驱蛔虫,血吸收虫,南瓜蒂外用可治疗痔疮;南瓜花清热、消肿、止血;南瓜叶可治痢疾,夏季热,小儿疳积;南瓜藤煎汁饮服,治肺结核低热,胃疼肠炎,月经不调;南瓜根可通乳汁,治淋病,黄疸,痢疾。由此看来,南瓜一身都是药,真可谓是"瓜中之宝"。

在我国历史上,南瓜对救灾救荒、添补蔬菜淡季市场的空缺,曾起过重要的作用。现在随着社会的进步,南瓜在我国人民膳食结构中又赋予了新的认识,它不仅是充饥的菜肴,而且是优良的保健食品,在菜篮子中它是一个独具特色的品种。

第二节 对环境条件的要求

一、温度

南瓜属于喜温蔬菜,它可耐较高的温度,种子在13℃以上开始发芽,以25℃~30℃时发芽最为适宜。10℃以下或40℃以上时不能发芽。根系伸长的最低温度为6℃~8℃,根毛生长的最适宜温度为28℃~32℃。生长的适宜温度为18℃~32℃,开花结果的温度不能低于15℃。温度高于35℃,花器不能正常发育,果实发育最适宜的温度为25℃~27℃。

二、光照

南瓜属短日照作物。雌花出现的迟早,与幼苗期温度的高低和日照长短有很大关系,在低温与短日照条件下可降低雌花出现的节位而提早结瓜。南瓜对于光照强度要求比较严格,在充足光照下生长健壮,弱光下生长瘦弱,易于徒长,并引起化瓜。但在高温季节,阳光强烈,适当套种高秆作物,有利于减轻直射阳光的不良影响,由于南瓜叶片肥大,田间消光系数高,影响光合产物的产生,所以要注意合适的种植密度和必要的植株调整。

三、水分

南瓜有强大的根系,具有很强的耐旱能力。但由于南瓜根系主要分布在耕作层,如果土壤水分不足,生长也会受到影响。同时南瓜茎叶繁茂,叶片大,蒸腾作用强,每形成1g干物质需要蒸腾掉748~834g水,所以要求及时补充水分,才能正常生长和结瓜。

四、土壤和营养

南瓜根系吸肥吸水能力强,很适合砂田种植,它对土壤的要求不严格,但土壤肥沃,营养丰富,有利于雌花的形成,雌花与雄花的比例增加。在南瓜生长前期氮肥过多,容易引起茎叶徒长,易导致坐瓜不易坐稳而脱落,过晚施用氮肥则影响果实的膨大,南瓜苗期对营养元素的吸收比较缓慢,甩蔓以后吸收量明显增加,在头瓜坐稳之后,是需肥量最大的时期,营养元素充足可促进茎叶生长,有利于获得高产。南瓜对氮磷钾三要素的吸收量比黄瓜多 1 倍,是吸肥量最多的蔬菜之一,在整个生育期内对营养元素的吸收以钾和氮最多,钙居中,镁和磷较少。生产 1000kg 南瓜需吸收氮 3.92kg,五氧化二磷 2.13kg,氧化钾 7.29kg。南瓜对有机肥有良好反应,在施用基肥与追肥时要注意氮、磷、钾的配合。

第三节 适宜砂田栽培的品种

一、黑金刚

一代杂种。果皮墨绿色,老熟果黑色,果皮鲜亮,果肉金黄色,果呈扁圆形,粉质香甜,外观美丽,商品性特佳,深受市场欢迎。单果重 1.8~2.3kg,产量高,一般亩产 2500~3000kg,适应性强,高抗病毒病,疫病,白粉病。适宜砂田栽培。

二、红升 603

海南亚蔬高科技农业开发有限公司育成的一代杂种。中早熟,生长势强,果皮橘红色,肉粉香甜,品质特佳,果大,易坐果,单果重 1.5~2.5kg,着色均匀,气候不适时不会产生化瓜,商品率高,产量高,一般亩产 1500~2500kg。

三、新红升 701

海南亚蔬高科技农业开发有限公司育成的一代杂种,早熟,高抗多种病害,生长势强,果呈高球形,皮深红色艳丽,肉粉特佳,特易坐果,单果重 1.5~2.5kg,着色均匀,气候不适时不会产生化瓜,商品率高,产量高,单株单蔓可坐果 3~4个,一般亩产 1750~2500kg。

四、甘栗王南瓜

日本新杂交一代。早熟,强健,果大,高产,品质优,肉质强粉质。低温伸长性强,早期坐果容易,膨大块,果形扁圆,果皮浓绿有淡绿色条斑,果肉浓黄色,肉质粉质带甜味,食味佳,营养价值高,商品性好,深受市场欢迎。

五、黑栗王南瓜

日本杂交一代。早熟,强健,果大,高产,品质优,果肉强粉质,香甜,黑皮。抗性强容易栽培,低温伸长性好,易坐果,膨大快。单果重 1.8~2kg。果底部平,小脐,果柄部平至稍高,果皮成熟后为亮墨绿至黑皮,稀条带,果肉橘黄色,味粉甜,食味佳,营养价值高,商品性好。

六、金牌 800 南瓜

系澄 82-1 与台湾番蜜南瓜交配育成。分枝性很强,叶面掌状有茸毛,叶脉交叉处有白色斑纹,叶柄细长而中空,花单性,第一雌花着花12~15节,瓜粗棒槌形,成熟瓜橘红色,肉厚,密度特好,瓜肉橙红色,味甜,口感好,品质优,早熟,坐果后 60 天可采收。

七、蜜本南瓜王

早中熟,适应性广,心室小,瓜个大,纯度高,品质优,耐贮运,高产稳产。

八、牛腿南瓜

中熟,植株蔓生,茎粗,生长势强,分枝多,叶片心脏形,深绿色,主侧蔓均坐瓜,第 1 朵雌花着生在主蔓第 16~20 节。瓜长棒槌形,长约60cm,横径 15cm,上半部实心,下半部膨大呈椭圆形,肉厚 3cm,老熟瓜橙红色,有白粉,瓜肉桔红色,单瓜重 4kg,果肉味甜而粉,抗逆性强。亩产 3000kg。

九、大磨盘南瓜

北京市地方品种,蔓长 3m 左右,叶片掌状,五角形或七角形,裂刻浅,深绿色,叶脉交叉处有白色斑点。主蔓第 12~15 节开始结瓜,瓜扁圆形,似磨盘,高13~15cm,横径 26~30cm,单瓜重 3.5~5kg。瓜皮深绿或墨绿色,老熟瓜为红棕色,有浅色斑纹,表面附有蜡粉。肉橙黄色,厚 4~5cm,瓤小,水分少,味甜,质面,品质佳。耐热,耐旱,抗病性弱。亩产 2500~3000kg。

第四节　砂田栽培应考虑的因素

一、南瓜耐旱,吸肥吸水能力强,且耐贮运,只要产品适销对路,市场前景看好,因此就可作为砂田搭配品种或轮作倒茬品种种植。

二、砂田种植南瓜要选择适合市场需求的品种,如黑金刚,新红升 701,甘栗王南瓜等。

三、要集中连片,规模发展,形成市场化规模。

四、砂田温差大,光照强,适宜南瓜生产,南瓜品质比一般水浇地要好,所以生产出的南瓜,品质有保证。

第五节　砂田栽培技术

一、播种

(一)播种时间

南瓜是喜温耐热植物。种子在 13℃以上开始发芽, 最适宜温度为 25℃~30℃,同时,砂田南瓜以采收老熟南瓜为主,因此,播种期不宜过早,以露地气温稳定在 12℃以上,10cm 地温稳定在 15℃左右, 根据气象记载, 平均气温达到 12℃以上,中卫城区,中宁县为 4 月 20 日,海原县为 4 月 28 日,因此,砂田适宜播种期以 4 月下旬为宜。

(二)种子处理

一般南瓜种子成熟后,种粒饱满,种皮硬化,种子为扁平形,边缘肥厚,颜色多为灰白色、淡黄色、淡褐色或黄褐色。千粒重 125~300g,种子寿命 5~6 年。准备播种前应将种子进行筛选,除去瘪籽和畸形籽,千粒重应达到该品种要求,一般需达到 140g 以上。选晴天将种子晒 1~2 天,以增强种子的生活力。

(三)浸种催芽

选好种后,把种子放入 55℃~60℃水中,烫种 10 分钟,不断搅拌,待水温降至 30℃时,再浸种 3~4 小时,搓净种皮上的黏液,洗净后倒入洁净瓦盆内,上面覆盖干净湿毛巾,置于 25℃~30℃的温度下催芽,经 36~48 小时,芽长 0.5~1cm 时,即可播种。不经催芽直接播种亦可。

(四)播种方法

宜选晴朗无风天气播种,播时先将种子放入洁净的碗内,用干净湿毛巾覆盖,边播边取,以防干燥伤芽。播时先扒开播种穴上覆盖的砂石,露出地面 15~20cm 见方,用瓜铲掘松土壤,打碎坷垃,拍细拍实,用瓜铲开长 5~7cm,宽 2~3cm 的短沟,将种子芽尖朝下播入沟内,播后覆盖细土,厚 1~1.5cm,再盖细沙 1.5~2cm。同时在种子周围撒施防病虫害的农药,播后沿播种行覆盖地膜,膜宽 50~70cm,膜的四周和穴间用砂砾压紧压严。

旱年土壤墒情不足,则应补水点种。方法是,将播种穴表面砂石扒开后,露出土面,用瓜铲掘松土壤,拍碎土壤,拍细拍实挖 10cm×10cm 见方,深 4~5cm 的播种穴,在穴内浇水约 1kg,水下渗后,将种子芽尖朝下贴于穴壁,播后覆盖细土,其余管理同上。

(五)播种密度

南瓜一般行距 1.5m,株距 1~1.2m,每亩 370~440 株。

二、田间管理

(一)苗期管理

1. 破膜放苗

压砂南瓜播种覆盖地膜后出苗很快,南瓜苗期,自第一片真叶开始抽生至具有第五片真叶,尚未抽生卷须,这时植株直立生长,在 20℃~25℃的条件下,生长期需 25~30 天,如果温度 20℃,生长缓慢,需 40 天以上。因此,南瓜出苗后,应经常检查幼苗出苗情况并在上方划"十"字形洞口通风,防止高温灼苗,5 月下旬,晚霜结束后,将秧苗放出膜外生长,填平播种穴砂石,落下地膜覆盖在秧苗四周用砂石压紧压实,防止被风吹起。

2. 防霜冻和沙尘袭击危害

南瓜出苗在 5 月上中旬,此时晚霜危害和沙尘天气仍有发生,因此还需要做好防范工作,具体方法可参考第十四章砂田甜瓜栽培技术。

3. 填砂、查苗补苗

南瓜出苗后,根系弱小,植株不稳定,易经风吹倒伏,因此,宜在幼苗期在根部填砂至子叶处,以稳定幼苗,幼苗期要加强查苗、补苗工作,一经发现死苗缺株,必须及时补种,对那些生长不良,叶片萎蔫发黄的幼苗,亦必须及时拔除进行补种。

（二）补水、施肥

1. 补水

可参考第十一章砂田西瓜栽培技术。

2. 施肥

南瓜植株进入生长期,结住 1~2 个幼瓜时,进行施肥,有两种方法。一是人工施肥,在距瓜苗 20~25cm 处,扒开砂砾,扫净地面细砂,在地面挖穴,深 15~20cm,每穴施腐熟有机肥 0.5kg,加腐熟油饼 50~100g,充分与土壤混匀,拍实,抹平地面,再将原砂砾复原;二是用耖砂施肥机播施有机肥,先将有机肥碾碎,装入耧箱用拖拉机带动耖砂施肥机进行播施。每亩施肥 750~1000kg,也可用耧人工播施。

（三）中耕除草

南瓜行间如杂草出现,可将耖砂除草机用拖拉机带动于苗期在行间进行耖砂除草 1~2 次。

（四）整枝、压蔓

南瓜一般不进行整枝。但植株生长过旺,侧枝发生过多仍需整枝。一般采用多蔓式整枝,即在主蔓第 5~7 节时摘心,而后留下 3 个侧枝,使子蔓结瓜,主蔓也可以不摘心,而在主蔓基部留 2~3 个强壮的侧蔓,把其他侧蔓摘除。

压蔓具有固定叶蔓的作用,如果不压蔓,瓜蔓就可能四处伸长,经风一吹常乱成一团,影响生长和光合作用及田间管理,通过压蔓操作可使瓜秧向着预定方向伸展。压蔓前要进行理蔓、使瓜蔓均匀地分布于砂田表面,一般瓜蔓伸长 70~80cm 时,将砂砾扒开将瓜蔓压住(暗压),或用大的石砾进行明压,即将石砾直接压在瓜蔓上,可视瓜蔓生长情况进行 1~2 次。

（五）人工授粉,留瓜

南瓜是雌雄异花授粉植物,依靠蜜蜂、蝴蝶等昆虫媒介传播花粉,受精结果。在自然情况下,异株授粉结果率占 65%,本株自交授粉结果率为 35%,而人工授粉的结果率可达 72.6%,所以人工授粉对提高南瓜的结果率和产量作用很大。人工授粉的具体做法是:一般南瓜花在凌晨开放,于早晨 8 时前将开放的雄花摘下,把雄蕊的花粉在雌花的柱头上轻轻涂抹,这样可以达到人工授粉的目的。留瓜节位对瓜生长的大小有重要影响,俗话说"梢后结大瓜",意思时说,留瓜节位不能太早,太早叶面积、营养不足,不能长出大瓜,因此,南瓜应在12~13片叶以后,第2~3朵雌花开放时留瓜,这时植株茎叶生长充足,对瓜的生长和膨大均有利,每株可留瓜2~3个。

三、收获

砂田种植南瓜以采收老熟南瓜为主。老熟南瓜要达到生理成熟时采收。采收标准是,表面蜡粉增厚,皮色由绿色转变为黄色,红色或墨绿色,用指甲轻掐表皮时,硬度大,表皮不易破裂时可以采收,一般在落花后35~40天方可采收。采收时注意以下几点:

1. 要选择老熟、无伤的活藤瓜。凡由于人为碰伤、晒伤或因病虫害造成的病斑、烂斑,以及死秧的瓜和不成熟的瓜均不宜贮藏,可及时供应市场。采收后在24℃~27℃下放置14~17天,使果皮硬化,以利贮藏。

2. 采瓜时要轻拿轻放,不要碰伤,采摘时应带果柄摘下,收瓜时最好是在连续数日晴天后的上午采收,阴雨天或雨后不宜采收。

3. 贮藏的地方应选择通风、阴凉的室内或棚内。存放方式最好是单层码放,瓜下垫木板,防止潮湿,或搭架分层摆放。贮藏期内要经常检查,一般15~20天翻堆1次,及时将烂瓜检除,以防病害蔓延。

第十八章 砂田西瓜、甜瓜、南瓜病虫草害识别与防治技术

第一节 虫害识别与防治技术

一、蒙古灰象甲

蒙古灰象甲属鞘翅目,象甲科。别名大灰象、象鼻虫、土象等。

（一）危害特点

蒙古灰象甲在中卫香山地区主要对瓜类、玉米、大豆、向日葵等作物进行危害。对瓜类的危害主要是取食刚出土的瓜苗子叶、嫩芽、心叶、甚至拱入表土咬断子叶和生长点使全株死亡。

（二）形态特征

成虫:体长 4.4~6mm,宽 2.3~3.1mm,卵圆形,体灰色,密被灰黑褐色鳞片,鳞片在前胸形成 3 条褐色与 2 条白色相间的纵带,内肩和翅面上具白斑,头部呈光亮的铜色。鞘翅上生有 10 列纵刻点。头喙短扁,中间细。触角红褐色,膝状、棒状、长卵形,末端尖。前胸长大于宽,后缘有边,两侧圆形,鞘翅基部显著宽于前胸。

卵:长椭圆形,长 0.9mm,宽 0.5mm,初产乳白色,24 小时后变为暗褐色。

幼虫:末龄幼虫体长 6~9mm,体乳白色,无足。

蛹:长 5.5mm,乳黄色,复眼灰色。

（三）发生规律

2 年发生 1 代,以成虫或幼虫越冬。当来年春季,日平均温度达到 10℃时,成虫开始出蛰。成虫白天活动,以 10 时和 16 时前后活动最盛,受惊扰后假死落地。夜间和阴雨天很少活动。成虫无飞行能力,均在地面爬行,因而瓜田中的成

虫多由田外的杂草上迁移而来。一年中以 4~5 月份为害最重。

成虫经一段时间取食后,开始交配产卵。一般在 5 月开始产卵,卵多产在表土中。产卵期约 40 天,1 个雌虫产卵 200 粒左右。卵期 11~19 天。8 月以后成虫绝迹。

幼虫于 5 月下旬开始出现,在植物的根中营寄生生活,多在杂草根中生活,至 9 月末在土中筑土室越冬,翌年继续活动,到 6 月中旬老熟,再筑土室于其中化蛹。成虫于 7 月上旬羽化,但不出土,仍在土室中越冬,第 3 年再出土,2 年发生 1 代。

(四)防治方法

1. 在受害重的田块四周挖封锁沟,沟宽、深各 40cm,内放新鲜或腐败的杂草诱集成虫集中杀死。

2. 在成虫发生期可使用毒饵诱杀。具体方法是将青菜切碎,施用 90%敌百虫晶体 500 倍液或 40%毒死蜱乳油 1000 倍液等喷施到菜叶上,搅拌均匀。于每日上午,将菜叶撒施到瓜苗四周,成虫出土后先取食菜叶,中毒死亡。

二、巨膜长蝽

巨膜长蝽属半翅目,蝽科。

(一)为害特点

在香山地区主要为害菊科、旋花科、禾本科、豆科等杂草和作物。尤其为害葫芦科的西瓜、甜瓜等瓜类作物。成、若虫以口器刺入茎、叶吸收植物茎、叶汁液,导致植株萎蔫死亡。

(二)形态特征

成虫:长 2.7~3.0mm(至翅端),雌虫较大,长圆型,黄褐色,因前翅革质,酷似小甲虫。触角 4 节,第 1 节较粗,长微超头端,第 2 节最长,约等于 3、4 节之和,末端黑褐色,基部淡色。复眼黑色,两眼距宽于前胸前缘,头胸小盾片背面及腹面密附白色鳞毛。前胸背板侧缘中略缢缩,胝区暗褐色,前区只质地革质而隆起,淡黄褐色,4 条纵脉呈棱状突起,各脉上有黑色条点,脉间散布淡灰褐色斑纹;内侧二脉于近末端处汇合。前翅爪片狭尖,几于末端平齐,革片形状与爪片相似,背面及后缘均列有白色鳞毛。雌虫腹面淡黄色,雄虫为黑褐色。

卵:为长圆型,约 0.7mm,初产白色,近孵化时出现红色眼点。

(三)发生规律

1 年发生 1 代,以成虫越冬。有群居性。成、若虫在早晚及有风天气静伏于地表、石块下。晴朗、无风天气中午活动,成虫随风迁飞,有迁飞习性;雌雄交配,尾对尾呈一字形,雌虫拖着雄虫到处爬动,交尾时间较长。卵散产于土粒或植物杂质上,每头雌虫产卵量 10 粒左右,孵化时间为 19 天(在 9 月底到 10 月初,通过室内饲养观察获得)。雌雄比为 1:1.3。有自相残杀现象,卵也残食。

杂食性,危害包括沙蒿、油蒿、田旋花、骆驼蓬、懒草、芨芨草、刺儿菜、油葵、玉米、西瓜、甜瓜、玉米、油葵等菊科、旋花科、禾本科、葫芦科、豆科的多种杂草和作物,尤其喜食幼嫩植物茎叶,以成、若虫刺吸植物茎、叶汁液,导致植物萎蔫干死。调查中发现成幼虫也刺吸植物干种子。该虫有群居危害特性。

(四)防治方法

1. 消灭虫源。在西瓜、甜瓜种植前将荒漠、田边干水蓬、刺蓬下面的大量的成虫、幼虫集中放火烧毁。对沙蒿丛中及菊科、黎科杂草喷施杀虫剂,药剂选择 4.5%高效氯氢菊酯乳油 2000 倍液,80%氧化乐果 1000 倍液加 40%敌敌畏乳油 800 倍液喷雾防治。

2. 对瓜田地表虫口数量较大的地块在揭开地膜覆盖的瓜苗前要在砂地表面喷施杀虫剂,选择晴天中午、无风天气施药,药剂选择 4.5%高效氯氢菊酯乳油 2000 倍液,或溴氰菊酯(敌杀死)2.5%乳油 1500~3000 倍液以喷湿地表为止,连喷 2 遍,然后揭开覆盖在瓜苗上的地膜,并在瓜苗上喷施 30%吡虫啉乳油 10000 倍液。

3. 在压砂瓜伸蔓前瓜田杂草不要除尽,留有部分杂草并在其上喷施 30%吡虫啉乳油 10000 倍加 3%啶虫脒乳油 2500 倍液等药剂进行防治。

三、拟步甲类

这一类害虫属荒漠昆虫,拟步甲属鞘翅目,拟步甲科。在宁夏中部干旱带压砂地危害严重的主要有类土甲 *Opatrum subartum* Faldermann、蒙小鳖甲 *Microdera kraatzi* Skopin、粗背单土甲 *Monatrum horridum* Ritter、突角漠甲 *Trigoncnera pseudopimelia*(Reitter)、弯齿琵甲 *Blaps femoralis femoralis* Ficher-W 等。

(一)危害特点

主要在西瓜苗期以幼虫危害瓜苗根部,造成缺苗断垄。属杂食性害虫,主要以幼虫啃食瓜苗根部,成虫危害子叶和幼茎,造成瓜苗叶片缺刻或咬断根茎使瓜苗死亡。

(二)形态特征

拟步甲类属昆虫纲鞘翅目,害虫虫源来自荒漠沙生植物。小至大形,体扁平,多为黑色或暗棕色。头部较小,与前胸密接。口器发达,上颚大形。触角11节,多为丝状、棒状或念珠状。前胸背板发达,一般呈横长方形,侧缘明显。后翅多退化,不能飞翔。跗节式5-5-4。腹板可见5节。幼虫与叩头甲科相似,故称伪金针虫。

(三)发生规律

多数种类1~2年发生1代,也有3年以上发生1代的,以成虫在土中及石块下越冬。3月初开始出土活动,4月交配产卵于表土中,幼虫孵化后潜于寄主根际,啃食瓜苗幼根。

(四)防治办法

1.播种时土壤处理

用48%的毒死蜱1500倍与适量炒熟的麦麸或豆饼混合制成毒饵,在播种时散于种子周围。

2.苗期施用毒土防治

用48%毒死蜱乳油每亩200~250g,50%辛硫磷乳油每亩200~250g,加水10倍,喷于25~30kg细土上拌匀成毒土,散于瓜苗周围。

四、蝗虫

蝗虫(俗称蚂蚱)属蝗总科。宁夏有蝗虫86种,中卫香山地区主要有黄胫车蝗,裴氏突鼻蝗、花胫绿纹蝗等12种。这些蝗虫主要在小麦地、荞麦地和草原上危害。据《荒漠草原蝗虫群落特征研究》1988年调查,中卫香山地区蝗灾面积达9.0万亩,1989年蝗虫大发生,每平方米平均31.8头,有些地方蝗虫每平方米高达117头之多,1990年蝗灾面积达到2.25万亩,2007年蝗虫发生面积已达195万亩。随着压砂地的不断扩大,中卫香山红泉的砂地全部在老蝗灾区内,蝗虫对压砂地西(甜)瓜的危害也十分严重。

(一)危害特点

蝗虫是植食性无脊椎动物,主要以草为食,暴发时引起草原植被的严重受害,在草原相间的压砂地也危害西(甜)瓜,将瓜苗、叶、蔓咀嚼咬食,使瓜苗、植株受害死亡。

(二)形态特征

蝗虫的身体分为头、胸、腹3部分。其头部由一个坚硬的头壳组成,着生1对复眼(由许多小眼组成)。蝗虫的胸部由前胸,中胸和后胸组成,胸部着生足、翅等附属器官,蝗虫的腹部一般由10节组成,在节与节之间由节间膜相连,尾部着生生殖器官。

（三）防治方法

中卫香山蝗虫经常是各种蝗虫混合发生，发生期极不整齐，很难一次性或几次性一起防治消灭蝗虫。因而应采取喷药和毒饵两种防治方法。

1. 喷药

用 2.5%溴氰菊酯（敌杀死）乳油 2000 倍液，或用氟氯氰菊酯（功夫）乳油 2000 倍液，或用 50%马拉硫磷 800 倍液喷雾，每 5~6 天 1 次，连喷 2~3 次。

2. 毒饵

用 80%敌百虫 1kg，兑水 10kg，拌在炒熟的 100kg 麸皮或油饼中，撒在西（甜）瓜瓜苗周围。

五、金龟子

金龟子属鞘翅目鳃金龟科，中卫香山地区常见的是大黑鳃金龟子、黑绒金龟子、暗褐鳃金龟子、中华弧丽金龟子、无斑弧丽金龟子，丽金龟科的蒙古丽金龟子、铜绿丽金龟子等。这些金龟子全身以黑褐色为主，体色艳丽，有铜绿色光泽，幼虫通称蛴螬、白地蚕、白土蚕等。

（一）危害特点

幼虫啃食危害各种瓜苗，可使西（甜）瓜瓜苗缺苗断行，在西（甜）瓜成熟期对有破伤的西（甜）瓜进行危害，影响产量和质量。成虫主要取食叶片，尤喜大豆、花生及各种果树叶片。

（二）形态特征

成虫体长 16~21mm，宽 8~11mm，黑色或黑褐色，具光泽小盾片近于半圆形，鞘翅长椭圆形，有光泽，每侧各有 4 条明显的纵肋、前足胫节外侧具 3 个齿，内侧有 1 距。幼虫，老熟幼虫体长 35~45mm，全体多皱褶，静止时弯成 C 型。头部黄褐色，胴部乳白色。头部前顶刚毛每侧各有 3 根排一纵列。肛门孔呈三射裂缝状，肛腹片后部复毛区散生钩状刚毛，无刺毛列。

（三）发生规律

一般 1~2 年 1 代，以幼虫和成虫在土中越冬。5~7 月成虫大量出现，成虫有假死性和趋光性，并对未腐热的厩肥有强趋性，白天藏在土中，晚上 8~9 时为取食、交配活动盛期。一般交配后 10~15 天开始产卵，产在松软湿润的土壤内，每雌虫可产卵百粒左右，卵期 15~22 天，幼虫期 340~400 天，冬季在 55~150cm 深土中越冬,蛹期20天。蛴螬始终在土中活动,与土壤温度关系密切,一般当10cm土温达5℃时开始上升土表,13℃~18℃时活动最盛,23℃以上则往深土层移动。

(四)防治方法

1. 要施用充分腐热的有机肥,避免使用未腐热的有机肥是减轻蛴螬危害的前提。

2. 使用50%辛硫磷1000倍液灌根,有一定控制效果。

3. 用80%敌百虫1kg,兑水10kg,喷撒到炒熟的100kg麸皮上充分拌匀,在傍晚撒到瓜苗周围进行诱杀。

六、瓜叶螨

瓜类叶螨,俗称红蜘蛛、火龙,属蛛形科,与昆虫同属节肢动物,它不是昆虫,其种类很多,危害西瓜、甜瓜的叶螨主要有截形叶螨、二斑叶螨、土耳其斯坦叶螨、米砂叶螨等。

(一)危害特点

若螨和成螨群体集瓜秧叶脊吸食汁液,受害处呈现出细小的密集失绿斑点使叶片呈灰白色或枯黄色细斑,严重时叶片干枯脱落,影响生长,缩短结果期造成减产。

(二)形态特征

雌成螨:体长0.42~0.59mm,椭圆形,体背有刚毛26根,排成6横排。生长季节为白色、黄白色,体背两侧各具1块黑色长斑,取食后呈浓绿、褐绿色;当密度大,或种群迁移前体色变为橙黄色。在生长季节绝无红色个体出现。滞育型,体呈淡红色,体侧无斑。与朱砂叶螨的最大区别在生长季节无红色个体,其他均相同。

雄成螨:体长0.26mm,近卵圆形,前端近圆形,腹末较尖,多呈绿色。与朱砂叶螨难以区分。

卵:球形,长0.13mm,光滑,初产为乳白色,渐变橙黄色,将孵化时现出红色眼点

幼螨:初孵时近圆形,体长0.15mm,白色,取食后变暗绿色,眼红色,足3对。

若螨:前若螨体长0.21mm,近卵圆形,足4对,色变深,体背出现色斑。后若螨体长0.36mm,与成螨相似。

(三)发生规律

1年发生12~15代。以受精的雌成虫在土缝、枯叶落叶下或小旋花、夏至草等

宿根性杂草的根际等处吐丝结网潜伏越冬。在树木上则在树皮下,裂缝中或在根颈处的土中越冬。当3月份平均温度达10℃左右时,越冬雌虫开始出蛰活动并产卵。越冬雌虫出蛰后多集中在早春寄主如小旋花、葎草、菊科、十字花科等杂草上为害,第1代卵也多产这些杂草上,卵期10余天。成虫开始产卵至第1代幼虫孵化盛期需20~30天,以后世代重叠。在早春寄主上一般发生1代,于5月上旬后陆续迁移到西瓜上为害。由于温度较低,5月份一般不会造成大的危害。随着气温的升高,其繁殖也加快,在6月上、中旬进入全年的猖獗为害期,于7月上、中旬进入年中高峰期。二斑叶螨猖獗发生期持续的时间较长,一般年份可持续到8月中旬前后。10月后陆续出现滞育个体,但如此时温度超出25℃,滞育个体仍然可以恢复取食,体色由滞育型的红色再变回到黄绿色,进入11月后均滞育越冬。二斑叶螨营两性生殖,受精卵发育为雌虫,不受精卵发育为雄虫。每雌虫可产卵50~100粒,最多可产卵216粒。喜群集瓜叶背主脉附近并吐丝结网于网下为害。

(四)防治方法

在防治中,应采取农业防治、生物防治与化学防治相结合的综合防治策略。由于该螨具有相当高的抗药性,因此应掌握在发生初期进行防治,一旦严重发生则较难控制。

1. 农业防治

在早春、秋末清洁田园。在4月中、下旬后,待杂草上的二斑叶螨种群主要为卵和幼螨时,及时清除瓜田中及周围的杂草,消灭其上的虫体,可减少迁移到西瓜上的螨数量,推迟年中猖獗发生期和高峰期出现的时间,并缩短猖獗发生期持续的时间。

2. 化学防治

防治二斑叶螨效果好的药剂有,1.8%阿维菌素乳油3000倍液、15%浏阳霉素乳油1500倍液、5%霸螨灵(唑螨酯)悬浮剂2000倍液、15%哒螨酮乳油2000倍液,大发生时每次选择一种采用淋洗式方法喷雾。

七、瓜蚜

(一)危害特点

以成虫及若虫在叶背和嫩茎上吸食压砂瓜汁液,瓜苗嫩叶及生长点被害后,叶片蜷缩,瓜苗萎蔫,甚至枯死,老叶受害,提前枯落,缩短结瓜期,造成减产。

(二)形态特征

瓜蚜:蚜虫又称腻虫,属同翅目,蚜科,是世界性的害虫。

无翅孤雌蚜：体长 1.5~2.0mm，夏季多为黄色，春秋为墨绿色至蓝黑色，体表有一层薄蜡粉。触角共 6 节，第 3~4 节无感觉圈，第 5 节有感觉圈 1 个，第 6 节膨大部有 3~4 个。腹部长圆筒形，有瓦纹、缘凸和切迹。尾片圆锥形，近中部收缩，有微刺突组成的瓦纹，有曲毛 4~7 根，一般 5 根。

有翅孤雌蚜：体长 1.2~1.9mm，头、胸黑色，腹部春、秋时深绿，夏季时黄色，第 2~4 节缘斑明显而且大，腹管后的斑亦大，且绕过腹管前伸但是不合拢，第 6 节背中常有短带。触角有 6 节，比体长，第 3 节有感觉圈 4~10 个，一般为 6~7 个，几乎排成 1 排，第 4 节有感觉圈 0~2 个，近及 5 节端部有 1 个感觉圈，卵椭圆形。长 0.49~0.59mm，宽 0.23~0.36mm。产时橙黄色，后变漆黑色有光泽。

（三）发生规律

蚜虫繁殖力强，1 年发生 20~30 代，以卵在越冬寄主上越冬，或以成蚜、若蚜在温室蔬菜上继续为害繁殖，具有孤雌生殖和迁飞转移的习性，环境不适宜时便产生有翅蚜迁飞扩散转移寄主。在我区中部干旱带 6 月初迁飞至瓜田为害，8 月下旬迁飞至越冬寄主上。瓜蚜喜旱怕雨，繁殖适温 16℃~22℃。

（四）防治方法

1. 药剂喷雾防治

用 10%吡虫啉 2000 倍液、5%啶虫脒 2500 倍液、3%印楝素乳油 1000 倍液、0.5%黎芦碱乳油 1000 倍液、2.5%鱼藤酮乳油 500 液倍喷雾。

2. 保护和利用天敌

蚜虫的天敌很多，瓢虫、草蛉、食蚜蝇、寄生蜂等在田间种群数量很大，应尽量少喷施化学农药，发挥天敌的自然控制作用，也可以从麦田或苜蓿田助迁天敌到西瓜的种植地内。

第二节　病害识别与防治技术

一、猝倒病

猝倒病是瓜类苗期病害，覆膜西瓜苗期发病严重，特别是在气温低、土壤湿度大时发病严重，可造成烂种、烂芽及幼苗猝倒，该病占幼苗死亡率的 80%左右。

（一）症状识别

西瓜全生育期内均可发病，是苗期毁灭性病害。种子萌芽后至幼苗未出土前受害,造成烂种、烂芽。出土幼苗受害,茎基部呈现水渍状黄色病斑,后为黄褐色,缢缩成线状,倒伏,幼苗一拔就断,病害发展很快,子叶尚未凋萎,幼苗即突然猝倒死亡。湿度大时,病株附近长出1层白色絮状菌丝。生长后期,果实受害,瓜面呈水渍状大斑,严重时瓜腐烂,表面长出白色絮状菌丝,称绵腐病。

(二)病原

瓜果腐霉菌 *pythium aphanidermatum*(Eds.)Fitzp.属真菌鞭毛亚门,腐霉属。菌丝无色,无隔膜。老熟菌丝顶端着生不规则的圆筒状或手指状分枝的孢子囊。游动孢子肾形,凹面有2根鞭毛,卵孢子球形,光滑,藏卵器球形,雄器袋状或棒状。

(三)发病规律

本病原菌的腐生性很强,可在土壤中长期存活,以菌丝体和卵孢子在病株残体及土壤中越冬,第2年,条件适宜时卵孢子萌发,先产生芽管,然后在芽管顶端膨大,形成孢子囊及游动孢子。在土中营腐生生活的菌丝体也可产生游动孢子囊。以游动孢子侵染瓜苗引起猝倒。病菌靠灌水或雨水冲溅传播。低温、高温,土壤中含有机质多,施用未腐熟的粪肥等,均有利于发病。

(四)防治方法

1. 药土盖种

用50%多菌灵0.5kg加细土100kg,或用40%五氯硝基苯200g加细土100kg可制成药土,播种后覆盖1cm厚。

2. 加强苗期管理

避免低温、高温的环境条件出现。

3. 药剂防治

出苗后发病时可喷64%杀毒矾可湿性粉剂500倍液,或喷25%瑞毒霉可湿性粉剂800~900倍液,或75%百菌清800倍液,也可喷50%多菌灵可湿性粉剂500倍液。猝倒病、立枯病混合发生时,可用72.2%普力克水剂800倍液加50%福美双可湿性粉剂800倍液喷淋。

二、西瓜疫病

(一)症状识别

疫病病菌以侵害瓜秧根颈部为主,还可侵染叶、蔓和果实。根颈部发病初期产生暗绿色水渍状病斑,病斑迅速扩展,茎基呈软腐状,有时长达10cm,植株萎蔫青枯死亡,维管束不变色。有时在主根中下部发病,产生类似症状,病部软腐,地上部青枯,叶片染病时则生暗绿色水渍状病斑,病部软腐,地上部青枯,叶片染病时则生暗绿色水渍状斑点,扩展为近圆形或不规则大型黄褐色病斑,天气潮湿时全叶腐烂,干燥时病斑极易破裂。严重时,叶柄、瓜蔓也可受害,症状与根颈部相似。果实染病生暗绿色近圆形水渍状病斑,潮湿时病斑凹陷腐烂长出一层稀疏的白色霉状物。

(二)病原

Phytophthora melonis Katsura 称甜瓜疫霉,属鞭毛菌亚门真菌,形态特征同黄瓜疫病。

(三)发病规律

以菌丝体或卵孢子随病残体在土壤中或粪肥里越冬。翌年产生分生孢子借气流、雨水或灌溉水传播,种子虽可带病,但带菌率不高。湿度大时,病斑上产生孢子囊及游动孢子进行再侵染。发病温限为5℃~37℃,最适20℃~30℃。高温高湿及茎叶茂密通风不良易发病。

(四)防治方法

1. 种子消毒

播前种子用55℃温水浸种15分钟,或用40%福尔马林150倍液浸种30分钟,冲洗干净后晾干播种或催芽播种。

2. 农业防治

选择排水良好的砂地,雨后及时排水,避免长时间积水。

3. 药剂防治

发病初期可选择72.2%克露可湿性粉剂700倍液,69%安克锰锌可湿性粉剂1000倍液,70%百德富可湿性粉剂或80%大生600倍液,50%甲霜铜可湿性粉剂700~800倍液,35%瑞毒唑铜可湿性粉剂800倍液,60%琥乙磷铝可湿性粉剂500倍液,70%乙磷锰锌可湿性粉剂500倍液,72.2%普力克水剂800倍液,58%雷多米尔·锰锌(瑞毒霉锰锌)可湿性粉剂500倍液,6%杀毒矾可湿性粉剂500倍液,隔7~10天喷洒1次,连续防治3~4次。必要时还可用上述杀菌剂灌根,每株灌兑好的药液0.4~0.5L,如能喷洒与灌根同时进行,防效明显提高。

三、病毒病

(一)症状识别

侵染葫芦科的病毒有10多种,由于病原种类不同,所致症状也有差异。主要有花叶型、皱缩型、黄化和坏死型、复合侵染混合型等。花叶型植株生长发育弱,首先在植株顶端叶片产生深浅绿色相间的花叶斑驳,叶片变小蜷缩,畸形,对产量有一定影响。皱缩型,叶片皱缩,呈泡斑,严重时伴随有蕨叶、小叶和鸡爪叶等畸形。叶脉坏死型和混合型,叶片上沿叶脉产生淡褐色的坏死,叶柄和瓜蔓上则产生铁锈色坏死斑驳。常使叶片焦枯,茎扭曲,蔓节间缩短,植株矮小。果实受害变小,畸形,引起田间植株早衰死亡,甚至绝收。

(二)病原

甜瓜花叶病毒(*Muskmelon mosaic* Virus.简称 MMV),该病毒寄主范围较窄,只侵染葫芦科植物,不侵染烟草或曼陀罗。是西北瓜类病毒病重要毒源。

(三)发病规律

甜瓜种子可带毒,由棉蚜、桃蚜及汁液接触传染。种子带病毒率高低与发病迟早有关,发病早的种子带毒率高。该病在高温干旱或强光下易发病。

(四)防治方法

1. 种子消毒

播种前,用 10%磷酸三钠溶液浸种 20 分钟后,用清水冲洗干净,再行浸种催芽播种。

2. 加强田间管理

施足底肥,轻施氮肥,增施磷、钾肥,以保证植株正常生长,减轻为害;清除杂草和病株,以防止接触传播。

3. 及时治蚜

在蚜虫迁飞前要连续防治,杜绝传毒为害。

4. 药剂防治

发病初期喷洒 20%病毒 A 可湿性粉剂 500 倍液,或 1.5%植病灵乳油 1000 倍液,或用高锰酸钾、50%扑海因各半稀释成 1000 倍液喷洒。

四、枯萎病

(一)症状识别

西瓜全生育过程均可发病。病株外观呈萎蔫状,中午烈日时表现尤为明显。西瓜幼芽受害,在土壤中即行腐败死亡,不能出苗。出苗后发病,顶端呈失水状,子叶和叶片萎垂,茎蔓基部萎缩变褐色猝倒。病蔓发病,基部变褐,茎皮纵裂,常伴有树脂状胶汁溢出,干后呈红黑色。横切病蔓,维管束呈褐色。后期病株皮层剥离,木质部猝裂,根部腐烂仅见黄褐色纤维。天气潮湿时,病部常见到粉红色霉状物,即病原分生孢子座和孢子团。

（二）病原

西瓜枯萎病由半知菌亚门的尖镰孢菌 *Fusarium oxywporum*(Schl.)*f.sp.niveum*(Smith)Snyder 侵染引起,该病菌专化型主要侵害西瓜和冬瓜,也可使甜瓜轻微发病。对南瓜、丝瓜则不侵染,人工接种时可使瓠瓜、黄瓜轻微发病。发病特点跟其他瓜类枯萎病基本相同。品种间抗病性有差异。

（三）发生规律

主要以菌丝,厚垣孢子或菌核在未腐熟的有机肥或土壤中越冬,成为翌年主要侵染源,该菌能在土壤中存活 6 年,菌核、厚垣孢子通过家畜消化道后仍具活力,采种时厚垣孢子可粘于种子上,致商品种子带菌率高,播种带菌种子,发芽后病菌即侵入幼苗,成为侵染源。该病盛发于坐果期,病势迅速扩展。

（四）防治方法

1. 轮作换茬防病

西瓜枯萎病可在土壤中存活 10 多年,但一般采用轮作 4 年后,土壤中的病菌即可大大减少。在压砂瓜地采用错位倒茬对枯萎病有一定的防效。另外,提倡西瓜与其他作物的轮作。

2. 嫁接防病

可采用庆发一号砧木、抗病超丰 F$_1$ 等作砧木,西瓜作接穗进行嫁接。据试验,嫁接苗死秧少或不死秧,坐果、结瓜良好,无异味,品质不变。

3. 药剂防治

（1）预防发病

95%恶霉灵可湿性粉剂、30%恶霉·甲霜水剂、40%超微多菌灵、50%甲基托布津可湿性粉剂、70%敌克松、75%百菌清可湿性粉剂、2%农抗 120 水剂等均对西瓜枯萎病菌有较强的杀伤和抑菌作用。以每亩 2~2.5kg 掺50 倍细土拌匀后,定植时施入定植穴内,或以上述药剂的1000 倍液(农抗 120 水剂 200 倍液)在西瓜苗期、团棵期、盛花期分别灌根 1 次,可预防或减轻病害发生。

（2）病株治疗

对初发病株,以根际为中心,灌药,每株 500mL。药剂可选用 30%恶霉·甲霜水剂、40%超微多菌灵 300 倍液、农抗 120 水剂 50~100 倍液、75%百菌清可湿性粉剂 1000 倍液、70%甲基托布津可湿性粉剂 1000 倍液,3~5 天再灌 1 次。对发病西瓜有较好的治疗效果。

五、西瓜蔓枯病

（一）症状识别

蔓、叶、果实均可发病。叶部受害，也称褐斑病，初期为褐色圆形病斑，中心淡褐色，直径 0.3~1cm，病斑边缘与健康组织分界明显；后期病斑可扩大至 1~2cm，病斑近圆形或互相愈合成不规则形，病斑中心淡褐色，边缘深褐色，有同心轮纹，并有明显的小黑点。连续降水时，病斑扩展很快，可以遍及全叶，最后叶片变黑枯死，沿叶脉发展的病斑，初呈水渍状，后变褐色。叶柄及瓜蔓上发病，初为水浸状小斑，后变褐色梭形斑，斑上长黑色小点，为病菌分生孢子器。果实受害时初生水浸状斑，以后中央部分为褐色枯死斑，并呈星状开裂。与西瓜炭疽病的区别是，蔓枯病病斑表面无粉红色黏质物，中心色淡，边缘有很宽的褐色带并有明显的同心轮纹和小黑点，不易穿孔。

（二）病原

Mycosphaerella melonis（*pass*）Chiuet Walker.称甜瓜球腔菌，属子囊菌亚门真菌。无性世代为 *Ascochyta citrullina* Smith 称西瓜壳二孢，属半知菌亚门真菌。

（三）发生规律

主要以分生孢子器或子囊壳随病残体在土中或附在种子上越冬。翌年通过风雨或灌溉水传播，从气孔、水孔或伤口侵入，种子带菌引致子叶染病，主要在夏秋季发病。

（四）防治方法

1. 种子处理

播种前用福尔马林 100 倍液浸种 15 分钟，进行种子消毒，或用 55℃~60℃温水浸种 15 分钟。

2. 农业防治

与非瓜类作物实行 3 年轮作；施足底肥，增施磷钾肥；注意补水、雨后注意排水，以保持根部土壤不要过湿，促使植株生长健壮，提高抗病力；要及时压蔓、整枝、防止疯长，提高瓜田通风透光；发现病株，及时拔除深埋或烧毁。

3. 药剂防治

发病初期应立即喷药防治，可喷 70%代森锰锌 500~600 倍液，或 60%百菌通 400~500 倍液，或 70%甲基托布津 500 倍液，每隔 7 天喷 1 次，如病势发展很快，也可 3~4 天喷 1 次。

六、炭疽病

（一）症状识别

瓜类炭疽病在瓜类作物整个生长期内均可发生，但以植株生长中后期发生最重，造成茎叶枯死，果实开裂腐烂。炭疽病也是西瓜、甜瓜收获后，运输中和贮藏期的重要病害。幼苗发病后子叶边缘出现褐色半圆形或圆形病斑，后变褐色，边缘紫褐色，有同心轮纹和小点点，病斑扩大后互相融合，易引起穿孔，叶片早枯。茎蔓和叶柄受害后病斑长圆形，微凹陷，呈黄褐色水渍状，后变黑色，病斑若发展至绕茎蔓或叶柄1周，即引起全茎蔓或全叶枯死。果实受害后先显暗绿色水渍状小斑点，后迅速扩大为圆形或椭圆形。凹陷呈暗褐色溃疡斑，凹陷处常龟裂，上生许多黑色小粒点，即分生孢子盘。潮湿环境下在溃疡斑上产生粉红色小粒点，即分生孢子堆。严重时病斑连片，瓜果腐烂。

（二）病原

Colletotrichurn ordiculare（Berk & Mont）Aix 称葫芦科刺盘孢，属半知菌亚门真菌。形态特征同黄瓜炭疽病。

（三）发生规律

以菌丝体或拟菌核在土壤中的病残体上越冬，翌年遇到适宜条件产生分生孢子梗和分生孢子，落到植株或西瓜上发病，种子带菌可存活2年，带病种子出苗后子叶发病产出大量分生孢子，借风雨传播。10℃~30℃均可发病，气温20℃~24℃，相对湿度90%~95%适宜发病。

（四）防治方法

1. 农业防治

可选用抗病品种，施用充分腐熟的有机肥，合理施肥，增强瓜株抗病力；防止积水，雨后及时排水，合理密植，及时清除田间杂草。选用无病种子或进行种子消毒，与非瓜类作物轮作。

2. 药剂防治

发病初期喷洒50%甲基硫灵可湿性粉剂800倍液加75%百菌清可湿性粉剂800倍液，或50%多菌灵可湿性粉剂800倍液加75%百菌清可湿性粉剂800倍液混合喷洒。此外，还可选用36%甲基硫菌灵悬浮剂500倍液、80%炭疽福美可湿性粉剂800液、64%杀毒矾可湿性粉剂500倍液、70%甲基托布可湿性粉剂

500 倍液、2%抗霉菌素(农抗 120)水剂 200 倍液,间隔 7~10 天 1 次,连续防治 2~3 次。

七、叶枯病

(一)症状识别

该病害多发生在瓜类生长的中后期,主要危害叶片,也侵害叶柄、瓜蔓及果实。一般多从基部叶片首先发病,先产生黄褐色小点,后逐渐扩大,边缘起呈水渍状,病健部界限明显,但轮纹不明显,在高温高湿条件下叶面病斑较大,轮纹也较明显,几个病斑汇合成大斑,致使叶片干枯。瓜蔓受害,蔓上产生褐色卵形或纺锤形小斑,其后病斑逐渐扩大并凹陷,呈灰褐色,植株生命力降低。在高温和风害的影响下,叶片很快枯焦,使果实直接暴露在阳光下,易受日灼病的危害,初见水渍状小斑,后变褐色,略凹陷,湿度较大时在病斑上出现黑色轮纹状霉层。随着病情不断发展,部分病斑呈疮痂状,严重时瓜龟裂而腐烂。

(二)病原

Alternaria cucumerina(Ell *et* Ev)Elliott 称瓜链格孢,属半知菌亚门真菌,形态特征同黄瓜黑斑病。

(三)发生规律

以菌丝体在病残体内及分生孢子在病组织外或粘附在种皮上越冬,成为次年初侵染源。分生孢子借气流或雨水传播,萌发后可直接侵入叶片。坐瓜后遇 25℃以上气温及高湿、易形成病害流行。

(四)防治方法

1. 农业防治

西瓜收后要及早集中烧毁病残体,以减少菌源;实行 3 年以上的轮作倒茬;增施磷、钾肥和有机肥,培育壮苗,提高抗病能力;早期如发现病叶,要及时摘除深埋或烧毁。

2. 种子处理

播种前用种子重量 0.3%拌种双拌种, 或用 40%福尔马林 200~300 倍液浸种 2 小时,清水冲洗后播种。

3. 药剂防治

在发病初期或降水前立即进行喷药防治, 可喷 75%百菌清可湿性粉剂

500~600倍液，或70%代森锰锌可湿性粉剂400~500倍液，或喷60%百菌通400~500倍液，或50%速克灵1000倍液，5~6天喷1次，连喷2~3次。

八、甜瓜蔓枯病

（一）症状识别

在宁夏海原县高崖乡小拱棚甜瓜受害较严重。甜瓜的整个生育期,地上各部位可受害。病株幼苗子叶茎部,初现水渍状小斑,病斑迅速向上下扩展,呈环状黑色或棕黄色病痕,不久全株软腐死亡;叶片受害后最初为浅褐色水渍状小点,后逐渐扩大成直径为1~2cm的圆形、近圆形或不规则形的黑褐色大斑,常见叶缘受害,形成黑褐色弧形、楔形大斑,病部干枯,表面散生黑色小粒点,即病菌分权处,呈水渍状灰绿色斑,渐渐沿茎扩展到各节部。病斑呈短条状褐色凹陷斑、环状褐色斑,密生黑色小粒点。在龟裂处不断分泌黄色胶汁,干涸后凝结成深红色至黑红色的颗粒状胶质物,附着在病部表面,蔓叶枯萎,横切病茎,可见茎周一圈表皮变褐,其维管束不变色,仍维持绿色,这一点与枯萎病有明显不同;受害果实先呈现水渍状的小斑,产生黑色溃疡,病斑上也埋生许多散的黑色小点。

（二）病原及发生规律

同西瓜蔓枯病。

（三）防治方法

1. 农业防治

播种前种子消毒,在55℃~60℃温水中浸种,随水温自然下降至30℃浸种3~4小时;或用40%甲醛液150倍浸种30分钟,用清水洗净后播种。有些品种对甲醛比较敏感,需要试验确定有效剂量和时间。

实行2~3年的轮作,施用充分腐熟的有机肥,并注意氮、磷、钾肥的合理搭配。注意田间通风降湿,增强植株抗性。

2. 药剂防治

在发病初期全面喷施70%代森锰锌可湿性粉剂500倍液,或50%甲基托布津或多菌灵可湿性粉剂500倍液,或70%百菌清可湿性粉剂600倍液。或用50%混杀悬浮剂500~600倍液,或用1:50倍甲基托布津或敌克松液或甲基托布津液加杀毒矾药液涂抹病部。

九、白粉病

（一）症状识别

此病主要侵染叶片、叶柄、茎蔓也常受害，果实受害较少。发病初期，叶片的正面或背面长出小圆形白色粉状霉点，不久逐渐扩大成较大的白色粉状霉斑（病菌菌丝体，分生孢子梗及分生孢子），以后蔓延到叶柄和茎蔓甚至嫩果实上。严重时整个植株叶片被白色粉状霉层所覆盖，叶片发黄变褐、质地变脆。

（二）病原

Sphaerotheca fuliginea(Schlecht)Poll.称单丝壳白粉菌和 *S.cucurbitae*（Jacz）Z.Y.Zhao.称瓜类单丝壳菌，均属子囊菌亚门真菌。形态特征同黄瓜白粉病。

（三）发生规律

白粉病可在月季花或温室瓜类作物或病残体上越冬，成为翌年侵染源。田间再侵染主要是发病后产生的分生包子借气流或雨水传播。由于此菌繁殖快，易导致流行。高温干燥有利于分生孢子繁殖和病情扩展。10℃~25℃均可发生。高温干旱与高温交替更易发病。

（四）防治方法

1. 农业防治

选用抗病品种，在当前较抗白粉病的甜瓜品种为银帝。田间应注意加强水肥管理，防止植株徒长和早衰，施用有机肥，保持植株通风好，压砂瓜收获后清除病株残体，减轻翌年初侵染源。

2. 药剂防治

调查发病中心，植株发病初期及早喷药，控制病源蔓延。选用50%硫磺悬浮剂200倍液、70%代森锰锌可湿性粉剂300倍液，50%翠贝干悬浮剂2500倍液，相隔5~7天喷1次，防治效果显著。或用50%硫磺悬浮剂200~300倍液，30%敌菌酮400倍液，或用50%甲基托布津可湿性粉剂800倍数，或50%托布津可湿性粉剂500倍液，75%百菌清可湿性粉剂800倍液，多硫磷1000倍液，每隔7~10天喷1次。

十、甜瓜细菌性角斑病

（一）症状识别

甜瓜全生育期均能发病，主要危害叶片，也可危害茎蔓及果实。病状最早呈现在子叶上,为圆形或不规则的浅褐色、半透明点状病斑。在潮湿条件下,叶片现水渍状小点,病斑渐扩大,受叶脉限制呈多角形或不规则形,有时叶背病部溢出黄白色液体(即菌脓),后期病叶变黄褐色干枯。病斑变脆而易开裂脱落。茎蔓、果实上的病斑初呈水渍状凹陷,并带有大量细菌黏液,果实表面病斑处易溃烂,裂口并向内扩展一直达种子上,致种子带菌。病源为油菜黄孢杆菌、黄瓜叶斑病致病变种。

(二)病原

Pseudomonas syrngae pv lachrymans(Smitn *et* Bryan)Young. Dye & Wilkie 称丁香假单胞杆菌黄瓜角斑病致病型、属细菌。危害西瓜、甜瓜、黄瓜等瓜类作物。

(三)发病规律

病菌随病残体在土壤中或附着于种子表面越冬,成为翌年的初侵染源。

病菌可由寄主的伤口和自然孔口侵入,带菌种子发芽时亦可侵入子叶,通过风雨、昆虫和人的接触传播,形成多次重复侵染。当温度在22℃~28℃时,潮湿多雨,田间湿度大,是病害发生的主要条件,地势低洼、连作田发病重。

(四)防治方法

1. 农业防治

实行与非葫芦科、茄科、豆科作物2年以上的轮作;选无病瓜留种,并于播种前进行种子消毒,消毒方法是用55℃的温水浸种20分钟,或用0.1%升汞液浸种10分钟,或次氯酸钙300倍液浸种30~60分钟,捞出后用清水洗净,催芽播种;及时清除病叶、病蔓深埋,及时追肥,合理浇水。

2. 药剂防治

于发病初期用50%琥胶肥酸铜(DT)可湿性粉剂,或60%琥·乙磷铝(DTM)可湿性粉剂500倍液,或用25%瑞毒铜可湿性粉剂600~800倍液,或新植霉素、农用链霉素4000倍液等,每亩喷洒50~70kg药液。

第三节　压砂地草害识别与综合防治技术

宁夏中部干旱带压砂田杂草的种类繁多,杂草对压砂瓜的危害,一是与压砂瓜争肥、争水、争光,导致压砂瓜生长不良;二是加大田间湿度,病害发生加重,三是成为某些病虫害的中间寄主。

一、压砂地杂草种类及发生规律

目前在宁夏中部干旱带压砂地杂草的种类很多,造成危害的杂草主要有狗尾草、虎尾草、早熟禾、赖草等禾本科杂草及藜、旋花、蒿、刺儿菜、蒺藜、苍耳、骆驼蓬、蓼等阔叶杂草。压砂地杂草的发生与降雨有很大关系,随着降雨的发生,杂草就会大量出苗。一般年份,压砂地杂草的发生有两个高峰期,第 1 个高峰期是随着瓜苗的出土,杂草也大量出土,这时出苗的杂草约占压砂瓜全生育期杂草出苗总数的 60%;第 2 个高峰期在压砂瓜蔓长 70cm 左右时,出苗的杂草约占压砂瓜生育期杂草出苗总数的 40%。

二、草害综合防治技术

1. 农业防除

覆盖地膜:采用覆膜种植方式,如果地膜封闭严实,不穿孔,对膜下杂草的防除效果明显,如采用专用除草地膜,效果更好。

中耕除草:压砂瓜伸蔓前后,杂草出土后,对瓜行间空地进行中耕,用耧耙耖地,除草效果好。

2. 化学除草

压砂瓜叶片娇嫩,对化学药剂较敏感,化学除草时应当注意:正确掌握药量,不要随意加大用药剂量;根据天气及土壤湿度状况来决定除草剂用药剂量。天气干旱、土壤湿度小时,用高限剂量,如雨水较多,土壤湿度大时,用低限剂量。应均匀喷雾,不重喷,不漏喷。

播后苗前除草:在压砂瓜种植后出苗前,可采用非选择性除草剂防除已出土的杂草。每亩用 10%草甘膦水剂 0.5~1kg 防除 1 年生杂草, 防除多年生杂草每亩用 10%水剂 1~1.5kg,或 20%草铵膦水剂 0.1~1.5kg,兑水 20~30kg,涂抹杂草茎叶。

出苗后除草:每亩可用 12.5%高效盖草能乳油 130~150mL,或 35%稳杀得乳油 70~130mL, 或 15%精稳杀得乳油 70~130mL, 或 10%禾草克乳油 100~250mL,兑水 30~50kg,于压砂瓜生长期禾本科杂草长至 3~5 片叶时,在压砂瓜藤叶间进行喷雾,防除禾本科杂草。

第十九章 无公害压砂瓜采收 与采后处理技术

压砂瓜采收与采后处理是指从压砂瓜采收到食用的整个过程,是连接生产和市场的主要环节,包括采收、清洁、愈伤、分级、包装、预冷、防腐、贮藏、运输及销售等环节,这些环节处理的好坏直接影响到无公害压砂瓜产品的商品质量和效益。现分别介绍如下:

第一节 采 收

一、采前准备

压砂瓜采收工作具有很强的时间性和技术性,故采收前应做好人力、物力上的安排和组织工作。采前应根据压砂瓜的种类、采收方法、时间、数量与贮运保鲜方法等准备好足够的箱、框、篮、剪及机械等采收与贮藏保鲜、运输时需用的物资和设备,并组织安排好劳动力;要对存放与采摘产品的容器和用具进行清洗和消毒,使之保持清洁;对采收与贮运保鲜人员进行培训,使其掌握必要的采收与贮运保鲜知识等。

二、采收时间和注意事项

压砂瓜的最适采收时间取决于食用器官的成熟度、采后用途、市场远近和贮运条件等。一般就地销售的产品,可在成熟期采收,而用作长期贮藏和远距离运输的可于正常采收前 3~5 天采摘。总之,采收时间的确立对于压砂瓜产品的销售,贮运效果和时间至关重要。

压砂瓜采收时应尽量避免机械损伤,在采收过程中,应剔除畸形、发育不良、有病虫危害以及采收不当而造成的机械伤口的压砂瓜。病虫危害的压砂瓜应带出田块,深埋处理,避免相互传染。采收后立即上市的压砂瓜,应在早晨露水干后或气温较低,或傍晚采收。

准备贮藏保鲜的压砂瓜,宜从瓜形整齐、色泽鲜亮、瓜蔓和果皮上均无病虫害的果实中挑选。选择八成熟左右的果实作为贮藏用瓜。采收时间最好在无雨的上午进行,因为压砂瓜经过夜间的冷凉之后,散发出了大部分的田间热,瓜体温度较低,采收后不致因瓜体温度过高而加速呼吸强度。采摘时应连同一段瓜蔓用剪刀或镰刀割下,瓜梗保留长度往往影响贮藏寿命(见表19-1)。这可能是与瓜蔓中存在着抑制西瓜衰老的物质及伤口感染距离有关。

表19-1　瓜梗保留长度与贮藏的关系

处 理	10天后发病率(%)	20天后发病率(%)	30天后发病率(%)
基部撕下	10	36	82
保留3cm	0	4	18
保留8cm	0	6	14
两端各带半节瓜蔓	0	0	8
两端各带一节瓜蔓	0	0	12

另外,采收后应防止日晒、雨淋、而且要及时运送到冷凉的地方进行预冷。采下的瓜要轻拿轻放,用铺有瓜蔓或木屑的筐运送到预定的地方,尽量避免互相摩擦,碰撞,造成外伤。

三、采收后的损失及其控制方法

(一)损失原因

1. 生理生化活动引起的损失

呼吸作用是西瓜、甜瓜、南瓜等压砂瓜采收后的主要生命活动,它可以将压砂瓜产品的各种有机物分解为二氧化碳和水并释放出能量, 这种生命活动的强弱,直接关系压砂瓜的品质变化和贮藏寿命的长短,如果不能及时控制在合适的范围内,会迅速使压砂瓜产品养分损失,水分下降,新鲜度变差,品质变劣。

压砂瓜呼吸强度的高低,也会影响它衰老过程的快慢。呼吸强度过高会导致压砂瓜过早衰老,而衰老的压砂瓜抗病能力下降又易受病菌侵染而腐烂。蒸腾作用是指水分以气体状态通过瓜体的表面,从体内散发到体外的现象。当贮藏过程中瓜体失重到一定程度时,瓜体就会呈现明显的萎缩。蒸腾作用不仅使瓜体发生体内水分散失,同时还易使贮藏中的瓜体产生结露现象。这种凝结水是微酸性的,极利于病原菌的传播、萌发和侵染,从而造成压砂瓜的腐烂。

压砂瓜采收后。在后熟和衰老过程中,乙烯是内在的催化剂,它可以促进压砂瓜的成熟和衰老。为了使压砂瓜保持原有品质,应该在贮藏中抑制乙烯的产生。

2. 微生物侵染引起的损失

微生物侵染是压砂瓜采收后产生损失的主要原因之一。主要有真菌、细菌。真菌会在瓜体内和表面大量繁殖,在瓜体表面生长大量菌类,这就是日常所说的长霉现象,长霉压砂瓜失去商品价值,不能食用。压砂瓜受细菌侵染会出现腐烂现象并伴有恶臭,同样不能食用。长霉和腐烂是压砂瓜流通过程中存在的现象。

3. 机械损伤

压砂瓜的表面结构是良好的天然保护层,当其受到破坏后,组织就会失去天然的抵抗力,极易受到微生物的侵染。造成伤口的原因很多,如采收时的机械伤口,昆虫的咬伤,搬运过程中的碰伤、压伤、擦伤以及其他以外伤害等。

4. 动物及昆虫的破坏

压砂瓜采收后,在流通过程中会受到鼠害及其他昆虫的啃食,使压砂瓜失去商品价值。

(二)环境对压砂瓜损失的影响

1. 温度

一般贮藏温度越高,压砂瓜因新陈代谢活动加快而容易衰老,病菌也易繁殖而使压砂瓜腐烂。控制适当的低温是减少贮存压砂瓜损失的主要方法。

2. 湿度

压砂瓜的含水量都在90%以上, 一般贮藏在相对湿度较适宜的环境中,应以防止失水萎蔫从而损害商品价值为主要任务。

3. 气体成分

大气中一般会有78%的氮气,21%的氧气和0.03%的二氧化碳。经实验证明,减少贮藏环境中氧气含量,在一定范围内提高二氧化碳气体的含量,可以降低压砂瓜的呼吸强度,减少损失,延长贮存寿命。

4. 时间

压砂瓜贮藏和运输时间越长,质量下降越严重,损失也越大。

（三）减少损失的技术措施

减少采收后损失的技术措施主要围绕着解决以上提出产生损失的原因而展开的。技术措施主要有以下几个方面。

1. 控制温度

低温调控技术是减少压砂瓜采后损失最有效的方法。降低温度可以降低压砂瓜的代谢水平，也可以降低压砂瓜的呼吸作用，减少养分的损失和失水适缓后熟和衰老。提高环境的相对湿度，降低压砂瓜的蒸腾作用，可以有效的延长压砂瓜的休眠时间，抑制微生物的作用。

2. 环境气体调节

环境气体调节技术通常采用适量提高环境中二氧化碳浓度，降低氧气浓度的措施达到降低压砂瓜的代谢水平，延缓后熟和衰老，同样也能达到降低压砂瓜的呼吸作用减少养分的损失。一般采用薄膜帐贮藏，可调节帐内氧气和二氧化碳的含量，压砂瓜要求氧维持在 $4\%\sim6\%$，二氧化碳维持在 $0.1\%\sim0.9\%$。

3. 减少机械损伤

压砂瓜在采收、运输、贮藏过程中应避免一切机械损伤，贮藏时轻拿轻放，采收后及时装卸到位，运输过程中采用减震设备以减少碰撞等。

第二节　采收后的处理技术

一、修整

压砂瓜采收后应及时清理，修整使产品整齐、美观、食用方便，便于包装运输，减少城市垃圾等。修整工作应在产地进行，清理的废物要集中深埋或作无害化处理，避免直接返回土壤而传播病虫害。压砂瓜修整感官要求如下：

不带泥沙，不带茎叶，剔除畸形、破损、严重机械伤或虫伤的瓜，果实外形符合品种特征，果实外皮有光泽，花纹清晰，果皮有弹性。

二、分级

（一）分级标准

分级标准是评定产品质量的标准，是生产者、经营者、消费者之间互相监督、督促的客观依据。我国以《标准化法》为依据，将标准分为 4 级；国家标准、行业标准、地方标准和企业标准。国家标准是由国家标准化主管机构批准颁布,在全国范围内统一使用的标准。行业标准又称部颁标准,是在无国家标准的情况下由主管机关或专业标准化组织批准发布,并在某一行业范围内统一使用的标准。农业部颁发的蔬菜无公害食品等级标准属于此类。地方标准是由地方制定批准发布的,在本行政区域范围内统一使用的标准。企业标准是由企业制定、发布并在企业内统一使用的标准。

我国已制定的标准较多的是按外形、新鲜度、颜色、品质、病虫害和机械伤等综合品质标准划分等级的。每一等级再根据大小或重量进行分级。

(二)分级方法

压砂瓜分级方法主要用目测和手工操作。按品种特征、果实感官指标、可溶性固形物含量、果皮厚度、大小或重量进行分级。

1. 压砂西瓜分级指标

(1)感官指标

表 19-2　压砂西瓜感官指标

项目	一等	二等
果形	果形周整、发育正常、具本品种特征、无畸形瓜	果形周整、具本品种特征、无畸形瓜
皮色	皮色正常、网纹清晰、果皮坚硬、平滑、茸毛消失、具本品种特征	皮色正常、网纹清晰、果皮坚硬、平滑、茸毛消失、具本品种特征
瓤色	具本品种成熟时应有的瓤色	具本品种成熟时应有的瓤色
成熟度	果实成熟、甜度高、质脆沙、口感好、无生瓜、过熟瓜	果实成熟、比较甜、无生瓜、过熟瓜
伤害	无伤害	无伤害
品种纯度	≥95	≥95

(2)可溶性固形物、硒含量指标

表 19-3　压砂西瓜可溶性固形物、硒含量指标

品种	一等		二等	
	可溶性固形物%	硒(mg/kg)	可溶性固形物%	硒(mg/kg)
早熟品种	≥12	0.0056	≥11	0.0056
中熟品种	≥12	0.0056	≥10	0.0056
晚熟品种	≥12	0.0056	≥10	0.0056

(3)单果重量指标

表 19-4　压砂西瓜单果重量指标

(kg)

品种	一等	二等
早熟品种	≥2.5	≥2
中熟品种	≥6	≥4<6
晚熟品种	≥6	≥4<6

(4)果皮厚度指标

表 19-5　压砂西瓜果皮厚度指标

(cm)

品种	一等	二等
早熟品种	≤1	≤1
中熟品种	≤1.2	≤1.2
晚熟品种	≤1.2	≤1.2

2. 压砂甜瓜分级指标

(1)感官指标

表 19-6　压砂甜瓜感官指标

项目	一等	二等
果形	果形周整、发育正常、具本品种特征、无畸形瓜	果形周整、发育正常、具本品种特征、无畸形瓜
皮色	具本品种特有皮色特征、网纹清晰、茸毛消失	具本品种特有皮色特征、网纹清晰
瓤色	具本品种成熟时应有的瓤色	具本品种成熟时应有的瓤色
成熟度	果实成熟、汁多、甜度高、口感好、无生瓜	果实成熟、汁多、甜、口感好、无生瓜
伤害	无伤害	无伤害
品种纯度	≤95%	≤95%

（2）可溶性固形物含量指标

表 19-7　压砂甜瓜可溶性固形物含量指标

（%）

品种	一等	二等
早熟品种	≥13	≥12
晚熟品种	≥14	≥13

注：中心糖含量。

（3）单果重量指标

表 19-8　单果重量指标

（kg）

品种	一等	二等
早熟品种	≥2	≥1.5
晚熟品种	≥2.5	≥2

（4）果皮厚度指标

表 19-9　果皮厚度指标

品种	果皮厚度(cm)			
	一等		二等	
	厚皮甜瓜	薄皮甜瓜	厚皮甜瓜	薄皮甜瓜
早熟品种	≤0.5	≤0.5	≤2	≤0.6
晚熟品种	≤2	≤0.7	≤2.5	≤0.8

三、愈伤

愈伤的本意是治愈。压砂瓜在采收过程中，很难避免各种机械损伤，即使是不易发觉的伤口，也会招致微生物的侵入而引起腐烂，因此采收后在干燥条件下暂贮，可加速愈伤组织的形成而有利于贮藏。

四、预冷

预冷是压砂瓜采后处理非常重要的环节。通常压砂瓜采收后会携带大量的田间热，预冷的目的是通过人工制冷的方法迅速除去压砂瓜的田间热，降低压砂瓜瓜体温度和呼吸强度，延缓压砂瓜内部的新陈代谢，保持压砂瓜的新鲜状态。快速预冷可以延缓压砂瓜后熟，防止腐烂，降低损耗。预冷的方式比较多，概括起来可分为两大类，即自然预冷和人工降温预冷。

自然降温预冷是一种简单经济的预冷方式。它是将采收的产品放在阴凉通风的地方，自然散去产品所带的田间热。但其缺点是产品降温所需要的时间较长，且难以达到产品实际需要的预冷温度。采用自然降温预冷方法应选择阴凉通风的场地摆放，或用通风良好的包装容器盛放，压砂瓜堆码必须注意通风。

人工降温预冷有接触加冰预冷、冷库预冷、强制通风预冷，真空预冷等多种方法，可根据当地具体情况采用。

五、包装

新鲜的压砂瓜采收后经修整、去污、清洁、愈伤、分级后用适当的材料或容器进行包装以保护产品，提高商品价值，便于贮、运、销，是压砂瓜产品商品化的重要措施之一。包装分大包装和小包装两种，以单个或少量产品作为一个包装单位称为小包装，而若干个小包装集积后积成一个便于搬运的大件，就成为大包装。包装可防止产品机械损伤，减少水分蒸发，利于保鲜，防止病虫害危害，便于搬运装卸和合理堆放，增加装载量，利于提高贮运效率。

（一）包装容器的要求

标准容器应该具有保护性，要求有足够的机械强度和一定的通透性、防潮性、清洁、无污染、无异味、无有害化学物质、内壁光滑、卫生、美观、重量轻、成本低、取材方便、便于回收及处理。各种包装外表应注明商标、品名、等级、重量、产地、特定标志、包装日期、生产日期及保存条件等。

（二）包装种类

1. 大包装

用于运输和贮藏的大件包装，每件装产品数十至数百千克，依装卸方式而定。

软包装容器：有麻袋、尼龙网袋、塑料编织袋等。此种包装袋无支撑力，只起到便于搬运的作用。

硬包装容器：有木箱、瓦楞纸箱、散装大箱、集装箱等。

大包装容器规格：包装箱无统一规格，多数包装箱能容 20~25kg。木箱、瓦楞纸箱规格应与装卸、堆码和运输工具相配合，力求标准化，一般标准化包装箱外部尺寸有 60cm×60cm、50cm×30cm、50cm×40cm 等几种。箱高度和包装质量没有统一标准，一般装量不超过 20kg。散装大箱的规格其外部尺寸，底部为80cm×120cm、100cm×120cm 2 种，高度一般为 75cm，内部深度为60cm，机械装卸者深度可达 100cm。

装箱深度：压砂瓜的最大装箱深度是 60cm。

包装方式:压砂瓜在容器内可以散装,也可以一层层整齐排列,层次之间衬垫隔板,容器内应尽量装实,并在装满后再填充一些软质材料,如碎纸条、锯末、泡沫塑料等,防止压砂瓜在运输中震动受损。这样既可以保持压砂瓜新鲜,又便于预冷和装卸。

2. 小包装

小包装即内包装或消费包装,还可以称定量包装,或预包装,其目的是保护产品,便于销售。

(1)包装材料

压砂瓜包装所用的材料主要有木质、塑料、纸质等等。

①塑料:塑料被规范应用于压砂瓜的包装,通常分为成型材料如塑料盒、塑料袋以及塑料薄膜,填充材料和缓冲材料等。

②纸质包装:纸质包装的形式有纸箱等。为了保证纸箱的强度,常用瓦楞纸板或为了防潮外表进行涂塑处理。销售的纸箱通常比运输包装用的纸箱容积要小,上面要在两端开孔透气。

(2)包装技术

压砂瓜的销售包装目的在于合理保护不同种类压砂瓜的商品质量。压砂瓜采收后在运往贮藏场所时应进行包装。一般采用硬纸箱包装,装箱时,每个瓜用1张包装纸包好,然后在箱底放1层木屑或纸屑,把包好的压砂瓜放入箱内。若采用压砂瓜不包纸而直接放入箱内的方法时,每个瓜之间应用厚纸板隔开,并在瓜上再放少许纸屑或木屑衬好,防止摩擦损害瓜体,盖上盖子,用打包机进行捆扎。

(三)包装的方式和要求

压砂瓜包装前应该做到新鲜,清洁,无机械伤,无病虫害,无腐烂,无畸形并参照压砂瓜的标准间进行包装。包装应在无雨淋,无风吹,无日晒的环境下进行。压砂瓜在包装容器内应该有一定的排列方式,不仅能防止压砂瓜在容器内滚动和互相碰撞,还可充分利用容器的空间,避免压砂瓜腐烂变质,而且产品能通风透气。根据压砂瓜特点可采取定位包装,散装。包装量要适度,防止过满或过少而造成损伤,包装容器内应加支撑物或衬垫物,以减少压砂瓜的震动和碰撞。

(四)包装的堆码

压砂瓜的包装件堆码应该充分利用空间,垛要稳固,箱体间和垛间应该有空隙,便于通风散热。堆码方式应便于操作,垛高度应根据压砂瓜的不同特性,包装容器的质量及堆码机械化程度确定。

第二十章　无公害压砂瓜贮藏保鲜技术

第一节　压砂瓜的贮藏保鲜生理

压砂瓜采收后仍是一个有生命的机体,在其后的商品处理,运输和贮藏过程中仍进行着各种生理生化活动。这些生命活动均逐渐加深了压砂瓜的衰老过程。因此,认识和了解这些生命活动过程,采取有效措施来控制压砂瓜果实生命活动的强度,从而延缓果实的衰老,达到延长保鲜的目的。现将压砂瓜采后有关生命活动分别介绍如下。

一、呼吸作用与贮藏保鲜的关系

压砂瓜采收后光合作用停止,呼吸作用就成为生命活动的主导过程,而呼吸作用要消耗压砂瓜体内大量营养物质,从而削弱抗病性导致营养成分品质下降。因此采后采取各种措施尽量降低呼吸作用过程是压砂瓜贮藏,运输,保鲜的基本原则和要求。

(一)呼吸类型

1. 有氧呼吸(呼吸消耗)与呼收热

压砂瓜在采收以后,其生命活动最主要的体征就是呼吸作用,其呼吸作用有两种类型。一种是有氧呼吸,另一种是无氧呼吸。有氧呼吸是从空气中吸收分子态的氧,呼吸基质是压砂瓜的干物质,氧化的产物是水和二氧化碳气体,同时释放出热量,这是压砂瓜呼吸作用的主要形式,可以用下列方程式来表示:

$$C_6H_{12}O_6 + 6O_2 \xrightarrow{\text{酶催化}} 6CO_2 + 6H_2O + 686Kc$$

葡萄糖　氧　　　　二氧化碳　水　　热量

有氧呼吸产生的大量热能,被细胞利用的很少,绝大部分又以热能的形式散发出来,这在贮藏技术上被称为"呼吸热",而呼吸热的大量积累,对贮藏极为不利,呼吸热的释放也会使环境温度升高,所以在贮藏运输过程中,应尽量降低压砂瓜的呼吸强度。现以压砂瓜为例计算每吨每24小时呼吸消耗的糖量及放出的热量如下:

假设压砂瓜的含糖量为9%,贮藏期间呼吸强度为10mgCO_2/kg/h,计算每吨每24小时呼吸消耗的糖量及放出的热量按有氧呼吸方程:

$$C_6H_{12}O_6+6O_2\rightarrow 6CO_2\uparrow +6H_2O+674Kc(热量)$$

即264mgCO_2≈180mg糖,1mg≈0.682mg糖。则该西瓜消耗的糖=(0.682×10×1000×24)÷1000=163.68g/t/24h,占其含糖量的0.182%。以这种呼吸水平贮藏61.1天,则可使压砂瓜的总含糖量下降1%。按上式264mg CO_2≈674cal热量,1mg CO_2≈2.553cal。通常呼吸热可按呼吸释放的总能量计算,即呼吸强度每1mgCO_2/kg/h,每t产品每24h释放的呼吸热=(2.553cal×24×1000)÷1000=61.27Kc,则上述压砂瓜的呼吸热为61.27×10=612.7(Kc/t/24h)。西瓜的比热按0.95计,并设全部呼吸热郁积而不散失,则压砂瓜每日温度上升612.7+0.98÷1000=0.65(℃)

从上面的计算中可以看出呼吸消耗和呼吸热都是相当可观的,而呼吸热如集聚不散,则不良影响将更为严重。不仅使贮藏环境温度升高,而且放热的同时还有水气放出。所以压砂瓜在运输和贮藏期间,如不能适当通风,排除环境内的水汽和降低温度,会继续加剧压砂瓜的呼吸作用,从而加速压砂瓜体内养分及水分的消耗,有利于病原菌的侵染,造成恶性循环,导致压砂瓜的腐烂变质。

2. 无氧呼吸及其危害

无氧呼吸或称为缺氧呼吸(又称分子间呼吸),即在没有氧或缺氧的情况下所进行的呼吸作用,呼吸基质不能被彻底氧化,其最终产物是乙醛、酒精等,其化学方程式是:

$$C_6H_{12}O_6 \xrightarrow[缺酶或生命力衰退]{\quad 缺\quad 氧\quad} 2C_2H_5OH+2CO_2+28Kc$$

葡萄糖 　　　　　　　　　酒精　二氧化碳　热量

从上述两种呼吸类型的化学方程式可以看出,有氧呼吸和无氧呼吸所放出的能量竟相差674Kc÷28Kc=24.1倍。压砂瓜在贮藏期间需要能量维持生命活动,在缺氧情况下,必须消耗大量的呼吸基质(即糖分)。同时缺氧呼吸的中间产物是乙醛,最终产物是乙醇、乙醛。乙醇在压砂瓜内部积累过多,就会引起细胞中毒,导致生理病变,降低品质,缩短贮藏期限。所以在压砂瓜贮藏中,控制最适宜的低温和气体成分,即二氧化碳的适当比例,是防止不正常缺氧呼吸的关键。

(二)呼吸指标

呼吸是压砂瓜所具有的特性,生命力越旺盛,呼吸作用越强。根据呼吸作用的强弱可以确定压砂瓜的生命力及其各种生理活动状况和对环境的适应能力。因此,呼吸作用的测定在贮藏实践中具有很大的意义。呼吸作用的指标通常可以用呼吸强度和呼吸系数表示。

1. 呼吸强度

是压砂瓜保鲜贮藏中最常用的生理指标之一。呼吸强度是以 1kg 压砂瓜在1小时内放出的二氧化碳的重量(mg)或体积(mL)来表示。

$CO_2 mg$(或 mL)/h/kg 鲜重

呼吸强度的大小直接关系到压砂瓜贮藏的质量和时间。一般来说,呼吸强度比较大的压砂瓜,生命力比较旺盛,但是过于旺盛的呼吸要消耗比较多的基质(糖分),会加快压砂瓜的衰老,不利于保鲜贮藏。在贮藏过程中,限制压砂瓜的呼吸强度有利于减少有机物质的消耗,但如果将压砂瓜的呼吸强度过度降低,到一定程度,也会破坏压砂瓜的正常代谢作用,造成生理危害。

2. 呼吸系数

是指呼吸时二氧化碳的释放量与氧的吸收量之比,可用 $R \cdot Q$ 来表示:

$R \cdot Q = V CO_2 / V O_2$

在一般情况下,压砂瓜呼吸时消耗的基质大多是糖类,分解生成的二氧化碳与吸收的氧是等量的,因而呼吸系数等于 1 或近似于 1,方程式如下:

$C_6H_{12}O_6 + 6O_2 = 6CO_2 + 6H_2O + 热量$

$R \cdot Q = CO_2 / O_2 = 1$

这种呼吸系数的数值是在有充分氧气的供应,并且呼吸基质被完全氧化分解的情况下才出现的,不然这个数值一定会受影响。当呼吸系数大于应有的计算数值(1)时,压砂瓜进行缺氧呼吸所引起的结果;呼吸系数小于应有计算数值(1)时,这是因为呼吸基质氧化分解不完全,形成了中间产物。被吸收的氧大多留在压砂瓜体内,放出的二氧化碳比较少。

(三)呼吸时期

压砂瓜在成熟过程中,呼吸强度表现为从最高下降到最低点,又逐步上升到最大值,以后又逐步下降。这个过程可按照呼吸的最大值划分为 3 个时期:呼吸高峰前期,又称呼吸跃变前期;呼吸高峰又称呼吸跃变期;呼吸高峰后期,也叫做呼吸跃变后期。呼吸时期与压砂瓜的成熟度有关,越接近食用成熟度,呼吸强度就越高,当达到呼吸高峰时,压砂瓜开始衰老,呼吸强度则逐渐下降。有些压砂瓜具有后熟作用,在贮藏过程中还会出现一个呼吸高峰,这是压砂瓜生理活动从旺盛转入衰弱的界限。因此,营造适宜的贮藏环境条件,推迟这个呼吸高峰的出现,是延长压砂瓜贮藏期的重要措施。

(四)影响压砂瓜呼吸作用的因素

1. 温度

温度是影响压砂瓜呼吸作用最重要的环境因素。在一定范围内,呼吸强度随温度的升高而增大。在5℃~35℃范围内,每升高10℃,呼吸强度增大1~1.5倍。低于或高于此限,呼吸强度明显降低,但温度经常波动,也会刺激呼吸作用的增强,并引起空气相对湿度的变化,波动大时会引起压砂瓜的发汗,有利于病原菌的侵染。因此,在压砂瓜贮藏运输中,应根据不同贮运期以及经济效益选用适宜的温度。据陶辛秋等研究认为,西瓜贮藏的冷害阈值温度不低于12.5℃,但3.5℃~12.5℃的低温不伤害瓜瓤品质。新疆西(甜)瓜志中指出:适宜的贮藏温度是保持甜瓜、西瓜优良品质,减少腐烂的重要条件,晚熟甜瓜的最适贮藏温度为2℃~3℃,中熟甜瓜(包括白兰瓜)为3℃~5℃。西瓜在4℃~5℃之间为适宜。同时,压砂瓜在贮藏实践中对温度的要求是适宜的低温,恒温。

2. 空气湿度

新鲜压砂瓜中含有大量的水分,在贮藏过程中会因逐渐蒸发而降低。在压砂瓜失水后,压砂瓜组织内水解酶的活性就加强,原来不溶解于水的有机物质被分解为可溶性的糖类,为呼吸作用提供了更多的基质,从而使呼吸强度显著增强。但是,在空气湿度过大时,由于吸湿,组织内会出现更多游离水分,同样会促进呼吸酶的活性,造成呼吸强度的增强。因此,在压砂瓜鲜贮中,应该保持适当的相对湿度。据研究,压砂瓜贮藏环境的空气相对湿度以75%~85%为宜。

3. 气体成分

气体成分是影响压砂瓜在贮藏中呼吸作用的重要因素。贮藏环境中气体成分的变化会影响压砂瓜的呼吸强度和呼吸类型。如果氧气浓度提高,则压砂瓜呼吸强度增大,如果氧气浓度降低,则呼吸强度下降。一般当氧气浓度降低到5%左右时,压砂瓜的呼吸强度将显著减弱。但氧气浓度过低时,呼吸类型将从有氧呼吸转为缺氧呼吸,随着贮藏环境中二氧化碳浓度的增加,以及压砂瓜瓜瓤内酒精等有害物质的积累,会产生细胞中毒现象。

贮藏环境中惰性气体浓度对压砂瓜的呼吸强度也有一定的影响。比如,二氧化碳气体或氮气能抑制压砂瓜的呼吸作用。大气中的二氧化碳浓度为 0.03%,当贮藏环境中二氧化碳气体浓度控制在 1%~5% 时,能使压砂瓜呼吸强度减弱,利于贮藏。但环境内二氧化碳浓度超过 15% 时,就会阻碍压砂瓜对氧气的吸收,造成缺氧呼吸,产生酒精和乙醛。氮对压砂瓜呼吸也有一定的抑制作用,空气中氮的浓度为 78%,当增至 95% 时,能明显减弱压砂瓜的呼吸强度。在实践中,常采取抽去贮藏环境中部分空气后,灌入氮气的方法,使氧分压迅速下降到适宜的范围。

控制贮藏环境中的气体成分,是压砂瓜长期贮藏后仍能保持新鲜品质的重要技术措施。

4. 机械损伤和病虫害

压砂瓜在采收、分级、包装、运输中,常会遭到碰撞,挤压,割裂等损伤,受到损伤的组织,增大了与外界空气的接触面,刺激了体内氧化酶的活性,使呼吸强度显著增强。同时机械伤害又为微生物、细菌的侵害提供了方便,压砂瓜在贮藏中受到感染后,呼吸系统的氧化酶活性会显著提高,促使呼吸强度增强,以抑制和分解病原微生物分泌的毒素,保护自身机体的正常生理作用。此外,病菌的滋生主要消耗压砂瓜体内的营养物质,使正常的生理作用发生紊乱,也会引起呼吸作用的增强。

二、蒸腾、结露与贮藏保鲜的关系

水分通过压砂瓜表面以气体状态散失到大气中的过程叫做蒸腾作用,压砂瓜体内的水分蒸腾散失与一般水分的蒸发有着本质的区别,它是受生命活动制约的生理过程,在收获后的贮藏期间不断地进行着,但不能得到补偿。

(一)蒸腾对鲜藏的影响

1. 失重失鲜与"倒瓤"

压砂瓜在贮藏过程中,由于水分蒸发发生失重,这种失重的速度要远远大于呼吸作用的消耗。压砂瓜中含有大量的水分,使细胞膨胀,果皮坚挺脆嫩,富有光泽,有弹性,这样的瓜是新鲜的;如果贮藏中蒸腾失水过多,压砂瓜逐渐萎蔫,失重又失鲜。失重主要是因为失水造成的压砂瓜质量的损失,也叫"自然损耗"。失鲜是压砂瓜品质质量的损失,综合表现为食用品质和商品品质的降低。

压砂瓜蒸腾脱水除使表皮失去光泽外,还会引起压砂瓜"倒瓤",使细胞间隙空气增多,组织变成乳白色海绵状,导致品质变差。

2. 代谢机能紊乱

压砂瓜中各种营养成分的水解,吸收、转移、各种酶的作用,呼吸作用的气体交换等一系列生理活动,都是在水的参与下进行的。贮藏中蒸腾失水过多,势必破坏正常的代谢活动过程,危及安全贮藏。

3. 贮藏性和抗病性降低

蒸腾大量失水、萎蔫、细胞膨胀压降低,组织机械结构变劣,正常代谢过程遭到破坏、水解过程加强、呼吸作用加剧、呼吸基质改变,有害物质积累,等等。显然都会降低压砂瓜的贮藏性和抗病性。

4. 影响水分蒸发的因素

主要与压砂瓜的品种、成熟度、瓜皮厚度有关。一般成熟度高、瓜皮厚、蜡被层厚,含水量高的失水、失重较轻。

贮藏的环境条件,包括温度、空气湿度和空气流速等都与压砂瓜的贮藏保鲜有关。一般温度越高、蒸发越快,失水失重也越快;空气流通速度越大,失水越快;空气湿度达到饱和时的含水量叫做饱和湿度;空气中的实际含水量叫做绝对湿度,相对湿度则是绝对湿度占饱和湿度的百分率。空气相对湿度的提高可以降低压砂瓜的水分蒸发,有利于保鲜。因此,降低温度,减少通风,增加贮藏环境中的湿度是压砂瓜贮藏保鲜的关键技术。

(二)结露(出汗)及其危害

结露俗称出汗,就是压砂瓜在贮藏中,常可见到瓜的表面有水珠凝结。这即是"发汗"现象。当空气中的水汽量达到饱和状态,且气温降到露点以下时,过多的水汽便从空气中析出并在压砂瓜表面凝结。温差愈大,结露愈严重;空气中含水量愈多,相对湿度愈大,愈容易结露。结露现象与贮藏环境中温度不稳定,忽升忽降,通风不及时,库房绝热不良,压砂瓜入库时预冷不彻底等因素有关。

1.结露的类型

(1) 压砂瓜堆内的温度高于库内温度,堆内无通风条件,热量不易散失。当堆内湿热空气向外散发遇到外界冷空气时,便会在压砂瓜表面凝结水滴。

(2)压砂瓜温度低于库温,当湿热空气与压砂瓜接触时,也会在压砂瓜堆表层瓜面上凝成水滴。

(3)贮藏库的隔热性能差,容易受外界气温的影响,当外界气温发生骤变时,会在压砂瓜表面结露,这种结露在用塑料薄膜帐进行密封气调贮藏时比较明显,因为薄膜帐内有压砂瓜产生的呼吸热,温、湿度比膜帐外高,薄膜边缘正处在冷热交接处,所以薄膜帐内壁常有水珠。

(4)贮藏库密闭性能差,通风门窗管理不当,外界湿热空气易进入库内,也会使库房内壁或压砂瓜表面结露。

结露不利于压砂瓜贮藏保鲜。压砂瓜表面结露后很潮湿,这就为微生物和细菌的滋生创造了良好的条件;同时,在潮湿的条件下,微生物的分泌物也容易渗透入压砂瓜体内,这些都会造成压砂瓜的腐烂。

2.结露的预防

防止压砂瓜结露的方法主要是控制贮藏库内的温度,使其稳定在一定的温度范围内,切忌库温忽高忽低。对贮藏压砂瓜进行通风时,应在库内外温差不太大的情况下进行,堆码不要过于紧密,要留有通道,便于通风,贮藏压砂瓜的贮藏库一定要密闭保温,受外界气温影响小;同时要备有通风设备,便于排除库内多余的湿气。

三、后熟作用与贮藏保鲜的关系

压砂瓜在生长发育过程中逐渐积累了多种多样的营养成分,形成了不同的品质特征和结构状况从而到达了成熟。压砂瓜的成熟度可以按照不同的需要分为:食用成熟度、可采成熟度和生理成熟度3种。压砂瓜只有在达到食用成熟度时,才具备了本品种特有的外形、色泽、风味和芳香,化学成分和营养价值最安全、组织结构最好。一般采收后即供应市场食用的压砂瓜,大多在达到食用成熟度时采收。当压砂瓜组织开始变软,口味变淡时,表明已经进入生理成熟度。

压砂瓜在食用成熟度前采收进入贮藏期,能够逐步达到食用成熟度。这种在贮藏期间完成成熟的过程,叫做后熟。后熟作用是压砂瓜的一种生物学特性。

压砂瓜在贮藏过程中,因存在着顶端优势和种子的后熟作用,瓜类的养分仍不断由瓜柄向顶端及种子中输送,不太成熟的西瓜种子在后熟作用中,可以继续发育成熟。在此过程中,压砂瓜本身的代谢会放出微量的乙烯气体,这些乙烯气体更加速了西瓜的后熟作用,伴之而来的是,果肉中的淀粉大量转化为糖,果肉的含糖量提高了,硬度下降了,食用品质提高了。但是过度的后熟,会使果肉变软,西瓜"倒瓤",品质变劣。因此,贮藏中的压砂瓜应尽量减缓其后熟作用。

四、低温伤害及其控制

利用低温冷藏库贮藏压砂瓜,对延长压砂瓜的供应期有积极的作用。但因温度控制不当,易造成低温伤害。现将低温伤害原因、症状及防止措施介绍如下:

(一)压砂瓜的低温伤害

低温、恒温能延长压砂瓜的贮藏时间,但压砂瓜对低温很敏感,如在3℃的低温下,时间过长,就会表现出低温伤害,也称为"冷害"。压砂瓜遭受低温伤害时,前期症状为瓜皮颜色变暗,进而表皮凹陷,成水渍状坏死,瘫软,并易受微生物侵染而腐烂。受冷害的压砂瓜易出现缺氧呼吸,糖分损失严重,在组织中有乙醛,乙醇等中间产物,使之产生异味。

(二)防止低温伤害的措施

用于贮藏的压砂瓜,首先要选择成熟适度,瓜皮保护组织发达,生长发育正常,糖分含量高的品种进行贮藏。入库贮藏前,精心选瓜,保证无病虫危害,无机械损伤,精心包装,充分预冷,入库后采用逐步降温方法,使其达到最佳温度条件。在温度管理失误,短期造成低温时。只要发现及时,采取逐步升温方法升至压砂瓜贮藏的适温,也可缓解低温冷害。

五、采前因素对贮藏保鲜的影响

(一)地理与气候因素

压砂瓜均生长于宁夏中部干旱地带,地处荒漠草原或荒漠地带。在压砂瓜生长发育期间,当地光照强,日照时间长,5~7月每天日照时数为9~12小时,日照百分率67%~70%,平均太阳能总辐射值,5~7月中卫城区为16441.1cal/cm、16196.2cal/cm 和 15821.5cal/cm,中宁为 16584.1cal/cm、16196.2cal/cm 和 15857.1cal/cm。昼夜温差大,降水量少,5~7月,中卫城区为16.9mm、15.5mm 和 34mm,中宁为 18.1mm、20.7mm 和 42.7mm。因此由于产地光照时间长,昼夜温差大,干旱少雨,压砂瓜糖分积累多,抗坏血酸也高,果皮蜡质厚,纤维增多,耐贮性好。

压砂瓜由于生长在山地,坡地,日照强,其果皮保护组织比较发达、蜡被层厚,体内有适于低温的酶存在,从而适于在较低温度下贮藏;同时,日照长,太阳辐射强,使抗坏血酸形成的也多,含糖也高,这些都使压砂瓜耐藏性提高。

（二）农业技术条件

压砂瓜施用有机肥，不施化肥，为无公害绿色食品，且不进行人工灌溉，瓜秧和果实靠土壤水分和降水生长发育。因此压砂瓜抗病性、耐藏性好。

（三）果实的化学成分及贮藏中的变化

西（甜）瓜果实的瓤色、味道、质地和营养成分等，都是由不同的化学物质组成，这些物质在果实的成熟和衰老过程中不断发生着变化，因而起到品质的改变。

1. 西瓜

（1）西瓜糖分

糖分是西瓜果实甜味的来源。糖的含量对西瓜的风味、甜度、营养价值和贮藏性有很大影响。糖是果实贮藏中主要呼吸基质，它供给果实进行呼吸作用，维持各种生命活动。

西瓜果实中主要含有蔗糖、葡萄糖和果糖。3 种糖的甜度差异很大，用葡萄糖的甜度为标准作比较可以表示为：葡萄糖 100、蔗糖 145、果糖 220，即果糖最好，蔗糖次之，葡萄糖最次。

西瓜在不同的成熟阶段，其含糖量及所含糖的种类也不同。用折光仪测出的是西瓜果实中可溶性固形物的含量即总糖量。一般成熟的西瓜含糖量为 8%~13%。西瓜果实生长发育中、始熟期葡萄糖含量较高，以后随着西瓜成熟度的增加，葡萄糖含量相对降低，果糖含量逐渐增加，至成熟时，果糖含量最高，蔗糖含量最低，西瓜成熟后或经过贮藏葡萄糖和果糖的含量则相继减少，而蔗糖的含量则显著增加。在贮藏过程中，糖分变化的总趋势是随着贮藏时间的延长含量逐渐减少，贮藏越久，口味越淡。

（2）果胶物质

西瓜的果皮及果肉组织中普遍存在果胶。果胶是构成细胞壁的主要成分，也是影响果实质地软硬或发绵返沙的主要因素。果胶物质以原果胶、果胶（可溶性果胶）和果胶酸 3 种不同的形式存在西瓜果实组织中。各种形态的果胶物质，具有不同的特性。

未成熟的西瓜果实中的果胶物质，大部分以原果胶形式存在，它不溶于水，存在于细胞之间，可将细胞与细胞紧紧地结合在一起，果实便显得坚实脆硬。随着西瓜果实的成熟，原果胶在原果胶酶的作用下，分解成为果胶而进入细胞汁中。因此细胞之间结合松散，果实便显得柔软。当果实进一步成熟时，果胶继续被果实中的果胶酶分解成为果胶酸与甲醇。果胶酶没有胶粘能力，果实成为水烂状态。西瓜果实细胞间隙较大、果胶物质分解到一定程度后就出现所谓返砂、糠心现象。果胶酸进一步分解成为半乳糖醛酸，组织也就解体。

西瓜贮藏中要求不能堆放是因果实果胶的变化而引起硬度的变化所决定的。因为随着贮藏时间的延长，果实硬度降低，如多层堆放必然造成下层果实被压坏。

（3）维生素

维生素 C 的含量，随着果实的成熟逐渐增加，果实含有促使维生素 C 氧化的抗坏血酸酶、在贮藏过程中逐步被氧化而减少。其损失快慢与贮藏时的温度有关，一般在较低温度中贮藏，其损失量可以减缓。

西瓜果实中不存在维生素 A，只含有胡萝卜素（胡萝卜素又叫维生素 A 原），它被人体吸收后，可以在肝脏中水解而生成维生素 A。西瓜果实在贮藏中胡萝卜素损失不显著。只有在过分失水情况下才显著增加。

（4）酶

西瓜在贮藏过程中，化学成分不断地变化，引起这些变化的原因，是由于果实中各种酶进行催化作用的结果。果实中的酶是多种多样的，主要有水解酶、氧化酶、还原酶等，西瓜果实在贮藏中酶的活动速度与贮藏期间的温度成正相关，在较低温度下贮藏，酶的活动减缓。

2. 甜瓜

（1）糖分

从开花坐果到成熟，果肉全糖含量不断增加。前期，葡萄糖、果糖（还原糖）逐渐增加，蔗糖（非还原糖）含量较低，随果实的膨大逐步增加，在进入成熟期（开花后 30~35 天）后，果糖、葡萄糖增加速度减缓，而蔗糖含量迅速增加，并与呼吸高峰的出现相一致。蔗糖最终在全糖中比例最大（50%~60%）。随着蔗糖的增加，全糖也迅速增加。甜瓜果实的不同部位含糖量不同，总的趋势是，近脐端较近果梗端高，从外往里，含糖量增高。由于近脐端酸的含量也较高，因而食用品质以果实中前部为最好，果肉内外层含量的差异，厚皮甜瓜比薄皮甜瓜大，厚皮甜瓜中，大果形较小果形的差异大。压砂瓜不翻瓜，相同部位靠地面的阴面的含糖量较阳面低 1%~2%。

（2）蛋白质

果实发育早期呼吸强度高，蛋白质含量也高，非蛋白质含量低，果实肥大期呼吸强度下降,蛋白质及总氮含量亦下降;进入成熟期,随着呼吸强度高峰出现蛋白质又有回升,采收后不断下降。可见果实发育过程中,蛋白质含量变化与呼吸强度的变化相一致,二者间有着密切的关系。

（3）维生素 C

幼果细胞分裂最旺盛,呼吸最强的时期,维生素 C 含量最高。以后逐渐降低,将近成熟时又有所增加。但不论何时,都以瓜顶部含量最高,中部次之,基部最少。

（4）有机酸

幼果含有较多的有机酸,果实成熟时减少,一部分氧化成二氧化碳和水,一部分与 Ca^{++}、K^+ 等离子结合成有机酸盐,而脂肪酸与高价醇结合生成脂类,不仅无酸味,而且是甜瓜果实诱人芳香的来源。果实成熟时由于糖增加,酸减少,糖/酸比增加,故风味变甜、品质变优。

第二节　压砂瓜贮藏保鲜技术

一、压砂瓜贮藏保鲜要求的环境条件

（一）压砂甜瓜

晚熟厚皮甜瓜最适贮藏温度为 2℃~3℃,中熟厚皮甜瓜为 3℃~5℃,空气相对湿度为 80%~85%,气调贮藏要求氧含量为 3%~8%,二氧化碳含量为 0.5%~2%。

（二）压砂西瓜

最适贮藏温度是 3℃~10℃,空气相对湿度为 75%~85%,气调贮藏要求氧含量为 3%~5%,二氧化碳含量为 0.5%~2%;利用空气负离子和臭氧消毒贮藏,浓度分别是空气负离子浓度为 10^4 个/cm³;臭氧为 10mg/kg~30mg/kg。

（三）压砂南瓜

最适贮藏温度为 5℃~7℃,空气相对湿度为 70%~80%。

二、普通库房贮藏保鲜技术

可选用阴凉通风,保温隔热性能好的普通贮藏库或闲置的房屋作为贮藏的场所。

（一）贮藏场地的整理与消毒

先将贮藏库清扫干净再用喷雾器配制 40%福尔马林 150~200 倍液，或 6% 的硫酸铜溶液喷洒屋内四壁、地面及包装箱、筐等用具，并对贮藏架等进行消毒，或按每 100m²1kg 硫黄粉进行熏蒸消毒。

（二）贮藏方法

1. 压砂西瓜

（1）压砂西瓜堆藏

先在地面铺放一层高粱或玉米秸秆，然后将压砂瓜摆放在秸秆上，摆放时要按其田间生长的阴阳面进行摆放，高度以 2~3 层为宜，库房中间要留出 1m 左右的人行道，以便出入库房及贮藏过程中的管理检查。白天气温高时，封闭门窗，管理人员也要尽量避免白天出入库房，以免过多的热空气进入库房。夜晚气温低时，开启门窗进行通风降温。温度最好控制在 15℃以下，相对湿度保持在 80%左右，空气干燥时可适当在地面洒水或将用水浸湿的草帘子放入室内以提高室内空气湿度，相对湿度高时，可开门窗通风降湿。此法可以贮藏 40~50 天，其色泽，风味与刚采摘的压砂西瓜差别不大。

（2）架贮

在贮藏库中搭架，架子可根据贮藏数量隔成 4~5 层，每层放 1 排压砂瓜，瓜与瓜不接触，瓜下垫 1 草垫，瓜的放法如同田间生长一样，瓜肚向下，瓜背向上，此法可贮藏 50~60 天。

（3）山梨酸液贮藏法

山梨酸是公认的高效、无毒食品保鲜剂。使用这种保鲜剂可使压砂西瓜储藏 70~80 天，保持较好的色香味，不"倒瓤"。具体方法：在无外伤的压砂西瓜果实上涂 1 层山梨酸液，晾干后进行堆藏或架藏。

2. 压砂甜瓜

（1）室内沙藏

甘肃经验，在贮藏室内平铺细沙厚 7cm 左右，将瓜单层平放于上，半月左右翻转 1 次，可贮 50~60 天。

（2）药剂消毒+水果涂料箱藏法

贮藏前，把甜瓜放入 1000mg/kg 的甲基托布津或多菌灵液中浸泡 1~2 分钟，风干后，用毛刷在甜瓜表面涂上水果涂料，如 C₄虫胶涂料加水 2 倍液，过

15~20 分钟,表面干燥后装入纸箱入库贮藏。药剂浸泡后可以消灭表面的病菌,减少贮藏期间腐烂损失,涂上水果涂料后,可增加果皮光泽,减少水分蒸发。甜瓜在纸箱中应单层摆放,每箱放 3~5 个瓜,可根据瓜和纸箱大小决定,纸箱码高 3~4 层。水果涂料最好采后在田间进行涂抹,15~20 分钟干燥后,即可装箱。在贮藏窖内设有吹风机,快速风干,也可运回窖内,再次挑选后涂抹。如果没有吹风干燥设备,甜瓜涂料经久不干,不利于贮藏。由于甜瓜果实与周围气体交换困难,一般厚皮晚熟甜瓜,在土窖常温下贮藏,应使用较稀薄的涂料,薄皮甜瓜可使用较浓厚的涂料。

3. 压砂南瓜

南瓜的堆放形式比较简便。着地堆藏时,只要将瓜蒂朝下,瓜顶向外,一只一只按次序堆放成圆形或方形堆。每堆数量一般在 15~25 只之间比较适宜,堆高以 5~6 只瓜高为好,堆不宜过大,要注意通风,避免温度变化大引起结露(出汗),影响贮藏。瓜堆升高要预埋支架,以免倒塌,使瓜受损伤。

装筐堆藏每筐装得不要太满,离筐口应留出 1 只瓜的空隙以便空气流通和避免压伤,筐内可放 3~4 只。

三、窖藏保鲜技术

(一)贮藏窖的种类

简易贮藏窖是一种结构简单,建造方便,容易管理,贮藏效果良好的贮藏方式,适合农户建造。可选择地下式、半地下式建造,也可选择山坡建造土窑洞贮藏。

1. 窑窖(窑洞)

窑窖的窑址适宜选择在地势高燥,土质较好的地方建窑洞,为了充分利用窑洞外冷空气降温,特别要注意选择偏北的阴坡,窖的结构、形状可根据地形而定,可以建平窑、直窑,也可以建造带有拐窑的子母窑洞。窖的结构要牢固安全,便于降温和保温(见图 20-1)。

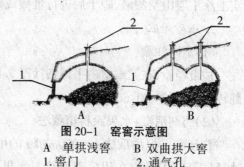

图 20-1　窑窖示意图
A 单拱浅窖　　B 双曲拱大窖
1. 窖门　　2. 通气孔

2. 井窖

选择土质坚硬,地势高燥的地方,

先从地面垂直挖成井筒,底部向外扩张成两三个贮藏室,其扩张深度视土质坚实程度而定。一定要保证安全,严防塌方。井筒口要用砖石砌成,高出地面并加盖,四周封土,防雨水灌入窖内。见图20-2。

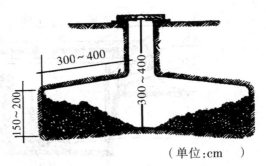

（单位:cm　）

图20-2　井窖示意图

3. 棚窖

根据棚窖入土深浅不同,可分为地下式棚窖和半地下式棚窖两种类型。

（1）地下式棚窖

其主体深入地下,唯窖顶高出地面,保温性能好,宜选地下水位低的地方建窖。建窖时,可根据气候、土质、建筑材料、压砂瓜种类和贮藏量而定。先挖成大小适宜的长方形坑池,其入土深度一般要求 3m 左右,宽 3m 以内叫条窖,超过 3m 叫方窖。长度以贮藏量而定,小型窖 10m 左右,大型窖 20~50m 不等,但太长管理不便。

窖顶棚覆盖材料最好就地取材,以降低成本,秸秆、泥土层厚度在 50cm 左右,以保证窖内温度适宜,压砂瓜不受冻害为准。

棚顶要留天窗,作为进出和通风散热通道。其数量和大小要因气候条件不同而灵活掌握,一般天窗大小为 50~70cm 见方,沿窖长每 3~4m 留 1 个,也可多留天窗,以便前期通风降温,天冷时再堵严几个。

大型棚窖往往在一端或两端开设窖门,以便进出压砂瓜和前期通风散热,外界气温下降后,也可堵严窖门,关闭天窗。

（2）半地下式棚窖

窖坑深 1~1.5m,挖出的土方堆在坑池四周垒成土墙,高出地面 1.5m 左右,加棚顶即成半地下式棚窖。天窗、窖门等可参考地下窖建造。如果土质不好,不宜打成土墙,地上部分可用砖石砌里,然后用土堆封,也比较牢固。为加强前期通风散热,可在两侧地上部靠近地面处每隔 2~3m 留 1 气孔,天冷时堵孔,这种棚窖入土较浅,保温性能较地下式棚窖稍差（见图20-3）。

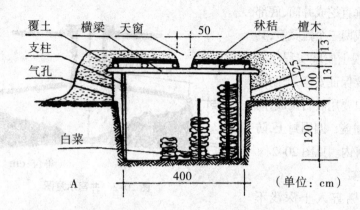

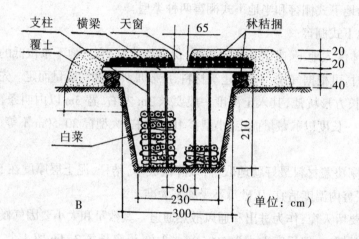

图 20-3 棚窖示意图

A 半地下式　　B 地下式

(二)窖藏方法与管理

1. 消毒

贮藏压砂瓜之前对贮藏窖一定要清扫和消毒,以减少病菌传播的机会。一般消毒可采用硫磺熏蒸($10g/m^3$)或采用 150 倍的福尔马林溶液均匀喷洒,然后密封 2 天,再通风使用,地面可撒 1 层石灰。

2. 装箱(筐)

将八成熟左右的压砂西瓜或甜瓜摘下,瓜把上端留 1 节长10cm 的瓜蔓,采摘时间应在清晨露水干后进行。由于压砂西(甜)瓜白天积蓄了大量的田间热经过夜间的低温之后,散发出了大量的田间热,瓜体温度较低,采收后不致因瓜体温度过高而加速呼吸强度。经过预冷之后的西(甜)瓜一般先用包装纸包装后装入纸箱或筐中,装瓜的多少可根据箱(筐)的大小而定,瓜间用瓦楞纸或泡沫塑料隔开。每箱装压砂西瓜 2~3 个、甜瓜 3~4 个。

3. 码垛

筐装最好用立垛,筐沿压筐沿,品字形码垛;箱装最好采取横直交错的花垛,箱间留 3~5cm 的缝隙,以利于通风,窖内应靠两侧码垛,中间留 50~70cm 的走道。也有在窖内散装的,一般排 2~3 层。

4. 温度调节

温度调节是窖藏压砂瓜成败的关键。窖温一般上部高,下部低。靠门处受外界影响大,后部比较稳定。一般在窖的中部设置温度计,固定时间观察窖温并记录,西(甜)瓜入窖后,窖内温度就会迅速上升,在高于贮藏的适温时,而窖外气温又较低时,应打开窖门及通风窗通风降温。

5. 湿度调节

用干湿球温度计观察窖内空气相对湿度,当相对湿度过高时,可通风换气,降低湿度。过干可采用洒壶洒湿锯末放置窖内或在地面喷水等方法提高湿度。

6. 质量检查

每隔 10~15 天进行 1 次倒垛,将不宜继续存放的瓜挑出,投放市场,采用窖藏,如果管理好,1 般可贮藏 50~70 天。

(三)半地下式棚窖贮藏

新疆生物土壤沙漠研究所研究,用半地下式棚窖贮藏哈密瓜半年以上,仍可保持品质、鲜度和风味。其方法是:

1. 采前采后处理

采前 15 天用 B_9 200mg/kg 或 $CaCl_2$ 5000mg/kg 溶液田间喷洒,可提高瓜皮厚壁细胞的强化程度,耐藏性可提高 50%~70%。采后立即用托布津加多菌灵各 1000mg/kg 处理瓜面。

2. 适当散热散水

将瓜加覆盖物晒 5~7 天,定期翻动,然后于阴凉处预冷几天,入窖前用硫磺蒸窖消毒,箱架用 1000mg/kg 甲基托布津洗刷,瓜柄用药液消毒。

3. 采用箱装、塑料袋装、架放或沙埋等贮藏法

瓜入窖后逐渐降温,然后保持 2℃~3℃,温度过高,糖分迅速消耗;过低,易出现生理病害和冻害。空气相对湿度以 70%~80% 为适,过低失水萎缩,过高易于腐烂。

4.整个贮藏期间随时通风

减少空气中酒精、乙醛、乙烯气体积累,避免生理中毒。

四、通风库贮藏保鲜技术

通风库是在棚窖的基础上发展起来的,它保留了自然降温这一条最基本的适温创造方式,仍利用空气对流原理,引进外界冷空气进行降温,但设计时要对隔热和通风进行严格计算,因而降温和保温性能都比棚窖大大提高一步。

通风库贮藏是在良好的绝热建筑和灵活的通风设备条件下,利用库外昼夜气温变化的差异进行通风换气,使库内保持比较稳定而又适宜的贮藏温度。通风贮藏库应有冷气进口和热气出口的良好控制设备,自然温度的变化大而贮藏库的温度要求保持相对恒温。为了防止库外高温影响库内西(甜)瓜的贮藏,对库房的墙壁、天花板、地面、门窗、通风设备等,均要求安装隔热材料。这种贮藏库,管理比较方便,贮藏费用低,适用于昼夜温差大的地区,只要修建合理、管理得当,就能取得较好的贮藏效果。如果安装的隔热材料质量好,稍加改修,安装制冷机,就可成为简易冷库。

(一)贮藏前准备和贮藏方法

在压砂西(甜)瓜贮藏前应对贮藏库进行清扫、通风和设备检修,然后用硫磺或福尔马林对贮藏库进行消毒,消毒方法同窖藏。贮藏时压砂瓜的装箱,码垛也同窖藏。

(二)温湿度控制

通风库的管理工作,主要是根据库内外温度差和西(甜)瓜要求的适宜温度,灵活掌握通风的时间和通风量,以调节库内的温湿度条件,为了加速库内空气对流,可在库内设电风扇和抽气机。

五、机械制冷贮藏技术

机械制冷贮藏简称冷藏,是利用制冷机降低贮藏环境的温度,使之适合于压砂瓜的保鲜条件、实现安全贮藏的一种比较先进的贮藏方式。机械冷藏原理是利用汽化温度很低的液体(氨、氟里昂),又称制冷剂,使它在低压下蒸发变成气体,从而吸收热量,达到降温的目的。以制冷剂汽化而吸热为工作原理的冷藏机,有压缩式、吸收式两种,而以压缩式应用较多。冷藏机的类型很多,但其构造的主要部分均由压缩机、冷藏器、蒸发管及吹风机等组成。

机械制冷贮藏是随着制冷技术的发展而发展起来的,并在近年逐步得到广泛应用和推广。它的特点是可以得到较低的温度,并能根据需要灵活掌握调节温湿度和气流,操作方便,但对库房隔热保温条件要求较高、投资较大、工艺较复杂、贮藏成本高。

(一)冷藏前的准备和贮藏方法

在压砂西瓜、甜瓜贮藏前应对贮藏库先进行清扫和设备检修,然后用硫磺熏蒸消毒,消毒方法同窖藏。贮藏时的装箱、码垛方法也同窖藏。

(二)冷藏库的温度管理

压砂瓜贮藏适温为3℃~5℃,压砂晚熟厚皮甜瓜为2℃~3℃,中熟品种为3℃~5℃。进行机械冷藏的压砂瓜,尤其是贮藏初期,应采用逐步降温的方法,以减少生理病害,提高贮藏质量。

压砂西(甜)瓜进入冷库贮藏前的第一道工序,也叫冷藏预处理,预冷的目的是排除或基本排除产品的田间热,使其降温到冷藏温度,以减轻制冷系统的负荷,避免产品入库时库内温度产生较大的波动。预冷可分为两步:第一步是在库外预冷,第二步是在库内预冷间进行预冷。对于贮藏时间较长的压砂瓜,应在收获后将压砂西(甜)瓜摊晾在避光、通风处,或利用夜间冷空气降温,然后将处于冷却状态下的压砂西(甜)瓜运到冷库和预冷间进一步冷却,当瓜体达到或接近冷藏温度时,即完成预冷运入冷库贮藏。不经预冷,直接将收获后的压砂西(甜)瓜运入冷库贮藏时,则要求冷藏期间的温度要由常温渐降低到冷藏适温。

夏季或秋季从冷库中取出压砂西(甜)瓜,瓜面上容易凝结水珠,出库后货架期限很短,如在库内采用逐步升温方法,使瓜体温度逐步升高后再出库,则有利于保证质量和延长货架期。

(三)冷库的湿度管理

压砂西(甜)瓜贮藏的相对湿度为80%~85%,由于蒸发管经常不断地结附冰霜,又不断地将冰霜冲走,以及建筑物多用水泥材料,致使库内湿度降低,达不到压砂西(甜)瓜对湿度的要求,可在地面洒水或铺浸水的草帘子,增加空气中的相对湿度。假如使用鼓风机冷却系统,还要注意缩小风机出进口风的温度。如能在冷却系统的鼓风机前安装自动喷雾器,随着冷风将细微水雾送入库房内,效果更加理想。

有时冷库出现相对湿度偏高,这是因为压砂西(甜)瓜出入库频繁,库外暖空气所含较高的绝对湿度进入冷库,在较低温度下形成较高的相对湿度,甚至出现"发汗"现象。解决的办法是改善管理,控制压砂西(甜)瓜出入次数,也可用氯化钙、木炭吸湿。

(四)冷库的通风换气

冷库内压砂西(甜)瓜通过呼吸作用放出二氧化碳和其他刺激性气体,如乙烯等,当累积到一定浓度后,便会促进压砂西(甜)瓜果实后熟衰老,品质变劣,不能长期贮藏。因此必经通风换气,一般在气温较低的早晨进行,在通风换气的同时,开动冷冻机械,以减缓温湿度的升高。也可在库内安装气体洗涤器,以清洗库内空气。洗涤器中充溴化活性炭或含饱和高锰酸钾的蛭石,或其他多孔隙材料,均有吸收有害气体的作用。

六、人工气调贮藏保鲜技术

(一)人工气调贮藏的类型

利用压砂瓜自身的呼吸作用和人工控制,来调节贮藏环境的气体成分,从而达到鲜藏的目的的,这种方法叫做气调贮藏法,常用 CA 来表示。

气体成分会影响压砂瓜的呼吸作用和耐藏性。在相对密封的环境中,由于压砂瓜呼吸作用地不断进行,气体成分也会随之而发生变化,氧的含量逐渐降低,二氧化碳及其他气体的含量逐渐增加,当二氧化碳浓度增加到一定程度时,就会有效地抑制压砂瓜的呼吸,减少营养成分的消耗,延缓后熟过程,防止压砂瓜过早进入衰老期。同时,也在一定程度上抑制了微生物的活动,减少了危害。但是,当氧气浓度的降低或二氧化碳浓度的增加超过适宜的范围,都会使压砂瓜正常的有氧呼吸转变为缺氧呼吸,呼吸强度增强,有机物大量消耗,乙醇和乙醛等有害物质积累,造成生理中毒,时间一长就会引起死亡,导致腐烂。因此,必须人工调节密封环境内二氧化碳和氧气的含量比例以达到延长贮藏保鲜的目的。

人工气体调节贮藏可以在普通贮藏库、棚窖、窑洞、通风库、冷藏库等各种贮藏库中进行。按照调节气体方法的不同,气调贮藏可以分为自然降氧法、快速降氧法、半自然降氧法、充二氧化碳法、硅窗自动气调法和减压法等。这些方法的操作技术大体相似。但各具特点,分别介绍如下。

1. 自然降氧法

就是将压砂瓜放入密封的塑料薄膜帐内,利用压砂瓜自身的呼吸作用,自然吸收消耗帐内的氧气,放出二氧化碳,当氧气和二氧化碳气体下降到一定范围时,就进行人工调节控制,不使氧分压继续下降,对过多的二氧化碳气体则用消石灰吸收,使压砂瓜在比较适宜的氧气和二氧化碳气体环境中贮藏。

2. 快速降氧法

压砂瓜贮进薄膜帐密封后,立即抽掉氧气灌入氮气,将帐内氧气含量迅速降低到压砂瓜适宜的 3%~5%以后,由于压砂瓜果实的呼吸作用,帐内氧气的含量逐渐下降,二氧化碳浓度逐渐上升,当超过3%时,就要进行人工调节,防止压砂瓜二氧化碳中毒。

3. 半自然降氧法

这是将自然降氧和快速降氧结合起来的一种方法。采用快速降氧法降氧速度虽快,但要耗用大量的氮气,特别是要把氧分压从 10%降到 3%~6%时,耗用的氮气量超过从 21%下降到 10%时耗用的 2 倍。因此,在先抽氧灌氮、将氧分压迅速降低到 10%以后,就靠压砂瓜自身的呼吸作用消耗氧气,直至到达要求的含量范围,然后再进行调节控制到压砂瓜需要的二氧化碳气体和氧气的含量范围。

4. 硅窗气调法

采用这种方法贮藏压砂瓜时,需要在塑料薄膜帐壁上镶嵌一定面积的硅橡胶薄膜,制成硅窗气调帐。硅橡胶是一种有机硅高分子的聚合物,具有比聚氯乙烯膜和聚乙烯膜大得多的透气性能,其渗透系数值要大 100~400 倍,透过二氧化碳的量比透过氧气的量大 6~8 倍,比透过氮气的量大 12 倍左右,对乙烯和一些芳香物质也有较大的透性,其透过速度是氧气的 2~3 倍,是氮的 5 倍左右。因此,帐内贮藏的压砂瓜释放的二氧化碳能通过气窗散发出去,同时,外界空气能渗入帐内,补充呼吸所消耗的氧气。两者的透比适宜于压砂瓜鲜藏的要求,帐内二氧化碳和氧气的浓度可以自动得到调节。不仅避免了烦琐的操作管理,而且与一般气调帐相比气体组分更加稳定而适宜。此外,硅橡胶薄膜对乙烯也有较大的透性。乙烯是植物生理代谢中产生的一种激素,具有加速压砂瓜成熟、衰老过程的特性。用硅橡胶薄膜作气窗后,能够使乙烯很快地透出帐外,降低帐内的浓度,对延缓压砂瓜衰老有显著作用。在用硅橡胶窗的同时,在帐内存放高锰酸钾等吸收剂,能使乙烯浓度进一步降低,提高贮藏效果。

硅窗气调法不受贮藏库条件限制,在一般冷库、简易贮藏库、棚窑、常温库、土窑洞等温度比较稳定的环境内都能进行,而且操作管理技术比较简单,是较好的贮藏方法。

一般来说,硅橡胶薄膜越薄其透气性越好。据试验表明,在其他贮藏条件一致的条件下,使用 0.08mm 厚的硅窗,帐内氧的含量维持在 6%左右,二氧化碳在 4%左右,效果较好;使用 0.1mm 厚的硅窗,气体组成则为氧 4%左右,二氧化碳 12%左右,效果较差。

硅窗的使用面积还必须根据压砂瓜呼吸强度合理使用,才能得到良好的贮藏效果。一般来说,呼吸较强的品种,面积要大一些;贮藏环境温度高时,呼吸强度增强,硅窗面积也应大些。各种压砂瓜的呼吸变化可根据试验确定。一般压砂甜瓜呼吸强度最强,西瓜次之,南瓜最弱。

在不同温度条件下,压砂瓜采用硅窗气调贮藏时,其硅窗面积的大小与温度的高低成正比。在固定容积的贮藏帐内,随着贮藏量的增多或减少,硅窗面积也需要作相应扩大或缩小。为了避免频繁增减硅窗面积,应尽可能地保持贮藏环境温度的稳定,实行定量贮藏。硅窗面积的大小,可根据少量典型使用按正比关系推算出来。如有效面积为 4m³ 的塑料薄膜帐,贮藏 500kg,需要 0.5m² 的硅窗。贮藏 50kg 时,贮藏帐有效体积为 0.4m³,开硅窗面积为 0.05m² 比较适宜。

（二）人工气调贮藏的操作方法和步骤

采用气调法贮藏压砂瓜时,要严格遵守操作规程,才能正确地调节帐内气体成分,避免造成生理病害,取得预期效果。用塑料薄膜帐其气调法贮藏压砂瓜的操作方法和步骤如下(见图 20-4)。

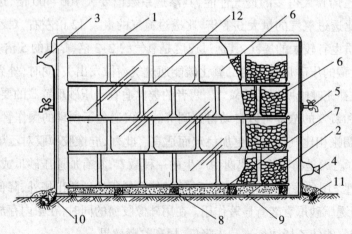

图 20-4　常温气调贮藏示意图

1. 顶罩　2. 帐底　3. 充气袖口　4. 抽气袖口　5. 取样气嘴　6. 菜筐(箱)　7. 消石灰
8. 垫砖(木)　9. 地面　10. 覆土　11. 顶罩与帐底的卷边　12. 木杆

1. 清理贮藏库内贮藏场地

铺底前先将库内地面清扫干净,如果是泥土地,应铲平地面同时按压砂瓜贮藏量的多少做好塑料薄膜帐摆放的平面布局,预备出走道,并架设好支持塑料帐的框架。

2. 铺底

将面积稍大于贮藏帐底面积的塑料薄膜铺在地面,然后放上垫仓板(没有垫仓板时,也可用砖、石、竹片或木板临时搭成)见图20-7,使其于塑料垫之间有10cm左右的空隙,在空隙内放入消石灰,消石灰(生石灰)应均匀地摊在油毛毡上,以扩大与气体的接触面积,提高吸收率,也便于随时取放。在一般情况下,消石灰第1次存放数量为10kg左右,以后视具体情况随时更新,使之始终保持对二氧化碳的吸收能力。

3. 码垛

在气调贮藏中,一般用纸箱或稀格板条箱作为贮藏容器,堆码时要按一定的方式进行,码垛后要形成自然通风道,使贮藏帐内的气体分布均匀并能自然循环,同时也利于充入的氯气散发到各个部位,收到良好的消毒防腐效果。

纸箱码垛方式可根据纸箱耐压程度决定码垛高度、宽度和方式。下面介绍用稀格板条箱作为贮藏容器的码垛方法。

(1)直横交替

就是第1次直放2排,每排5只木箱,宽度为2只木箱的长度,约1m,中间留有通风道25~30cm,第2层横放2排,每排7只木箱,第3层摆法如第1层,第4层如第2层。此法可自然形成上下2条通风道。

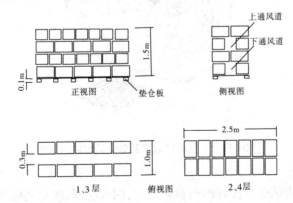

图 20-5　直横交替式堆码示意图

1、3层为两直排,每排5只木箱　2、4层为两横排,每排7只木箱

(2)"丁"字形绞花式

第1层5只木箱直放,7只木箱横放,中间留有10~15cm通风道,接着将7

只木箱横放在 5 只木箱上,将 5 只箱直放在 7 只木箱上成为第 2 层,依次重复堆第 3 层和第 4 层,这样从上到下自然形成交叉的 4 条通风道。与直横交替式一样,码垛时,四周外沿一定要保持平整,以便套放塑料帐。

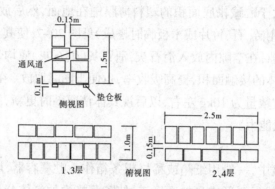

图 20-6 "丁"字形绞花式堆码示意图

无论采取哪一种方法,都需在桩脚的顶部就地取材放一层覆盖物,以防塑料帐顶上凝结的水滴落在木箱内的压砂瓜上。同时,用柔软的布或废塑料薄膜等包裹桩脚的四上角,以减少塑料薄膜的磨损,延长使用期,减少贮藏费用。

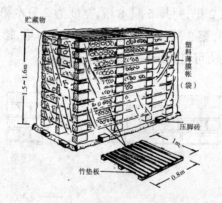

图 20-7 气调贮藏帐及垫仓板堆桩示意图

4. 密封

码垛后,将预先焊接好的塑料帐罩上,四周拉紧,然后将帐子的四壁下沿与铺底的塑料垫布卷合在一起,再放上 1 根细竹竿或木棍,紧密地卷合起来。使贮藏帐呈密封状,卷合长度为 15cm 左右,卷合后沿帐沿四周压土或砖、石等重物,以防松散漏气,增加密封程度。这样做,方法简便,也便于在贮藏过程中拆帐倒动检查。

5. 气调

用人工调节贮藏帐内的气体组分,使氧分压和二氧化碳分压达到适宜的范围。在抽氧灌氮气时,先用改装后的单向鼓风机从帐子的出气口(帐袖),将气体抽出,由于内外的大气压差,贮藏帐壁会紧紧地帖在帐内木箱(纸箱)上。抽气至鼓风机出气口处手感无风时即停止。然后,从进气口(也称帐袖)充入氮气,使贮藏帐恢复原状。在贮藏帐气密性比较好,鼓风机效率比较高以及操作又比较熟练的情况下,每抽灌 1 次大致可使氧气量减少 1/3 强。因此,重复抽灌 3 次,就可使容量为 4m³ 的贮藏帐内氧分压下降到 4%~6%。为使气体组分符合要求,应在气体抽灌后立即进行测定。如果发现帐内氧气含量过高或过低,要查出原因,及时改进。在采用充二氧化碳法时,只需按上述方法抽灌 1 次即可。

6. 充氯

在气体调节完成后,即向帐内充入一定量的氯气。容积为 4m³ 的贮藏帐内一般需要充入一排球胆约 1500mL 氯气。利用氯气对病原微生物的杀伤能力,可以防止和减少病害引起的腐烂。用漂白粉代替氯气也可收到良好的防腐作用,但应该在码垛时就分散放在几处,待套帐密封后,可使分解放出的氯气均匀分布在贮藏帐内。

7. 循环

为使贮藏帐内的各部分气体分布均匀,在充氯气后,需用鼓风机强制气体循环。具体做法是,先将塑料帐一端的帐袖与鼓风机的进风口连接起来,再在鼓风机的出口套上 1 根直径为 8cm 左右的长橡皮管,橡皮管的另一端与贮藏帐另一端帐袖也连接起来。这样,贮藏帐、鼓风机和橡皮管形成了 1 个密封的连通装置,鼓风机开启后气体就开始循环,经过 10 分钟左右,贮藏帐的气体就均匀了。

采用气调法贮藏压砂瓜时,由于压砂瓜不间断地呼吸,环境中的气体成分会随时发生变化,氧分压下降,二氧化碳分压升高,乙烯等有害气体积累,同时会发生结露现象。因此,气调、充氯、循环等要定时进行,一般在气温高,呼吸强度大时,需隔天进行 1 次。如果帐内湿度过高,还需放入无水氯化钙吸湿。为了正确进行气体调节,还要注意做好测定工作,随时掌握帐内气体组分的变化情况。气体测定每昼夜需进行 2~3 次,气温高时,要多测几次。

(三)设备条件

气调贮藏压砂瓜应在密封的贮藏库内进行,目前大多采用塑料薄膜帐密封后作贮藏室。这种贮藏帐使用方法效果较好。与其他方式相比,气调贮藏需要较多的设备条件。

1. 定量贮藏帐

一般采用厚度为 0.23mm 的聚氯乙烯或 0.14mm 的聚乙烯薄膜作为制作贮藏帐的材料。聚乙烯薄膜透气性比较好,用作贮藏帐,有利于水汽的渗透。帐内的相对湿度比较小,但是牢度差,容易破裂,使用期较短。聚氯乙烯薄膜透气性差一点,但牢固性较强,一般可使用 3 年左右,现在大多采用这种材料。

贮藏帐的形状像家用蚊帐,但不开门,两边各开 1 个洞,装上袖状薄膜套,作抽气或充气用。帐的大小可视仓库容量和结构而定,总的要求视充分利用仓贮能力,既要提高单位面积的贮藏数量,又要便于管理操作。一般常用的贮藏帐长 2.8m,宽 1.25m,高 1.65m,实际使用体积为 4m³ 左右,制作这种规格的贮藏帐,每顶约需聚氯乙烯薄膜 7.5kg;以聚乙烯薄膜为原料时,用量少一点。

2. 板条箱、纸箱

(1)纸箱

纸箱一般规格为长 40cm,宽 38cm,高 27cm 或长 50cm,宽 30cm,高 30cm。

(2)板条箱作容器

便于按一定的形式码垛,使帐内的气体能够自然流动,比其他容器优越。在制作时,应该统一落料,统一规格,以利于整齐划一,使用方便。板条箱一般规格为长 0.5m,宽 0.35m,高 0.3m。这种箱子在容积为 4m³ 左右的贮藏帐可堆放 48 只。

3. 垫仓板

一般可用竹片、木条做成。相比之下,竹片的弹性好,有足够的强度,不吸水、生霉少,制成的垫仓板也比较薄,垫仓板的大小一般长 1m,宽 0.8m,竹片间有 2~3cm 距离,呈栅状。

4. 硅橡胶气窗

采用硅窗气调法时,需在塑料薄膜贮藏帐上镶嵌一定面积的硅橡胶气窗,安装方法是,先用胶木板做成一定规格的窗框,再紧密黏合上硅橡胶薄膜,然后在薄膜的内外壁沿黏合用事先做好的胶木框加固即成。在使用时,可先将硅窗用螺丝固定在贮藏帐上,再将硅窗四周的塑料薄膜紧密地与贮藏帐黏合在一起。黏合后,剪去靠硅窗内壁的塑料薄膜,样子就像在贮藏帐装上了一扇气窗。如果需要的硅窗比较大,可以按总面积做成若干个小硅窗,分别装在贮藏帐的四壁。

硅窗的大小要根据贮藏的数量、温度的高低和压砂瓜本身的呼吸强度而定。如贮藏量大,硅窗也要相应扩大,不然的话会造成帐内二氧化碳浓度上升,氧气浓度下降;如贮藏环境的温度高,呼吸强度增强,硅窗也应大一些。若能固定贮藏数量,环境温度又稳定,硅窗面积就不必频繁变动了。一般贮藏 1000kg 压砂瓜,用国产压延硅橡胶膜(0.1mm 厚)的面积是 10℃~13℃时 0.5~0.7m²。22℃~26℃时 1.5~2.3m²(见图 20-8、图 20-9)。

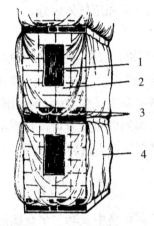

图 20-8　硅窗气调贮藏示意图

1. 硅窗　　　　2. 装箱产品

3. 内外垫板　　4. 封闭塑料薄膜

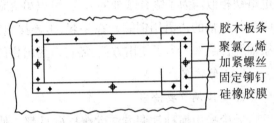

图 20-9　硅橡胶气窗构造示意图

5. 鼓风机

在调节气体成分时,大多采用单相电容式鼓风机。为便于操作,提高效率,在使用前需对鼓风机进行改装。改装的方法是将出风口接长 0.35~0.5m。接长部分呈圆锥状, 底圆直径 8~8.5cm, 顶圆直径 3.5~4cm, 若能伸进贮藏帐袖口内 20cm 左右,进风口接长 0.35m 左右,接长部分也呈圆锥状,底圆直径 12cm 左右,顶圆直径 7~8cm(见图 20-10)。

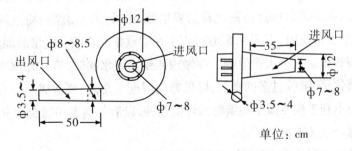

单位:cm

图 20-10　单相交流电容式鼓风机改装示意图

6. 钢瓶

钢瓶主要用以存放氮气、二氧化碳等气体,供调节帐内气体时使用,平时要经常检查钢瓶的气阀,发现锈蚀应及时修理或调换,以防发生事故。

7. 气体分析仪

在测定氧气和二氧化碳浓度时,一般采用奥氏工业气体分析仪。此外,也可用化学吸收-导热式二氧化碳测定仪和CY-测氧仪等来测定气体成分。

8. 高频机

塑料薄膜贮藏帐的制作和经常性维修需要高频机,这是一种将民用电流升压后,通过电阻丝使烙铁发热,用来缝合塑料薄膜的机具,其基本原理与常用的电烙铁相似。为了缝合帐袖的方便,可以事先做成一只直径为20cm的铜圈,将帐壁与帐袖的边沿用铜圈套在一起,再连接电源,铜圈发热后就可以顺利地把帐袖缝合起来。为了使用方便,需将市场出售的高频机适当改装使用。

(四)管理要点

1. 气体调节要恰当

无论采用何种气调方法贮藏压砂瓜都要使贮藏环境中氧和二氧化碳的含量保持一定的比值,使压砂瓜维持最低但又正常的生理代谢作用。因此,必须经常测定和调节贮藏帐内的气体成分。在实践中,应综合考虑影响压砂瓜呼吸强度的多种因素,按压砂瓜贮藏环境对氧和二氧化碳的需求,恰当地调节气体成分。一般说来,温度影响最重要。温度高,压砂瓜呼吸强度加大,氧的消耗和二氧化碳的增加都很快,在这种情况下,就要注意对气体的调节,补充氧气,降低二氧化碳浓度,避免造成缺氧呼吸和二氧化碳生理中毒。

2. 消毒防腐要认真

由于塑料薄膜贮藏帐受环境气温的影响比较大,容易在帐壁上结露形成水滴,帐内的湿度往往比较大,这就为微生物提供了良好的条件。为了防止压砂瓜的霉变腐烂,就必须采取严格的消毒防腐措施,贮藏前应用漂白粉溶液洗涤贮藏容器,晒干后再使用。压砂瓜贮藏过程中在贮藏帐内存放一定量的漂白粉,让其缓慢分解放出氯气杀灭微生物。在帐内四壁出现水滴时,应立即擦去水滴或放入无水氯化钙,吸收过多的水汽,降低帐内湿度。总之,要造成一个有利于压砂瓜贮藏而不利于病原微生物繁殖的环境条件,以避免病害和霉变的发生。

3. 翻帐检查要及时

压砂瓜在密封帐内,呼吸作用减弱到最低程度。一旦打开贮藏帐,气体成分就发生很大的变化,呼吸强度很快增强,这样对压砂瓜的鲜贮极为不利。因此,开帐逐箱检查一定要快,避免长期停留在空气中。

4. 气体测定要准确

气体成分的分析测定是气体调节的依据,一定要保证它的准确性。取样时,应先抖动贮藏帐,使帐内气体分布均匀,这样取出的样品就有代表性。测定时,要按一定的规律进行细致分析,如有反常现象,应立即对贮藏帐和压砂瓜进行一次仔细的检查,发现问题及时改进。

第二十一章 压砂瓜的运输

随着我国社会主义事业的飞速发展和人民生活水平的日益提高,对压砂瓜的需求增加;同时压砂瓜作为一种商品,随着市场经济的发展,压砂瓜产品由区域性生产就地供应逐渐转变为充分利用当地有利自然条件进行集约化,专业化基地生产,产品靠运输销售到全国各地甚至走出国门。因此,运输对于解决生产与消费者之间的矛盾,加速压砂瓜商品的流通,促进无公害压砂瓜的商品化生产和销售具有重要意义。

第一节 压砂瓜对运输的要求

一、防振、减振

振动是压砂瓜运输时应考虑的基本环境条件,由于振动造成压砂瓜的机械损伤和生理伤害会影响压砂瓜的贮藏性能。因此,运输中必须避免和减少振动。

二、适宜的运输温度

压砂瓜产品是有生命的易腐产品,在运输途中仍进行着各种生理活动,各种病原微生物也随时可以侵染致腐。所以,压砂瓜运输要求的环境条件基本与短期贮藏一致,只是处在运动之中而已。长途运输应配备调控环境条件的设备,尽量减少途中不适因素对压砂瓜的影响。在压砂瓜运输中所要求的环境条件中,温度最重要。运输适温因压砂瓜种类不同而异。甜瓜为4℃~10℃,运输时间为4~10天;南瓜为0℃~5℃,运输时间为10~13天;西瓜为2℃~4℃,运输时间为10~13天。

常温运输:就是不论何种运输工具,其货箱的温度和压砂瓜的温度都受外界气温的影响。所以,常温运输压砂瓜时,夏季应早晚运输,注意防高温日灼,防暴雨;冬春运输,要注意冷害。

三、低温运输

低温运输就是采取人工措施使压砂瓜产品在运输过程中保持低温状态,基本原理与机械冷藏相同。温度的控制不仅受到冷藏车、冷藏箱构造及制冷能力的影响,而且和空气的循环状况密切相关,冷空气循环不良可以造成箱内各个部分压砂瓜温度有较大的差异。冷藏运输时,如果舱容量大,装载量多,压砂瓜又没有提前预冷,在运输过程中的冷藏温度就会比实际需要的高。冷藏船的船舱容量一般较大,进货时间延长必然延迟货物的冷却速度,使舱内不同部位的温差增大,若以冷藏集装箱为装载单位,可有效避免上述弊端。

四、适宜的运输湿度

新鲜度高的压砂瓜产品含水量一般都在90%~95%之间,运输过程中贮藏环境的湿度要求不能过低,否则易造成压砂瓜的萎缩。同样也不能过高,不然容易造成压砂瓜的腐烂。一般而言,运输环境中的相对湿度能在短时间内达到85%~90%,并且在运输期间一直保持这个状态。如果运输时间很长,高湿度往往会导致压砂瓜发病率的增加。在运输中采用纸箱包装时,高湿将导致纸箱吸潮,硬度下降,压砂瓜在这种状态下很容易受到机械损伤。

五、适宜的气体环境

除了气调贮藏外,新鲜压砂瓜因自身呼吸,容器材料性质以及运输工具的不同,容器内气体成分会有相应的改变,这种变化是一种动态的变化。当使用普通纸箱时,箱内气体成分变化不大;当使用具有耐水性的塑料薄膜贴附的纸箱时,气体分子的扩散受到抑制,箱内会有二氧化碳的积累。二氧化碳的积累程度因塑料薄膜的种类和厚度而异,运输中应注意克服。

六、正确的堆码

压砂瓜产品装车时堆码方法对压砂瓜在运输过程中品质的保持有很大的关系,对堆码的压砂瓜一般要求堆码稳固,货物与货物之间,货物与车壁、车底板之间需要留有空隙。这样利于通风,此外,在确保堆码质量的前提下,要充分利用空间,提高运输效率,尽量兼顾车辆载重量和容积的充分利用。在冷藏运输时,必须使车内温度保持均匀,使每件压砂瓜都可以接触到冷空气,以利于热交换的进行。在保温运输时,应使货堆中部与四周的温度比较适中,防止货堆中部积热不散而四周又可能产生冷害的现象。压砂瓜在运输中的堆码,可根据容器和压砂瓜特性采用"品"字形和"井"字形2种方式。

七、快速运输

压砂瓜产品的运输目的除了把产品运到目的地外,还必须保持产品的新鲜品质,为了达到这一目的需要尽量缩短运输过程,快速运输是缩短产品运输时间,减少运输损耗最直接的方法。实现快速运输,一是提高装卸效率,避免二次装卸;二是选择高质量的运输工具和快捷的运输方式。

八、文明装卸

目前压砂瓜产品的装卸有人工和机械两种。人工装卸要注意货件的大小和重量应适合人工作业,否则容易导致装卸过程的操作粗放。机械操作目前可以利用的工具很多,包括传输带、叉车、输送机、吊车、电瓶车等都已普遍使用,机械设备的大量使用,可以极大地改善装卸条件,大大地缩短装卸时间,减少装卸过程中的碰撞和损伤。压砂瓜产品运输中装卸管理实现机械化是文明装卸的基础。

第二节　运输方式和运输工具

无公害压砂瓜产品的运输方式按其所走的路线不同可以分为公路运输、铁路运输、航空运输和水路运输等。具体采用哪种运输方式一般根据压砂瓜产品的种类,运输时间的需求,运输效益等因素而定。目前我国的公路运输、铁路运输、航空运输和水路运输优势互补,已经形成了完整的运输网络。运输工具的选择是由运输方式直接决定的。我国现阶段公路运输工具有普通运货卡车、拖拉机、冷藏车等,铁路运输使用工具有火车、集装箱等,航空运输和水上运输主要利用工具是飞机和船舶。

一、公路运输

公路运输是压砂瓜运输的主流。无论是产地到贮藏地点的运输，还是产地到消费市场的运输都需要公路运输。其优点：时间灵活，可以随时启程，方便、快捷；可以进行门对门服务，中途不用换装；投资小，包装要求简单。缺点：一次性运量小，远距离运输成本过高。其常用的运输工具有以下3种。

（一）普通运货车

普通运货车的大小、运量虽然各不相同，但其共同特点是：没有温度控制设备，用其运输压砂瓜产品受自然气候、温度影响大，车内温度靠堆码通风和加盖草苫、棉被保温。此法可以降低运输成本、适宜短途运输，但容易造成产品质量下降，增加损耗。

（二）保温车

保温车的车体具有保温作用，但无制冷设备，在压砂瓜产品运输过程中主要靠车体的保温作用阻隔外界与内部的气体交换，此外确保运输过程中车内能保持一定的温度。由于不能调节由压砂瓜产品本身新陈代谢和车体渗漏对车内温度的影响，因而其保温范围是有时间限制的，一般夏季预冷后的压砂瓜运输时间不能超过8小时。保温车运输具有投资小，能耗低和成本低的特点，因而应用逐渐增多。

（三）冷藏车

冷藏车具有保温和制冷的功能，可以根据不同需要调节压砂瓜产品运输时的温度，它和贮藏冷库的功能是一致的，冷藏车在气温较低的季节也可以作为保温车使用。冷藏车可以为压砂瓜运输提供最佳温度条件，可切实保证产品质量不受影响。需要注意的是：产品在运输前必须经过彻底的预冷，否则会降低运输质量。

二、铁路运输

铁路运输的特点是运输量大，运输成本低，受季节变化的影响小，运输连续性强，运输振动小，安全性强，最适合于大宗压砂瓜产品的中远途运输。铁路运输较明显的缺点是车站不可能延伸到压砂瓜产地的所有地方，有时货物需多次换装，这样对压砂瓜的保鲜极为不利。目前铁路运输中一般采用普通篷车，机械保温车,集装箱等工具进行运输。

(一)普通篷车

普通篷车与公路运输的卡车特点和性能类似。普通篷车多用于季节性运输,在高温或低温天气状况下运输压砂瓜的损耗较大。

(二)机械保温车

机械保温车又称机保车,属控温运输设备。车体隔热,密封性能好,并安装了机械制冷设备,具有和冷库相同的效果。机械保温车能调控适宜的贮运条件,可以很好地保持压砂瓜产品的品质,减少损失,应用效果好,缺点是运输成本高。

(三)集装箱

集装箱是一种便于机械化装卸和运输的大型货运工具,具有一步到位的特点,它可以有效的减少装卸车的作业时间,减少不同运输工具间压砂瓜的转接,避免压砂瓜产品在转接过程中的升温和污染等。集装箱的种类较多,在压砂瓜产品运输中常用冷藏集装箱和气调集装箱。冷藏集装箱具有和机械冷库相同的效果,气调集装箱和气调库的使用技术一致。

三、水路运输

水路运输分为内河运输和海洋运输两类。水路运输的特点是一次性运量较大,运输过程振动的影响很小,成本较低,尤其是海运是目前最便宜的运输方式。当然其不足之处是:运输的连续性较差,速度较慢;周转的次数可能会比较多,从而造成压砂瓜的损失;港口建设费用高,可以进行水路运输的地域受到很大的限制。

四、航空运输

航空运输是这几种运输方式速度最快捷的。中国从南到北相距数千公里,如果采用航空运输在当天就可以完成运输任务,这比铁路运输快 6~7 倍。比水路运输可能要快 30 倍。有时因为运输时间短,采用简易包装就可以保障产品质量。航空运输的缺点是:运输费用高昂,一次性运量不大,候机时间较长,受天气的影响较大。

附录

绿色食品砂田鲜食西瓜商品质量标准

1 范围

本标准具体规定了绿色食品砂田西瓜的质量要求,包装与标志,运输和贮藏等。

本标准适用于中卫市绿色食品各种鲜食砂田西瓜的收购和销售。

本标准不适用于非砂田栽培西瓜。

2 规范性引用文件

下列标准所包含的条文,通过在本标准中应用而构成为本标准的条文,在标准出版时,所示版本均为有效。所有标准都会被修订,使用本标准的各方应探讨使用下列标准最新版本的可能性。

GB5009　　　食品卫生检验方法、理化部分

GB12399　　食品中硒的测定方法

GB8855　　　新鲜水果和蔬菜的取样方法

GB8868　　　蔬菜塑料周转箱

GB8321　　　农药合理使用准则

GB4285　　　农药安全使用标准

GB/T15041　水果蔬菜及其制品,亚硝酸盐和硝酸盐含量的测定

3 产品分类

3.1 早熟品种

3.2 中熟品种

3.3 晚熟品种

4 用语解释

4.1 绿色食品

系指遵守可持续发展原则,按照特定生产方式生产,经中国绿色食品发展中心认定,许可使用绿色食品标志的无污染的安全、优质、营养食品。

4.2 绿色食品砂田西瓜

指获得绿色食品标志的砂田西瓜。

4.3 砂田

利用河流沉积或山体冲击作用产生的卵石、石砾、片石、粗砂和细砂的混合体或单片作为土壤表面的覆盖物,属于农田地面覆盖栽培方法之一,由于采用砂砾作覆盖材料,故称为"砂田"。

4.4 硒砂瓜

中卫市环香山地区砂田的土壤中含有人体需要的微量元素硒,因此,在当地种植的西瓜中含有硒元素,故称为"硒砂瓜"。

4.5 早熟品种

全生育期 75~85 天,从雌花开放到果实成熟 25~30 天。

4.6 中熟品种

全生育期 95~100 天,从雌花开放到果实成熟 35~38 天。

4.7 晚熟品种

全生育期 110~120 天,从雌花开放到果实成熟 40~45 天。

4.8 品种特征

主要指具该品种应有的典型性状,如果形、色泽、植株形态等。

4.9 果形周正

具该品种应有的果形,如圆形,椭圆形、长形等;形状对称,外观周正。

4.10 瓤色、皮色

果瓤、果皮的颜色。

4.11 过熟瓜

果汁减少,果瓤返沙,糖心解体或有异味。

4.12 成熟

具有果实成熟时的各种特征,如果实甜度、皮色、果肉和种子具有该品种成熟时应有颜色。

4.13　品种纯度

在批量商品中所占百分率。

4.14　畸形瓜

因环境因素或授粉不充分,造成果实发育部分受阻,形成葫芦瓜、扁瓜等。

4.15　伤害

日灼、碰伤、摩擦伤、刺伤、虫害伤、雹伤等,总面积达 2.5cm²,影响外观及销售质量者。

4.16　严重伤害

伤害面积 3.5cm² 以上,严重影响西瓜外观,销售质量及有炭疽病和瓜皮有烂斑者。

5　质量要求

5.1　感官指标见表 1

表 1　砂田西瓜感官指标

项目	一等	二等
果形	果形周正,发育正常,具本品种特征,无畸形瓜	果形周正,发育正常,具本品种特征,无畸形瓜
皮色	皮色正常,网纹清晰,果皮坚硬、平滑,茸毛消失,具本品种特征	皮色正常,网纹较清晰,果皮硬,茸毛消失,具本品种特征
瓤色	具本品种成熟时应有的瓤色	具本品种成熟时应有的瓤色
成熟度	果实成熟,甜度高,质脆沙,口感好,无生瓜、过熟瓜	果实成熟,比较甜,无生瓜、过熟瓜
伤害	无伤害	无伤害
品种纯度	≥95%	≥95%

5.2　可溶性固形物、硒含量指标

表 2　砂田西瓜可溶性固形物、硒含量指标

品种	一等		二等	
	可溶性固形物%	硒(mg/kg)	可溶性固形物%	硒(mg/kg)
早熟品种	≥12	0.0056	≥11	0.0056
中熟品种	≥12	0.0056	≥10	0.0056
晚熟品种	≥12	0.0056	≥10	0.0056

5.3 单果重量指标见表3

表3 砂田西瓜单果重量指标

（kg）

品　种	一等	二等
早熟品种	≥3	≥2.5
中熟品种	≥6	≥4<6
晚熟品种	≥6	≥4<6

5.4 果皮厚度指标

表4 砂田西瓜果皮厚度

（cm）

品　种	一等	二等
早熟品种	≤1	≤1
中熟品种	≤1.2	≤1.2
晚熟品种	≤1.2	≤1.2

6 卫生指标

按 GB2762、GB2263 规定执行。

产品检疫按国家检疫有关规定执行。

7 包装及标志

7.1 包装

7.1.1 包装容器:西瓜包装的容器(纸箱、筐)必须大小一致,整洁、干燥、牢固、透气、美观、无污染、无异味,内部无凸物,外部无钉及尖刺,无虫蛀腐朽、霉变现象,纸箱无受潮离层现象。塑料箱应符合 GB8868 要求。

7.1.2 应按品种,规格、等级、质量进行包装,包装内应摆放整齐、紧密。

7.1.3 每批产品其包装规格、单位、重量须一致,每件包装的净重量不得超过 15 千克,误差不超过 2%。

7.2 标志

7.2.1 每批产品应明确标明无公害绿色食品标志。

8 运输

8.1 西瓜收获后就地整修,分级,及时包装、运输。

8.2 汽车运输,一般采取散装,大车运输多数散装加设木条挡门,少数采用包装。

8.3 装运时,做到轻装、轻卸,严防机械损伤,运输工具清洁、卫生、无污染。

8.4 公路短途运输时,严防日晒,雨淋,铁路或水路运输时,要注意通风散热和防冻。

9 贮藏

9.1 在常温库中贮藏西瓜,应阴凉通风,有适宜的温度(3℃~10℃)和相对湿度(80%~85%)。

9.2 常温库、冷库、气调库在产、销两地进行短期贮藏时,严禁与有毒、有异味物品混存。

注:

本标准依据《国家质量技术监督局农业标准化管理办法》第六条编写。

本标准主要起草人:李 爽、李丁仁、鲁长才

绿色食品砂田鲜食甜瓜商品质量标准

1 范围

本标准具体规定了绿色食品砂田甜瓜的质量要求,包装与标志,运输贮藏等。

本标准适用于中卫市绿色食品各种鲜食砂田甜瓜的收购、贮藏、运输及销售。

本标准不适用于非砂田栽培甜瓜

2 规范性引用文件

GB/T5009.38 蔬菜水果卫生标准分析方法

GB12399   食品中硒的测定方法

GB/T8855   新鲜水果和蔬菜的取样方法

GB8321   农药合理使用准则

GB8868   塑料周转箱

GB/T15041   水果蔬菜及其制品,亚硝酸盐和硝酸盐含量的测定

3 用语解释

3.1 绿色食品

系指遵守可持续发展原则,按照特定生产方式生产,经中国绿色食品发展中心认定,许可使用绿色食品标志的无污染的、安全、优质、营养食品。

3.2 绿色食品砂田甜瓜

指获得绿色食品标志的砂田甜瓜。

3.3 砂田

利用河流沉积或山体冲击作用产生的卵石、石砾、片石、粗砂和细砂的混合体或单片作为土壤表面的覆盖物,属于农田地面覆盖栽培方法之一,由于采用

砂砾作覆盖材料,故称为"砂田"。

3.4 同一品种

果实具有本品种形状、色泽、风味、大小等典型性状。

3.5 成熟度

果实成熟的程度。

3.6 果形

果实具有本品种应有的形状。

3.7 新鲜

果实有光泽、硬实不萎蔫。

3.8 果面清洁

果实表面不附着污物或其他外来物质。

3.9 腐烂

由于病原菌的侵染导致果实变质。

3.10 病虫害

果实生长发育过程中,由于病原菌和害虫的侵染而导致的伤害。

3.11 机械性损伤

果实因挤压碰撞等外力造成的表皮伤害。

3.12 薄皮甜瓜

果形较小,果皮光滑,较薄,网纹不明显。

3.13 厚皮甜瓜

果形大,果皮粗糙,有明显网纹,果皮厚。

4 质量要求

4.1 感官指标(见表1)

表1 感官指标

项目	一 等	二 等
果形	果形周正,发育正常,具本品种特征,无畸形瓜	果形周正,发育正常,具本品种特征,无畸形瓜
皮色	具本品种特有皮色特征,网纹清晰,茸毛消失	具本品种特有皮色特征,网纹较清晰
瓤色	具本品种成熟时应有的颜色	具本品种成熟时应有的颜色

续表

项目	一 等	二 等
成熟度	果实成熟、甜度高、质脆沙、口感好,无生瓜、过熟瓜	果实成熟、比较甜,无生瓜、过熟瓜
伤害	无伤害	无伤害
品种纯度	≥95%	≥95%

4.2 理化指标

4.2.1 可溶性固形物指标(见表2)

表2 可溶性固形物指标

(%)

品种	可溶性固形物%	
	一等	二等
早熟品种	≥13	≥12
中熟品种	≥14	≥13

注:中心糖含量。

4.2.2 单果重量指标(见表3)

表3 单果重量指标

(kg)

品种	单果重量	
	一等	二等
早熟品种	≥2	≥1.5
中熟品种	≥2.5	≥2

4.2.3 果皮厚度指标(见表4)

表4 果皮厚度

品种	果皮厚度(cm)			
	一 等		二 等	
	厚皮甜瓜	薄皮甜瓜	厚皮甜瓜	薄皮甜瓜
早熟品种	≤1.5	≤0.5	≤2	≤0.6
中熟品种	≤2	≤0.7	≤2.5	≤0.8

5 卫生指标

参照 GB2762、GB4788、GB4810、GB2763 中有关规定执行。

6 包装及标志

6.1 包装

6.1.1 用于包装甜瓜的包装容器如塑料箱、纸箱等,应按产品的大小规格设计,同一规格应大小一致、整洁、干燥、牢固、透气、美观、无污染、无异味,内部无尖突物、虫蛀、腐朽、霉变等。纸箱无受潮、离层现象。塑料箱应符合 GB8868 要求。

6.1.2 应按品种、规格,分别包装,同一件包装内的产品需摆放整齐紧密。

6.1.3 每批产品所用的包装,单位重量、质量应一致,每件包装的净重量不得超过 10kg,误差不超过 2%。

6.1.4 按品质分等后,根据等级进行包装。

6.2 标志

6.2.1 每批产品应明确标明无公害绿色食品标志。

6.2.2 每一包装上应标明产品名称,产品标准编号、商标、生产单位名称、详细地址、产地规格、等级、毛重、净重、包装日期、标志上的字迹应清晰、完整、准确。

7 贮藏

7.1 临时贮藏:应注意通风,防雨淋,遮阴防晒,避免重压。

7.2 长期贮藏:应保持温度在 3℃~5℃,空气相对湿度保持在 80%~85%。保证气流均匀流通。

注:

本标准依据《国家质量技术监督局农业标准化管理办法》第六条编写。

本标准主要起草人:李 爽、李丁仁、鲁长才

中华人民共和国农业行业标准

绿色食品产地环境质量标准　　　　　　　　NY/T　391-2000

Environmental technical terms forgreen food production area

1 范围

本标准规定了绿色食品产地的环境空气质量、农田灌溉水质、渔业水质、畜禽养殖水质和土壤环境质量的各项指示及浓度限值,监测和评价方法。适用于绿色食品(AA 级和 A 级)生产的农田、蔬菜地、果园、茶园、饲养场、放牧场和水养殖场。

本标准还提出了绿色食品产地土壤肥力分级,供评价和改进土壤肥力状况时参考,列于附录之中。适用于栽培作物土壤,不适于野生植物土壤。

2 引用标准

下列标准所包括的条文,通过在本标准中引用而构成为本标准的条文。本标准出版时,所示版本均为有效。所有标准都会被修订,使用本标准的各方应探讨、使用下列标准最新版本的可能性。

GB 3095-1996　　　　环境空气质量标准

GB 5084-92　　　　　农田灌溉水质标准

GB 11607-89　　　　渔业水质标准

GB 5749-85　　　　　生活饮用水质标准

GB 15618-1995　　　土壤环境质量标准

GB 9137-88　　　　　保护农作物的大气污染物最高允许浓度

GB 7173-87　　　　　土壤全氮测定法

GB 7845-87　　　　　森林土壤颗粒组成(机械组成)的测定

GB 7853–87	森林土壤有效磷的测定
GB 7856–87	森林土壤速效钾的测定
GB 7863–87	森林土壤阳离子交换量的测定

3 定义

本标准采用下列定义。

3.1 绿色食品

系指遵守可持续发展原则,按照特定生产方式生产,经专门机构认定,许可使用绿色食品标志的,无污染的安全、优质、营养类食品。

3.2 AA 级绿色食品

系指生产地的环境质量符合 NY/T391 要求,生产过程中不使用化学合成的肥料、农药、兽药、饲料添加剂、食品添加剂和其他有害于环境和身体健康的物质,按有机生产方式生产,产品质量符合绿色食品产品标准,经专门机构认定,许可使用 AA 级绿色食品标志的产品。

3.3 A 级绿色食品

系指生产地的环境质量符合 NY/T391 的要求,生产过程中严格按照绿色食品生产资料使用准则和生产操作规程要求,限量使用限定的化学合成生产资料,产品质量符合绿色食品产品标准,经专门机构认定,许可使用 A 级绿色食品标志的产品。

3.4 绿色食品产地环境质量

绿色食品植物生长地和动物养殖地的空气环境、水环境和土壤环境质量。

4 环境质量要求

绿色食品生产基地应选择在无污染和生态条件良好的地区。基地选点应远离工矿区和公路铁路干线,避开工业和城市污染源的影响,同时绿色食品生产基地应具有可持续的生产能力。

4.1 空气环境质量要求

绿色食品产地空气中各项污染物含量不应超过表 1 所列的浓度值。

表1 空气中各项污染物的浓度限值

[mg/m³(标准状态)]

项 目	浓度限值	
	日平均	1小时平均
总悬浮颗粒物(TSP)	0.30	
二氧化硫	0.15	0.50
氮氧化物	0.10	0.15
氟化物(F)	7(μg/m³)	20(μg/m³)
	1.8[μg/(dm²·d)](挂片法)	

注:(1)日平均指任何1日的平均浓度;
　　(2)1小时平均指任何1小时的平均浓度;
　　(3)连续采样3天,1日3次,晨、午和夕各1次;
　　(4)氟化物采样可用动力采样滤膜法或用石灰滤纸挂片法,分别按各自规定的浓度限
　　　值执行,石灰滤纸挂片法挂置7天。

4.2 农田灌溉水质要求

绿色食品产地农田灌溉水中各项污染物含量不应超过表2所列的浓度值。

表2 农田灌溉水中各项污染物的浓度限值

(mg/L)

项目	浓度限值
pH值	5.5~8.5
总汞	0.001
总镉	0.005
总砷	0.05
总铅	0.1
六价铬	0.1
氟化物	2.0
粪大肠菌群	10000(个、L)

注:灌溉菜园用的地表水需测粪大肠菌群,其他情况不测粪大肠菌群。

4.3 渔业水质要求

绿色食品产地渔业用水中各项污染物含量不应超过表3所列的浓度值。

表3　渔业用水中各项污染物的浓度限值　　　　　　　（mg/L）

项目	浓度限值
色、臭、味	不得使水产品带异色、异臭和异味
漂浮物质	水面不得出现油膜或浮沫
悬浮物	人为增加的量不得超过10
pH 值	淡水 6.5~8.5,海水 7.0~8.5
溶解氧	>5
生化需氧量	5
总大肠菌群	5000 个/L(贝类 500 个/L)
总汞	0.0005
总镉	0.005
总铅	0.05
总铜	0.01
总砷	0.05
六价铬	0.1
挥发酚	0.005
石油类	0.05

4.4 畜禽养殖用水要求

绿色食品产地畜禽养殖用水中各项污染物不应超过表4所列的浓度值。

表4　畜禽养殖用水各项污染物的浓度限值　　　　　　　（mg/L）

项目	标准值
色度	15 度,并不得呈现其他异色
浑浊度	3 度
臭和味	不得有异臭、异味
肉眼可见物	不得含有
pH 值	6.5~8.5
氟化物	1.0
氰化物	0.05
总砷	0.05
总汞	0.001
总镉	0.01
六价铬	0.05
总铅	0.05
细菌总数	100(个/mL)
总大肠菌群	3(个/L)

4.5 土壤环境质量要求

本标准将土壤按耕作方式的不同分为旱田和水田两大类，每类又根据土壤 pH 值的高低分为 3 种情况，即 pH<6.5，pH=6.5~7.5，pH>7.5。绿色食品产地各种不同土壤中的各项污染物含量不应超过表 5 所列的限值。

表 5　土壤中各项污染物的含量限值　　　　　　　　　（mg/kg）

耕作条件	旱田			水田		
pH 值	<6.5	6.5~7.5	>7.5	<6.5	6.5~7.5	>7.5
镉	0.30	0.30	0.40	0.30	0.30	0.40
汞	0.25	0.30	0.35	0.30	0.40	0.40
砷	25	20	20	20	20	15
铅	50	50	50	50	50	50
铬	120	120	120	120	120	120
铜	50	60	60	50	60	60

注：（1）果园土壤中的铜限量为旱田中的铜限量的 1 倍；
　　（2）水旱轮作用的标准值取严不取宽。

4.6　土壤肥力要求

为了促进生产者增施有机肥，提高土壤肥力，生产 AA 级绿色食品时，转化后的耕地土壤肥力要达到土壤肥力分级 1~2 级指示（见附录 A）。生产 A 级绿色食品时，土壤肥力作为参考指数。

5　监测方法

采用方法除本标准有特殊规定外（见表 1 注），其他的采样方法和所有分析方法按本标准引用的相关国家标准执行。

空气环境质量的采样和分析方法根据 GB 3095 的 6.1、6.2、7 和 GB 9137 的 5.1 和 5.2 规定执行。

农田灌溉水质的采样和分析方法根据 GB 5084 的 6.2、6.3 规定执行。

渔业水质的采样和分析方法根据 GB 11607 的 6.1 规定执行。

畜禽养殖水质的采样和分析方法根据 GB 5749 规定执行。

土壤环境质量的采样和分析方法根据 GB 15618 的 5.1、5.2 的规定执行。

绿色食品产地土壤肥力分级

1 土壤肥力分级参考指示

本附录规定了土壤肥力的分级指标,见表1。

表 1 土壤肥力分级参考指标

项目	级别	旱地	水田	菜地	园地	牧地
有机质 (g/kg)	I	>15	>25	>30	>20	>20
	II	10~15	20~25	20~30	15~20	15~20
	III	<10	<20	<20	<15	<15
全氮 (g/kg)	I	>1.0	>1.2	>1.2	>1.0	
	II	0.8~1.0	1.0~1.2	1.0~1.2	0.8~1.0	
	III	<0.8	<1.0	<1.0	<0.8	
有效磷 (mg/kg)	I	>10	>15	>40	>10	>10
	II	5~10	10~15	20~40	5~10	5~10
	III	<5	<10	<20	<5	<5
有效钾 (mg/kg)	I	>120	>100	>150	>100	
	II	80~120	50~100	100~150	50~100	
	III	<80	<50	<100	<50	
阳离子交换量 (c mol/kg)	I	>20	>20	>20	>15	
	II	15~20	15~20	15~20	15~20	
	III	<15	<15	<15	<15	
质地	I	轻壤、中壤	中壤、重壤	轻壤	轻壤	砂壤-中壤
	II	砂壤、重壤	砂壤、轻黏土	砂壤、中壤	砂壤、中壤	重壤
	III	砂土、黏土	砂土、黏土	砂土、黏土	砂土、黏土	砂土、黏土

2 土壤肥力评价

土壤肥力的各个指标,I级为优良、II级为尚可、III级为较差。供评价者和生产者在评价和生产时参考。生产者应增施有机肥,使土壤肥力逐年提高。

3 土壤肥力测定方法

见 GB7173,GB7845,GB7853,GB7856、GB7863。

中华人民共和国农业行业标准

绿色食品肥料使用准则　　　　　　　　　　NY/T　394-2000

Fertilizer application guideline for green food production

1　范围

本标准规定了 AA 级绿色食品和 A 级绿色食品生产中允许使用的肥料种类、组成及使用准则。本标准适用于生产 AA 级绿色食品和 A 级绿色食品的农家肥料及商品有机肥料、腐殖酸类肥料、微生物肥料、半有机肥料(有机复合肥料)、无机(矿质)肥料和叶面肥料等商品肥料。

2　引用标准

下列标准所包含的条文,通过在本标准中引用而构成为本标准的条文。在标准出版时,所示版本均为有效。所有标准都会被修订,使用本标准的各方应探讨使用下列标准最新版本的可能性。

GB 8172-1987　　　　　　城镇垃圾农用控制标准

NY 227-1994　　　　　　　微生物肥料

GB/T 17419-1998　　　　含氨基酸叶面肥料

GB/T 17420-1998　　　　含微量元素叶面肥料

NY/T 391-2000　　　　　绿色食品　产地环境技术条件

3　定义

本标准采用下列定义。

3.1　绿色食品

系指遵循可持续发展原则,按照特定生产方式生产,经专门机构认定,许可使用绿色食品标志的,无污染的安全、优质、营养类食品。

3.2 AA 级绿色食品

系指生产地的环境质量符合 NY/T391 要求,生产过程中严格按照绿色食品生产资料使用准则和生产操作规程要求,限量使用限定的化学合成生产资料,产品质量符合绿色食品产品标准,经专门机构认定,许可使用 AA 级绿色食品标志的产品。

3.3 A 级绿色食品

系指生产地的环境质量符合 NY/T391 要求,生产过程中严格按照绿色食品生产资料使用准则和生产操作规程要求,限量使用限定的化学合成生产资料,产品质量符合绿色食品产品标准,经专门机构认定,许可使用 A 级绿色食品标志的产品。

3.4 农家肥料

系指就地取材、就地使用的各种有机肥料。它由含有大量生物物质、动植物残体、排泄物、生物废物等积制而成的。包括堆肥、沤肥、厩肥、沼气肥、绿肥、作物秸秆肥、泥肥、饼肥等。

3.4.1 堆肥

以各类秸秆、落叶、山青、湖草为主要原料并与人畜粪便和少量泥土混合堆制经好气微生物分解而成的一类有机肥料。

3.4.2 沤肥

所用物料与堆肥基本相同,只是在淹水条件下,经微生物嫌气发酵而成一类有机肥料。

3.4.3 厩肥

以猪、牛、马、羊、鸡、鸭等畜禽的粪尿为主与秸秆等垫料堆积并经微生物作用而成的一类有机肥料。

3.4.4 沼气肥

在密封的沼气池中,有机物在嫌气条件下经微生物发酵制取沼气后的副产物。主要有沼气水肥和沼气渣肥两部分组成。

3.4.5 绿肥

以新鲜植物体就地翻压、异地施用或经沤、堆后而成的肥料。主要分为绿肥和非豆科绿肥两大类。

3.4.6　作物秸秆肥

麦秸、稻草、玉米秸、豆秸、油菜秸等直接还田的肥料。

3.4.7　泥肥

以未经污染的河泥、塘泥、沟泥、港泥、湖泥等经嫌气微生物分解而成的肥料。

3.4.8　饼肥

以各种含油分较多的种子经压榨去油后的残渣制成的肥料，如菜籽饼、棉籽饼、豆饼、芝麻饼、花生饼、蓖麻饼等。

3.5　商品肥料

按国家法规规定,受国家肥料部门管理,以商品形式出售的肥料。包括商品有机肥、腐殖酸类肥、微生物肥、有机复合肥、无机(矿质)肥、叶面肥等。

3.5.1　商品有机肥料

以大量动植物残体、排泄物及其他生物废物为原料,加工制成的商品肥料。

3.5.2　腐殖酸类肥料

以含有腐殖酸类物质的泥炭(草炭)、褐煤、风化煤等经过加工制成含有植物营养成分的肥料。

3.5.3　微生物肥料

以特定微生物菌种培养生产的含活的微生物制剂。根据微生物肥料对改善植物营养元素的不同,可分为五类:根瘤菌肥料、固氮菌肥料、磷细菌肥料、硅酸盐细菌肥料、复合微生物肥料等。

3.5.4　有机复合肥

经无害化处理后的畜禽粪便及其他生物废物加入适量的微量营养元素制成的肥料。

3.5.5　无机(矿质)肥料

矿物经物理或化学工业方式制成,养分呈无机盐形式的肥料。包括矿物钾肥和硫酸钾、矿物磷肥(磷矿粉)、煅烧磷酸盐(钙镁磷肥、脱氟磷肥)、石灰、石膏、硫磺等。

3.5.6　叶面肥料

喷施于植物叶片并能被其吸收利用的肥料,叶面肥料中不得含有化学合成的生长调节剂。包括含微量元素的叶面肥和含植物生长辅助物质的叶面肥料等。

3.5.7　有机无机肥(半有机肥)

有机肥料与无机肥料通过机械混合或化学反应而成的肥料。

3.5.8 掺合肥

在有机肥、微生物肥、无机(矿质)肥、腐殖酸肥中按一定比例掺入化肥(硝态氮肥除外)，并通过机械混合而成的肥料。

3.6 其他肥料

系指不含有素物质的食品、纺织工业的有机副产品，以及骨粉、骨胶废渣、氨基酸残渣、家禽家畜加工废料、糖厂废料等有机物料制成的肥料。

3.7 AA级绿色食品生产资料

系指经专门机构认定，符合绿色食品生产要求，并正式推荐用于AA级和A级绿色食品生产的生产资料。

3.8 A级绿色食品生产资料

系指经专门机构认定，符合A级绿色食品生产要求，并正式推荐用于A级绿色食品生产的生产资料。

4 允许使用的肥料种类

4.1 AA级绿色食品生产允许使用的肥料种类

4.1.1 3.4所述的农家肥料

4.1.2 AA级绿色食品生产资料肥料类产品

4.1.3 在4.1.1和4.1.2不能满足AA级绿色食品生产需要的情况下，允许使用3.5.1~3.5.7所述的商品肥料

4.2 A级绿色食品生产允许使用的肥料种类

4.2.1 4.1所述的农家肥料

4.2.2 A级绿色食品生产资料肥料类产品

4.2.3 在4.2.1和4.2.2不能满足A级绿色食品生产需要的情况下，允许使用3.5.8所述的掺合肥(有机氮与无机氮之比不超过1:1)。

5 使用规则

肥料使用必须满足作物对营养元素的需要，使足够数量的有机物质返回土壤，以保持或增加土壤肥力及土壤生物活性。所有有机或无机(矿质)肥料，尤其是富含氮的肥料应对环境和作物(营养、味道、品质和植物抗性)不产生不良后果方可使用。

5.1 生产 AA 级绿色食品的肥料使用原则

5.1.1 必须选用 4.1 的肥料种类,禁止使用任何化学合成肥料。

5.1.2 禁止使用城市垃圾和污泥、医院的粪便垃圾和含有害物质(如毒气、病原微生物、重金属等)的垃圾。

5.1.3 各地可因地制宜采取秸秆还田、过腹还田、直接翻压还田、覆盖还田等形式。

5.1.4 利用覆盖、翻压、堆沤等方式合理利用绿肥。绿肥应在盛花期翻压,翻埋深度为 15cm 左右,盖土要严,翻后耙匀。压青后 15~20 天才能进行播种或移苗。

5.1.5 腐熟的沼气液、残渣及人畜粪尿可用作追肥。严禁施用未腐熟的人粪尿。

5.1.6 饼肥优先用于水果、蔬菜等,禁止施用未腐熟的饼肥。

5.1.7 叶面肥料质量应符合 GB/T17419,或 GB/T17420,或附录 B 中 B3 的技术要求。按使用说明稀释,在作物生长期内,喷施 2 次或 3 次。

5.1.8 微生物肥料可用于拌种,也可作基肥和追肥使用。使用时应严格按照使用说明书的要求操作。微生物肥料中有效活菌的数量应符合 NY227 中 4.1 及 4.2 技术指标。

5.1.9 选用无机(矿质)肥料中的煅烧磷酸盐、硫酸钾质量应分别符合附录 B 中 B1 和 B2 的技术要求。

5.2 A 级绿色食品的肥料使用原则

5.2.1 必须选用 4.2 的肥料种类。如 4.2 的肥料种类不够满足生产需要,允许按 5.2.2 和 5.2.3 的要求使用化学肥料(氮、磷、钾)。但禁止使用硝态氮肥。

5.2.2 化肥必须与有机肥配合施用,有机氮与无机氮之比不超过 1:1,例如,施优质厩肥 1000kg 加尿素 10kg(厩肥作基肥、尿素可作基肥和追加肥用)。对叶菜类最后 1 次追肥必须在收获前 30 天进行。

5.2.3 化肥也可与有机肥、复合微生物肥配合施用。厩肥 1000kg 加尿素 5~10kg 或磷酸二铵 20kg,复合微生物肥料 60kg(厩肥作基肥,尿素、磷酸二铵和微生物肥料作基肥和追肥用)。最后 1 次追肥必须在收获前 30 天进行。

5.2.4 城市生活垃圾一定要经过无害化处理,质量达到 GB8172 中 1:1 的技术要求才能施用。每年每亩农田限制用量,黏性土壤不超过 3000kg,砂性土壤不超过 2000kg。

5.2.5 秸秆还田:同 5.1.3 条款,还允许用少量氮素化肥调节碳氮比。

5.2.6 其他使用原则,与 5.1.4~5.1.9 的要求相同。

6 其他规定

6.1 生产绿色食品的农家肥料无论采用何种原料(包括人畜禽粪尿、秸秆、杂草、泥炭等)制作堆肥,必须高温发酵,以杀灭各种寄生虫卵和病原菌、杂草种子,使之达到无害化卫生标准(详见附录 A)。农家肥料,原则上就地生产就地使用。外来农家肥料应确认符合要求后才能使用。商品肥料及新型肥料必须通过国家有关部门的登记认证及生产许可,质量指标应达到国家有关标准的要求。

6.2 因施肥造成土壤污染、水源污染,或影响农作物生长、农产品达不到卫生标准时,要停止施用该肥料,并向专门管理机构报告。用其生产的食品也不能继续使用绿色食品标志。

附录 A　标准的附录

A1　高温堆肥卫生标准

编 号	项 目	卫生标准及要求
1	堆肥温度	最高堆温达 50℃~55℃,持续 5~7 天
2	蛔虫卵死亡率	95%~100%
3	粪大肠菌值	10^{-1}~10^{-2}
4	苍蝇	有效地控制苍蝇滋生,肥堆周围没有活的蛆、蛹或新羽化的成蝇

A2　沼气发酵肥卫生标准

编 号	项 目	卫生标准及要求
1	密封贮存期	30 天以上
2	高温沼气发酵温度	53±2℃持续 2 天
3	寄生虫卵沉降率	95%以上
4	血吸虫卵和钩虫卵	在使用粪液中不得检出活的血吸虫卵和钩虫卵
5	粪大肠菌值	普通沼气发酵 10^{-4},高温沼气发酵 10^{-1}~10^{-2}
6	蚊子、苍蝇	有效地控制蚊蝇滋生,粪液中无孑孓,池的后卫无活的蛆蛹或新羽化的成蝇
7	沼气池残渣	经无害化处理后方可用作农肥

B1　煅烧磷酸盐

营养成分　　　　　　　　　　杂质控制指标

有效$(P_2O_5) \geqslant 12\%$　　　　　每含 $1\%(P_2O_5)$

(碱性柠檬酸铵提取)　　　　$(As) \leqslant 0.004\%$

　　　　　　　　　　　　　$(Cd) \leqslant 0.01\%$

$(Pb) \leqslant 0.002\%$

B2　硫酸钾

营养成分　　　　　　　　　　杂质控制指标

$(K_2O)50\%$　　　　　　　　　每含 $1\%(K_2O)$

$(As) \leqslant 0.004\%$

$(Cl) \leqslant 3\%$

$(H_2SO_4) \leqslant 0.5\%$

B3　腐殖酸叶面肥料

营养成分　　　　　　　　　　杂质控制指标

腐殖酸 $\geqslant 8.0\%$　　　　　　　$(Cd) \leqslant 0.01\%$

微量元素 $\geqslant 6.0\%$　　　　　　$(As) \leqslant 0.002\%$

$(Pb) \leqslant 0.002\%$

中华人民共和国农业行业标准

绿色食品农药使用准则　　　　　　　NY/T 391-2000

Pesticide application guideline for green food production

1　范围

本标准规定了 AA 级绿色食品及 A 级绿色食品生产中允许使用的农药种类、毒性分级和使用准则。

本标准适用于在我国取得登记的生物源农药（biogenic pestides）、矿物源农药（pestides of fossilorigin）和有机合成农药（synthetic organic pestides）。

2　引用标准

下列标准所包含的条文,通过在本标准中引用而构成为本标准的条文。在标准出版时,所示版本均为有效。所有标准都会被修订,使用本标准的各方应探讨,使用下列标准最新版本的可能性。

GB4285-84　　　　　农药安全使用标准

GB8321.1-87　　　　农药合理使用准则（一）

GB8321.2-87　　　　农药合理使用准则（二）

GB8321.3-89　　　　农药合理使用准则（三）

GB8321.4-93　　　　农药合理使用准则（四）

GB8321.5-1997　　　农药合理使用准则（五）

GB8321.6-1999　　　农药合理使用准则（六）

NY/T391-2000　　　绿色食品　产地环境技术条件

3　定义

本标准采用下列定义

3.1　绿色食品

系指遵循可持续发展原则,按照特定生产方式生产,经专门机构认定,许可使用绿色食品标志的,无污染的安全、优质、营养类食品。

3.2　AA 级绿色食品

系指在生产地的环境质量符合 NY/T391 的要求,在生产过程中不使用化学合成的肥料、农药、兽药、饲料添加剂、食品添加剂和其他有害于环境和健康的物质,按有机农业生产方式生产,产品质量符合绿色食品产品标准,经专门机构认定,许可使用 AA 级绿色食品标志的产品。

3.3　A 级绿色食品

指生产地的环境质量符合 NY/T391 的要求,生产过程中严格按照绿色食品生产资料使用准则和生产操作规程要求,限量使用限定的化学合成生产资料,产品质量符合绿色食品产品标准,经专门机构认定,许可使用 A 级绿色食品标志的产品。

3.4　生物源农药

指直接利用生物活体或生物代谢过程中产生的具有生物活性的物质或从生物体提取的物质作为防治病虫草害的农药。

3.5　矿物源农药

有效成分来源于矿物的无机化合物和石油类农药。

3.6　有机合成农药

由人工研制合成,并由有机化学工业生产的商品化的一类农药,包括中等毒和低毒类杀虫杀螨剂、杀菌剂、除草剂,可在 A 级绿色食品生产上限量使用。

3.7　AA 级绿色食品生产资料

指经专门机构认定,符合绿色食品生产要求,并正式推荐用于 AA 级和 A 级绿色食品生产的生产资料。

3.8　A 级绿色食品生产资料

指经专门机构认定,符合 A 级绿色食品生产要求,并正式推荐用于 A 级绿色食品生产的生产资料。

4　农药种类

4.1　生物源农药

4.1.1　微生物源农药

4.1.1.1　农用抗生素

防治真菌病害:灭瘟素、春雷霉素、多抗霉素(多氧霉素)、井冈霉素、农抗120、中生菌素等。

防治螨类:浏阳霉素、华光霉素。

4.1.1.2　活体微生物农药

真菌剂:蜡蚧轮枝菌等。

细菌剂:苏云金杆菌、蜡质芽孢杆菌等。

拮抗菌剂:昆虫病原线虫、微孢子。

病毒:核多角体病毒。

4.1.2　动物源农药

昆虫信息素(或昆虫外激素):如性信息素。

活体制剂:寄生性、捕食性的天敌动物。

4.1.3　植物源农药

杀虫剂:除虫菊素、鱼藤酮、烟碱、植物油乳剂等。

杀菌剂:大蒜素。

拒避素:印楝素、苦楝、川楝素。

增效剂:芝麻素。

4.2　矿物源农药

4.2.1　无机杀螨杀菌剂

硫制剂:硫悬浮剂、可湿性硫、石硫合剂等。

铜制剂:硫酸铜、王铜、氢氧化铜、波尔多液等。

4.2.2　矿物油乳剂

4.3　有机合成农药

5 使用准则

绿色食品生产应从作物—病虫草等整个生态系统出发,综合运用各种防治措施,创造不利于病虫草害滋生和有利于各类天敌繁衍的环境条件,保持农业生态系统的平衡和生物多样化,减少各类病虫草害所造成的损失。

优先采用农业措施,通过选用抗病抗虫品种,非化学药剂处理种子,培育壮苗,加强栽培管理,中耕除草,秋季深翻晒土,清洁田园,轮作倒茬,间作套种等一系列措施起到防治病虫草害的作用。

还应尽量利用灯光、色彩诱杀害虫,机械捕捉害虫,机械和人工除草等措施,防治病虫草害。特殊情况下,必须使用农药时,应遵守以下准则:

5.1 生产 AA 级绿色食品的农药使用准则

5.1.1 允许使用 AA 级绿色食品生产资料农药类产品。

5.1.2 在 AA 级绿色食品生产资料农药类不能满足植保工作需要的情况下,允许使用以下农药及方法:

5.1.2.1 中等毒性以下植物源杀虫剂、杀菌剂、拒避剂和增效剂。如除虫菊素、鱼藤根、烟草水、大蒜素、苦楝、川楝、印楝、芝麻素等。

5.1.2.2 释放寄生性、捕食性天敌动物,昆虫、捕食螨、蜘蛛及昆虫病原线虫等。

5.1.2.3 在害虫捕捉器中使用昆虫信息素及植物源引诱剂。

5.1.2.4 使用矿物油和植物油制剂。

5.1.2.5 使用矿物源农药中的硫制剂、铜制剂。

5.1.2.6 经专门机构核准,允许有限度地使用活体微生物农药, 如真菌制剂、细菌制剂、病毒制剂、放线菌、拮抗菌剂、昆虫病原线虫、原虫等。

5.1.2.7 经专门机构核准,允许有限度地使用农用抗生素,如春雷霉素、多抗霉素(多氧霉素)、井冈霉素、农抗 120、中生菌素、浏阳霉素等。

5.1.3 禁止使用有机合成的化学杀虫剂、杀螨剂、杀菌剂、杀线虫剂、除草剂和植物生长调节剂。

5.1.4 禁止使用生物源、矿物源农药中混配有机合成农药的各种制剂。

5.1.5 严禁使用基因工程品种(产品)及制剂。

5.2 生产 A 级绿色食品的农药使用准则

5.2.1 允许使用 AA 级和 A 级绿色食品生产资料农药类产品。

5.2.2 在 AA 级和 A 级绿色食品生产资料农药类产品不能满足植保工作

需要的情况下,允许使用以下农药及方法:

5.2.2.1 中等毒性以下植物源农药、动物源农药和微生物源农药。

5.2.2.2 在矿物源农药中允许使用硫制剂、铜制剂。

5.2.2.3 有限度地使用部分有机合成农药,应按 GB4285、GB8321.1、GB8321.2、GB8321.3、GB8321.4、GB8321.5、GB8321.6 的要求执行。此外,还需严格执行以下规定:

a.应选用上述标准中列出的低毒农药和中等毒性农药。

b.严禁使用剧毒、高毒、高残留或具有三致毒性(致癌、致畸、致突变)的农药(参见附录 A)。

c.每种有机合成农药(含 A 级绿色食品生产资料农药类的有机合成产品)在一种作物的生长期内只允许使用一次。

5.2.2.4 严格按照 GB4285、GB8321.1、GB8321.2、GB8321.3、GB8321.4、GB8321.5、GB8321.6 的要求控制施药量与安全间隔期。

5.2.2.5 有机合成农药在农产品中的最终残留应符合 GB4285、G8321.1、GB8321.2、GB8321.3、GB8321.4、GB8321.5、GB8321.6 的最高残留应限量(MRL)要求。

5.2.3 严禁使用高毒高残留农药防治贮藏期病虫害。

5.2.4 严禁使用基因工程品种(产品)及制剂。

生产 A 级绿色食品禁止使用的农药

种 类	农药名称	禁用作物	禁用原因
有机氯杀虫剂	六六六、林丹、甲氧、高残毒 DDT、硫丹	所有作物	高残毒
有机氯杀螨剂	三氯杀螨醇	蔬菜、果树、茶叶	工业品中含有一定数量的 DDT
有机磷杀虫剂	甲拌磷、乙拌磷、久效磷、对硫磷、甲基对硫磷、甲胺磷、甲基异柳磷、治螟磷、氧化乐果、磷胺、地虫硫磷、灭克磷(益收宝)、水胺硫磷、氯唑磷、硫线磷、杀扑磷、特丁硫磷、克线丹、苯线磷、甲基硫环磷	所有作物	剧毒高毒

续表

种 类	农药名称	禁用作物	禁用原因
阿维菌素		蔬菜,果树	高毒
氨基甲酸酯杀虫剂	涕灭威、克西威、灭多威、丁硫克百威、丙硫克百威	所有作物	高毒、剧毒或代谢物高毒
二甲基甲脒类杀虫杀螨类	杀虫脒	所有作物	慢性毒性、致癌
拟除虫菊酯类杀虫剂	所有拟除虫菊酯类杀虫剂	水稻及其他水生作物	对水生生物毒性大
卤代烷类熏蒸杀虫剂	二溴乙烷、环氧乙烷、二溴氯丙烷、溴甲烷	所有作物	致癌、致畸、高毒
克螨特		蔬菜,果树	慢性毒性
有机胂杀菌剂	甲基胂酸锌(稻脚青)、甲基胂酸钙胂(稻宁)、甲基胂酸铵(田安)、福美甲胂、福美胂	所有作物	高残毒
有机锡杀菌剂	三苯基醋酸锡(薯瘟锡)、三苯基氯化锡、三苯基羟基锡(毒菌锡)	所有作物	高残留、慢性毒性
有机汞杀菌剂	氯化乙基汞(西力生)、醋酸苯汞(赛力散)	所有作物	剧毒、高残毒
有机磷杀菌剂	稻瘟净、异稻瘟净	水稻	异臭
取代苯类杀菌剂	无氯硝基苯、稻瘟醇(五氯苯甲醇)	所有作物	致癌、高残留
2、4-D类化合物	除草剂或植物生长调节剂	所有作物	杂质致癌
二苯醚类除草剂	除草醚、草枯醚	所有作物	慢性毒性
植物生长调节剂	有机合成的植物生长调节剂	所有作物	
除草剂	各类除草剂	蔬菜生长期(可用于土壤处理与芽前处理)	

注:以上所列是目前禁用或限用的农药品种,该名单将随国家新规定而修订。

主要参考文献

1. 李爽. 露地蔬菜栽培技术. 银川:宁夏人民出版社,1994

2. 李爽. 蔬菜病害及其防治. 银川:宁夏人民出版社,1980

3. 李爽,苏崇森,孙廷相. 西北蔬菜保护地栽培. 西安:天则出版社,1989

4. 刘宜生,李爽,等. 蔬菜生产技术大全. 北京:中国农业出版社,2001

5. 运广荣. 中国蔬菜实用新技术大全(北方蔬菜卷). 北京:中国科学技术出版社,2004

6. 西北农业大学. 耕作学. 银川:宁夏人民出版社,1986

7. 吕佩珂,李明远,吴钜文. 中国蔬菜病虫原色图谱. 北京:中国农业出版社,1992

8. 宁夏国土规划领导小组,自治区计委. 宁夏国土资源. 银川:宁夏人民出版社,1988

9. 刘德先,周光华,等. 西瓜生产技术大全. 北京:中国农业出版社,1990

10. 上海市蔬菜公司. 蔬菜鲜藏技术. 北京:中国财政经济出版社,1980

11. 胡清运,周竹英. 蔬菜保鲜与加工. 北京:农村读物出版社,1988

12. 董永祥,周仲显. 宁夏气候与农业. 银川:宁夏人民出版社,1986

13. 宁夏农业勘察设计院. 宁夏土壤. 银川:宁夏人民出版社,1990

14. 马克奇,马德伟. 甜瓜栽培与育种. 北京:中国农业出版社,1982

15. 宁夏农业地理编写组. 宁夏农业地理. 北京:科学出版社,1976

16. 鲁长才. 中卫香山压砂西瓜. 北京:中国经济出版社,2007